航天器在轨状态检测与诊断维修

卫星在轨状态检测与健康管理技术

On-Orbit Satellite State Detection and Health Management Technology

杨天社　金光　樊恒海　肇刚　著

国防工业出版社

·北京·

内容简介

状态检测和健康管理是卫星在轨长寿命高可靠性的重要保证，也是航天领域始终关注的重要技术。本书系统介绍了卫星在轨状态检测与健康管理的基本概念和主要方法，包括卫星在轨异常状态的类型、特征分析和检测规则，卫星在轨异常检测、状态预测和健康评估方法，卫星在轨维护与维修策略等，并给出了大量典型实例和示例。本书取材广泛、内容新颖，理论与应用密切结合，具有较强的指导性和实用性。

本书可为工程单位、工业部门、科研院所、高等院校等从事航天器在轨状态检测与健康管理技术研究和应用的管理人员、工程技术人员、教学科研人员提供参考。

图书在版编目(CIP)数据

卫星在轨状态检测与健康管理技术/杨天社等著．—北京：国防工业出版社，2019.5

ISBN 978-7-118-11836-0

Ⅰ.①卫…　Ⅱ.①杨…　Ⅲ.①人造卫星-故障检测　②人造卫星-维修　Ⅳ.①V474

中国版本图书馆 CIP 数据核字(2019)第 058650 号

※

新时代出版社

国防工业出版社出版发行

(北京市海淀区紫竹院南路 23 号　邮政编码 100048)

北京龙世杰印刷有限公司

新华书店经售

*

开本 710×1000　1/16　**印张** 16¾　**字数** 295 千字

2019 年 5 月第 1 版第 1 次印刷　**印数** 1—1500 册　**定价** 255.00 元

国防书店：(010)88540777　　发行邮购：(010)88540776

发行传真：(010)88540755　　发行业务：(010)88540717

FOREWORD 序

卫星在轨故障难以避免,有的故障出乎意料。卫星在轨状态检测与健康管理是及时发现和处置故障、实现卫星在轨安全可靠运行、充分发挥卫星应用效能的重要保障。近年来,我国在轨卫星数量、种类不断增加,卫星在轨状态检测和健康管理的科研、应用、教学需求越来越大。然而,国内一直缺乏具有较强理论性和实用性的图书。作者多年来在本领域开展了大量研究和实践,很多研究成果已经得到航天领域的认可,形成了标准和专利,并在卫星实际测控和健康管理中得到应用。本书主要内容是作者多年研究成果的总结和提炼,书中系统地阐述了卫星在轨状态检测与健康管理技术,内容新颖、理论与应用密切结合。

本书是在科学研究和工程需求的双重牵引下形成的,具有较强的理论性、指导性和实用性。本书的出版,为读者掌握卫星在轨状态检测与健康管理技术及其前沿动态提供了重要参考,对本领域技术发展有很好的促进作用。

李济生

2018 年 12 月

PREFACE 前言

国内外实践表明，无论在研制阶段采取了多么严格的措施，卫星在轨发生故障都难以避免；而且受空间环境、星上状态动态变化等因素影响，卫星在轨故障往往超出设计人员的认知，造成“想到的故障不发生，发生的故障想不到”的现象。卫星造价高昂，对国民经济和国防安全至关重要。卫星在轨运行过程中，及时检测和识别状态异常异变，并采取有效措施对其进行维护和维修，就成为确保卫星安全可靠运行和效能发挥的一项重要工作。

相比地面装备，受重量、结构、数据传输能力等的限制，卫星状态难以连续观测、测量手段受限、故障部件更换困难，并且在轨状态异常异变形式多样，故障可重复性差、样本少。国内外对卫星在轨状态检测与健康评估给予高度重视，进行了大量研究，取得了很多理论和实践成果，但缺乏比较系统全面的书籍。作者多年来从事航天器长期在轨运行管理方面的理论研究和工程实践，特别是利用卫星在轨实测数据，开展了大量数据驱动的卫星在轨状态检测、故障诊断、寿命预测、健康评估等方面的研究，对卫星在轨异常检测和健康管理的技术方法体系进行了思考。本书既是作者对研究工作的一个总结提炼，也是对本领域研究的系统化。本书内容共8章，包括绪论、卫星在轨状态异常类型、卫星在轨状态特征分析、卫星状态异常检测规则、卫星在轨异常状态检测、卫星在轨状态预测、卫星在轨健康状态评估、卫星在轨维护与维修，并通过大量典型实例和示例进行说明。

本书编写过程中，参考了国内外相关领域专家学者的研究成果，并得到很多领导和专家的指导和帮助：哈尔滨工业大学徐敏强教授在本书撰写过程中提出了大量宝贵意见，西安卫星测控中心吴冠高级工程师为本书提供了大量重要素材并在撰写过程中提供大量支持。此外，西安卫星测控中心王信峰研究员、高宇高级工程师、李肖瑛高级工程师、高波高级工程师、傅娜、冯军华、刘帆、赵静，哈尔滨工业大学李玉庆副教授、王日新副教授，也为本书编写提供了很多帮助。研究生段翠英、陆峥、张晓、周家庆、马心宇、孙鹏等在书稿撰写和校对过程中做了大量工作。在此一并感谢。

本书撰写得到国家安全重大基础研究项目、国家自然科学基金项目(编号:71071158,71371183)等资助，在此表示感谢。

本书是国内首次系统介绍卫星在轨状态检测与健康管理技术的专著，由于编写时间有限、资料保密、参考资料较少等因素影响，加之作者水平有限，书中内容难免存在疏漏甚至错误，敬请读者不吝指正。

著　者

2018 年 12 月

CONTENTS 目 录

第1章　绪　　论

1.1　目的和意义

国内外航天实践表明，卫星在轨发生故障不可避免，而且不少在轨故障出乎意料。卫星在轨故障统计分析表明，测控、电源、控制、星务等分系统是卫星在轨发生故障的“重灾区”，故障总数约占75%；卫星在轨发生的故障中，渐变故障约占故障总数48%，突变故障约占故障总数52%。由于故障发生的原因是多方面的，因此需要先进、适用、针对性强的故障早期检测、预测和健康状态评估技术，以保证卫星运行的安全性和可靠性。

（1）揭示卫星在轨状态异变和故障形成规律技术。通过研究，揭示卫星在轨状态异变过程特征、卫星状态由异变逐步发展成故障的深层次规律、系统级故障的关联耦合和传播关系、不同类型故障对卫星功能和性能的影响，识别异常早期征兆，为提前采取处置措施提供基础。

如某卫星滚动姿态出现严重异常，地球敏感器扫描的状态由窄扫描变为宽扫描，推力器由星控模式变为地控模式。经分析确认，地球敏感器受到太阳干扰，星上自主保护功能失效。事后对故障演变规律分析发现，卫星自主保护功能失效是由于太阳敏感器输出信号异常所致。若能提前掌握卫星故障形成和演变规律，则可以提早发现异常，及时处置以避免卫星出现姿态异常。

（2）提高在轨状态异变早期识别、检测和故障预测能力。门限内异常变化、故障早期发现和动态自适应诊断能力，直接影响卫星故障的发现、定位、处置，关乎卫星运行状态。提早发现和提取故障苗头或先兆，揭示状态异变和故障未来的演变过程和发展趋势，做到卫星故障早发现、提前预测、准确定位，能够有效避免或降低卫星异常。

如某卫星的分流调节器分流电流在设定门限内发生了异常变化，但与之相关的负载电流和充电电流未发生明显变化。事后分析表明：该案例迟迟不能被发现的原因，是基于固定门限的状态异变检测方法，无法有效地检测门限内参数关联状态的异常变化，致使卫星太阳翼能源输出异常未能及时发现。

(3) 准确掌握卫星在轨健康状态。健康评估重点研究如何确定部件、分系统工作状态对整个系统的影响作用,通过系统健康状态的评价,为卫星的使用、处置及状态预测提供依据。及时、准确掌握卫星在轨健康状态,是卫星合理、科学、优化使用的前提,也是保证卫星安全的基础。

如某卫星在使用过程中发生能源危机。事后分析表明,由于没有进行故障情况下星上功率平衡分析和能源安全分析,对卫星的健康状态进行评估,载荷使用超出了能源系统输出能力,危及卫星安全。

卫星是一个运行于太空环境的复杂系统,对其进行测量控制、检测诊断、维护维修、规划使用等都离不开对卫星状态的掌握。对国内外卫星在轨发生的实际故障案例进行系统分析表明,采用状态异变检测、预测和健康评估等基础方法,可以及早发现故障苗头、掌控故障演变过程、有效处置故障。这样,卫星在轨发生的约 33%渐变型故障可提前采取措施加以避免,20%渐变型故障可提前采取措施减少故障危害;约 25%的突发性故障可及时、有效修复,控制故障危害逐步扩大和蔓延,其他占 12%左右,如图 1-1 所示。

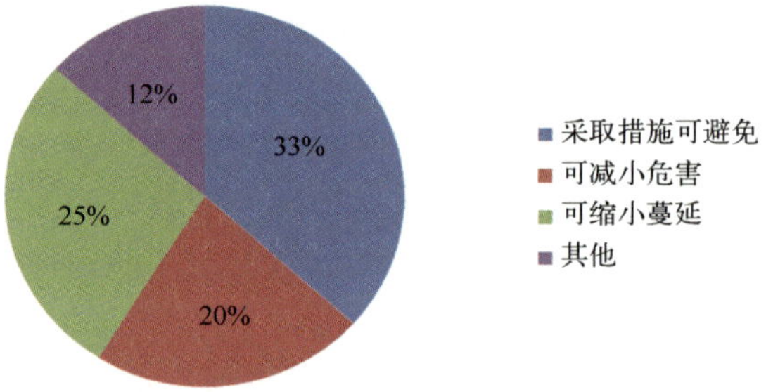

图 1-1　在轨卫星故障情况

卫星状态检测与健康管理的目的是保证测控工作有的放矢、检测诊断有据可依、维护维修工作及时准确、规划使用合理科学。通过卫星在轨状态检测,可以及时掌握卫星在轨状态变化、发现卫星在轨状态异常,为故障诊断、预测、维修和健康评估提供依据和支持。卫星在轨健康状态评估,是掌握卫星各层级健康状态、评估卫星平台稳定运行能力的重要手段,健康评估结果可以为卫星后续在轨测控策略制定和优化使用提供依据,对保证卫星在轨安全、降低卫星使用风险和代价具有重要作用。因此,对于卫星在轨安全、可靠运行和使用效能发挥而言,卫星状态检测与健康评估可以提前发现故障苗头,降低故障发生率和故障危害,有效减少状态异常演变为故障、轻微故障演变为严重故障、严重故障演变为致命故障等情况的发生,大大提高卫星在轨安全性和使用效率。

由此可见,卫星在轨状态检测与健康评估工作意义重大,主要体现在以下几个方面。

（1）卫星在轨安全管控的需求不断发展的航天技术、日渐复杂的卫星平台结构、日益多样的航天应用需求、迅速增多的在轨卫星数量、异常繁重的在轨卫星管控任务，要求必须针对在轨卫星，系统地开展对卫星在轨状态检测与健康评估技术研究。近年来，我国在轨卫星种类和数量急剧增加。随着卫星在轨运行时间的延长，内外部多种原因使已有许多颗卫星在轨发生状态异常、出现故障征兆乃至发生形式多种多样的故障。对已经发生的故障，研究和揭示故障演变规律及更可行的处置分析与辅助决策方法；对将要发生的故障，研究故障预测与预防措施、分析状态异常的影响及风险、建立科学的处置方法，以掌控故障形成过程，减少故障发生率。

（2）卫星在轨安全、可靠和长寿命运行的需求。近年来，新平台、新型号和使用新技术、新部件的卫星不断增多，卫星实际使用频度不断提高，使得卫星在轨发生故障的概率增大。例如：采用集成度更高的综合电子技术，使卫星在轨故障强耦合、难分离；卫星姿态、轨道等频繁机动，使卫星发生故障的概率增大。保障卫星在轨安全、可靠和长寿命运行的技术难度进一步加大，需要采用卫星状态检测与健康评估技术。

（3）卫星设计和延寿的需求。随着航天技术的发展和卫星应用需求的增加，卫星设计寿命不断增长。例如，多种类型卫星的设计寿命较原来增加了1倍甚至更多。另外，超寿命在轨卫星越来越多，要保证这些长寿命卫星的安全和有效使用，需要及时发现卫星异常征兆，掌握卫星健康状态。

（4）卫星在轨故障分析、处置、维修的需求。尽管卫星设计在逐步加强，元器件质量也在提高，但近年来国内外卫星仍频繁发生故障，有些是严重故障或致命故障。卫星发生故障后，需要对故障进行分析、复现、仿真、维修等，这些工作的安全、有效、高效实施都依赖于对卫星在轨状态的检测与健康评估结果。

1.2 任务和要求

本书主要针对在轨卫星的状态检测与健康评估技术方法，相对于地面运行的系统和装备，研究对象具有其特殊性，主要表现在以下几个方面：

（1）运行环境恶劣。影响卫星的主要空间环境因素包括太阳风暴、地球磁暴及空间大气等，与地面环境相比，空间环境不仅更复杂，而且人们对空间环境的了解和认识也更缺乏。卫星长期运行于太空环境，运行过程中长期受空间辐射环境影响，容易发生状态异常和故障。

（2）系统结构复杂。卫星是一个集光、电、热、力、磁为一体的复杂系统，其组成与地面系统和装备的差别较大,结构较地面系统复杂。

(3) 故障部件无法更换。卫星在太空运行,某些部件由于内外部多种原因会发生故障。这些故障部件不能更换,系统只能带故障部件运行。

(4) 设计缺陷难以更改。卫星发射入轨后,所有设计很难改变。尽管有些软设计缺陷可以一定程度上弥补,但大多数缺陷难以更改。

(5) 系统维修维护困难。卫星在轨运行期间的维修维护只能基于系统现状,无法增加测点、无法改变设计、系统不能停机、可测控时段有限、维修维护时效性很强,这些约束导致卫星维修维护较为困难且风险大,不当或错误的策略可能导致无法挽回的损失。

除了研究对象特殊,与地面运行的系统和装备相比,卫星在轨状态检测与健康评估问题本身比较特殊,主要包括以下几个方面:

(1) 数据不完整。由于测量手段、测量时段受限、卫星设计影响和异常故障等多种原因,导致测量数据存在断续、缺失等不完整现象,给解决问题带来较大难度。

(2) 因素难确定。卫星在复杂的太空中运行,影响其工作的内外部要素存在未知、模糊性、随机性,给解决问题带来较大不确定性。

(3) 信息获取困难。由于数据不完整、存在未知、随机因素等原因,获取进行状态检测和健康评估所需的信息较为困难。

(4) 可靠性要求高。对卫星进行状态检测和健康评估的可靠性要求很高,因为很多操作都依据于检测和评估结果,一旦发生错误,很难挽回损失,带来的后果很严重。

(5) 时效性要求强。在轨卫星是一个时变系统,可测控弧段间断,状态检测和健康评估时效性要求高。只有保证检测和评估的时效性,基于检测和评估结果的卫星在轨工作计划和维修维护的时效性才能保证。

综上所述,需要针对在轨卫星及其状态检测和健康评估问题的特殊性,以卫星在轨实测数据为基础,开展数据挖掘、特征提取、数据建模、状态预测、健康评估等理论方法、工程技术研究,才能满足不断发展的卫星长期运行管理的要求:

(1) 需要深入分析、挖掘卫星在轨实测数据和实际故障案例中的信息与知识,提炼卫星状态异变、故障关联和故障传播等规则、知识,发现影响卫星安全可靠运行的因素、要素及相互之间的关系。

(2) 需要针对卫星在轨故障早期征兆的特点和变化规律,给出卫星在轨故障早期特征的识别与检测方法,包括卫星状态门限内异常检测方法、卫星多类型状态异变检测方法、卫星状态异变相似度分析方法等。

（3）卫星在轨异常数据的异常变化多种多样，在不同层次不同角度会有不同表现形式。以往的特征大多集中在门限特征和时域特征上，需要从更多角度探索更多空间上的特征信息，如统计特征、频域特征、小波特征等。丰富的特征信息有助于更全面、完整、深刻地认识异变过程，提升异常检测精确度。

（4）卫星的异常变化往往都有一个发展过程。不同的异常变化其演变历程也各不相同、各有特点。挖掘异常变化的演变过程和特征变化规律，需要从海量异常数据中挖掘出卫星状态从正常到偏离再到异常，以及从轻度异常到重度异常或者故障的变化过程；然后分析这些演变过程中不同特征（统计特征、时域特征、频域特征等）的变化规律，找出异常特征的变化规律对于预测卫星健康状态和介入早期故障预警有重要作用。

（5）提取卫星状态异变过程的时域、频域、统计等变化特征，从中发现异变过程及特征变化规律。分析卫星状态异变过程的时域、频域、统计域等形态特征，给出多类型状态异变的特征描述方法、异变过程的特征提取和表征方法、多类型状态异变的早期检测方法等，为卫星在轨状态异变的早期发现、过程复现和推演提供技术方法。

（6）评估卫星系统健康状况及风险，是卫星健康管理的重要组成部分。需要研究有效的卫星健康风险动态评估方法，解决如何建立和确定卫星的在轨健康风险评估指标，如何定量或定性地度量故障危害度，如何建立卫星全寿命期健康状态动态评估模型和算法等实际问题。

1.3 国内外研究现状

卫星在轨状态异常与异变分析是卫星故障演变规律研究的基础。美国在20世纪80年代就开始重视航天器异常和故障的分析与检测技术研究，早期主要采用基于固定门限值的方法。近年来随着数据挖掘、知识获取等研究的不断深入，基于数据驱动的方法作为航天器异常分析与检测的一种新思路，获得了国外研究者的高度重视。

美国国家航空航天局（NASA）埃姆斯研究中心开发的ORCA是一种针对航天器多维遥测数据的异常分析与检测工具。ORCA不需要假设训练数据都是正常状态的数据，可以实现无监督的异常检测。ORCA还能够给出多维参数向量中每个参数对异常的“贡献”，可以用于系统故障的定位。ORCA已经成功地应用于美国各类航天飞机主发动机数据的异常分析检测中。

NASA埃姆斯研究中心开发的（Inductive Monitoring System，IMS）是一种基

于数据驱动的状态监视和异常检测工具,主要基于归纳推理的思想,不需要建立具体模型,只需要给出一组需要监测的相关参数,通过学习和监测来自系统正常状态的数据实例从而获取系统的正常行为状态。在学习系统如何正常工作后,IMS 可以识别多参数关联的系统非正常行为。该方法通过对失事的“哥伦比亚号”航天飞机(STS-107)两翼温度监控系统的历史遥测数据进行比较分析(图 1-2),发现在发射后 82s 就可以提早发现左翼出现的异常情况,而在实际任务中直到第 17 天航天飞机返回时才发现该异常情况,最终导致灾难事件的发生。

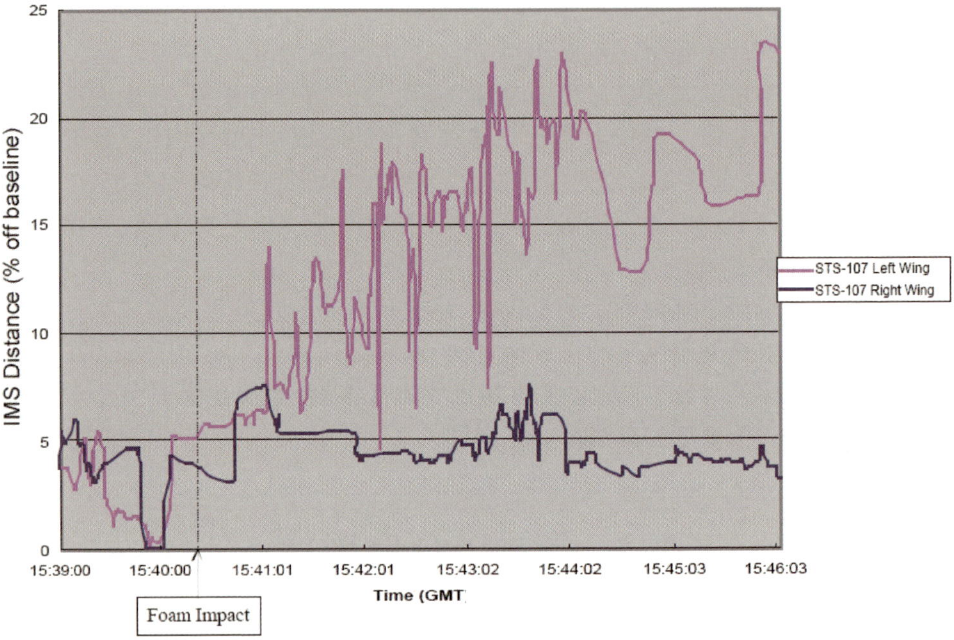

图 1-2 “哥伦比亚号”航天飞机两翼温度异变

IMS 还成功应用于国际空间站(International Space Station,ISS)控制力矩陀螺(Control Moment Gyroscope,CMG)的异常分析与检测(图 1-3)。CMG 姿态控制系统包含 4 个陀螺。ISS 地面飞控室对每个陀螺的 13 个遥测参数进行监视,通过与正常状态行为进行比较,成功发现了 CMG1 的早期异常。

日本东京大学的 Yairi 等提出了一种基于数据挖掘的航天器异常分析与检测方法,基本思路如图 1-4 所示。

该方法首先通过对航天器正常状态时的历史遥测数据进行信号特征提取和模式聚类,获取时间序列数据的典型模式;然后通过关联规则挖掘,获取多个时间序列数据典型模式之间的关联规则,这些关联规则构成了一种系统的正常状态模型;最后用构建的正常状态模型进行实时遥测数据监测。利用该方法对日本宇宙航空研究开发机构(JAXA)的工程试验卫星 VII(Engineering Test Satellite VII,ETS-VII)数据进行了事后分析,成功地检测出该卫星反作用轮出现的异常情况。

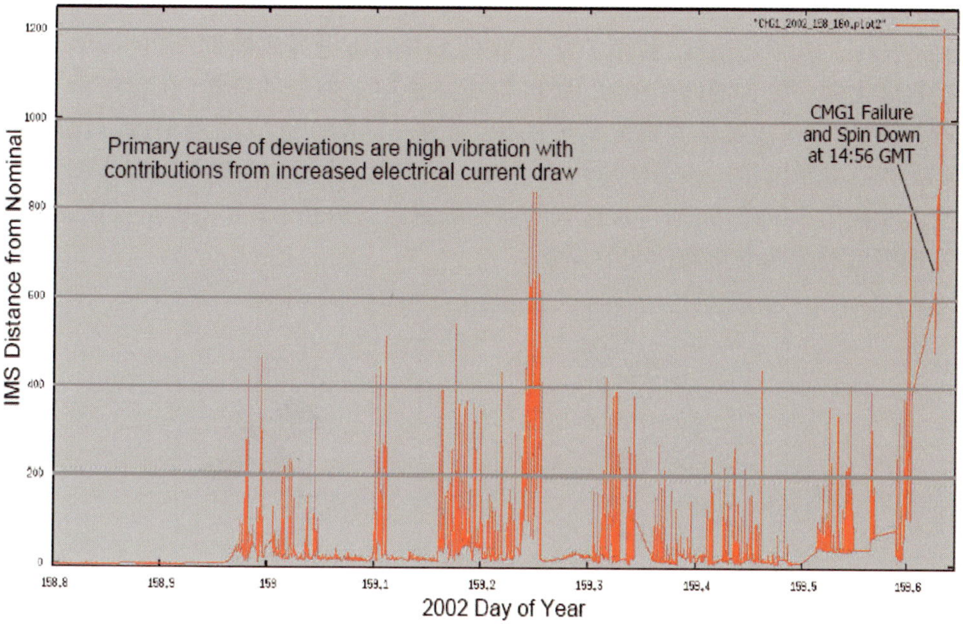

图 1-3 IMS 监测出控制力矩陀螺 CMG1 的早期异常

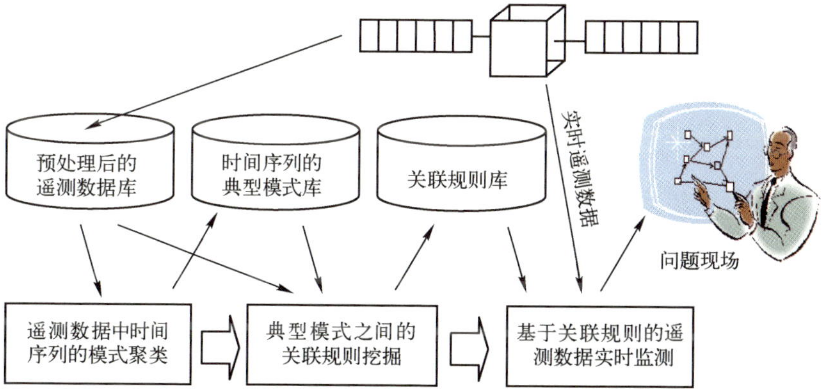

图 1-4 基于关联规则挖掘的航天器异常检测

Yairi 和 Kawahara 还提出了一种航天器遥测数据的自适应门限检测方法,分别采用相关向量机(RVM)和核主元分析(KPCA)从历史数据中自适应学习获取动态门限值。这两种方法都应用于 JAXA 的 ETS-VII 卫星，试验结果表明自适应门限值比固定门限值更加贴近实际曲线，可以较早地检测出不同类型的异常情况。

此外，东京大学的 Fujimaki 等还提出了一种基于核特征空间的航天器异常检测方法(图 1-5)，该方法主要针对航天器系统中多变量因果关系发生异常变化的情况。在学习阶段，利用卫星正常状态下的历史遥测数据，通过核主元变换提取参数中隐含的因果关系，获得特征向量在主轴上的分布；在实时检测阶段，获取实时遥测数据并提取特征向量，通过与已学习建立的模型进行比较检测是否有异常发生。该方法应用于 JAXA 进行的一次运输飞船与国际空间站的交会对接仿真试验中，通过对仿真的遥测数据进行分析、学习和检测，可以较早发现因参数关系变化而引起的异常。

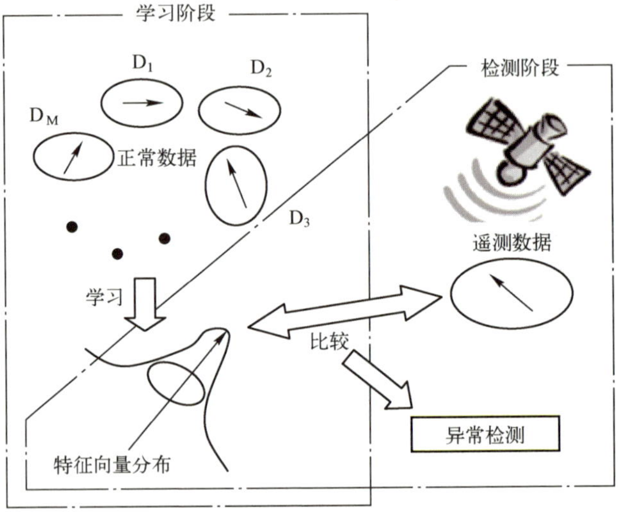

图 1-5　基于核特征空间的航天器异常检测

在卫星状态预测方面，目前研究主要分为基于模型和基于数据的故障预测技术，部分研究成果已得到应用。①在基于模型的预测方面，美国 Impact 公司利用建立的模型已成功应用于美国联合攻击战斗机(JSF)计划中；基于随机滤波理论的预测是基于模型的预测技术的典型代表，美国“深空一号”探测器的环境控制和生命支持系统，使用了基于模型的故障预测和系统重置结构。②在基于数据的预测方面，厉海涛等使用贝叶斯网络进行卫星姿控部件故障诊断和预测；Skormin 等提出了一种基于数据驱动和数据挖掘的故障预测算法，该算法将故障看作工作环境变量的函数，从历史数据中发掘设备故障与环境变量之间的联系，从而实现了航天器故障发展进程的有效预测。

国内之前对卫星状态异变过程和异变早期特征的研究相对较少。对于地面系统多年积累的各类卫星海量历史实测数据和故障案例，仅仅针对部分单参数的变化过程进行了一些简单的门限分析，是一种基于单点真值的静态方法，对多参数关联的复杂异变过程及特性缺乏深入研究。在卫星状态异常、异变检测方面，主要研究了基于遥测参数固定门限值的检测方法，对多门限、门限函数、时变非线性门限边界、门限边界模糊化、门限自适应动态补偿等缺乏研究。

在卫星健康风险评估方面，航天器集成健康管理的概念出现较早，它定义为一些行为的集合，这些行为包括了解航天器的状态，当航天器发生异常时，把它恢复到正常状态以及在系统发生故障时使它对系统安全和任务的影响最小。国外关于航天器健康风险评估的研究大多与故障预测、状态综合分析相结合，各种健康管理系统已经逐步得到应用，如故障预测与健康管理（PHM）、NASA的航天器综合健康管理（IVHM）、美国空军提出的综合系统健康管理（ISHM）等。在这些系统中，通过感知、识别来自系统多传感器参数的状态特征，定义健康状态等级评价标准，建立健康风险评估模型，实现系统健康风险的分析与评估。PHM 代表了航天器故障诊断和预测技术发展的一个趋势。在 PHM 系统中，预测指预先诊断部件或系统完成其功能的状态，包括确定部件的剩余寿命或正常工作的时间长度。PHM 利用尽可能少的数据信息，借助各种智能推理算法（如物理模型、神经网络、数据融合、模糊逻辑、专家系统等）评估系统自身的健康状况，在系统故障发生前对其故障进行预测。

可以看出，国外已开展了多年航天器在轨数据挖掘分析、异常检测和故障预测等相关方法和工具的研究，并开发了若干航天器故障预测与健康管理系统。国内在关于航天器异常检测和故障预测等方面的研究和应用仍需要进一步努力，面向航天工程有实际应用价值的成果较为缺乏，基础研究也不够全面和系统。

另外，国外对航天器部件级和系统级在轨故障模式的研究深入全面，采用了多类型、基于多种理论的故障建模方法，并且采用多种推理技术融合的状态检测故障诊断方法，实现了故障智能和有效发现，已经有很多成功的工程应用；对健康风险分析研究，提出了综合集成健康管理的概念和框架，并取得了显著的进展。国内关于航天器状态异变检测尚处发展阶段，缺乏对故障模式的系统分析，故障建模也仅针对有限的故障，基于门限超限的规则判断过于简单，不能满足对微小故障、非预期故障、多故障耦合情况等深层故障可靠诊断的需要。之前，国内航天器健康评估技术缺乏基础理论支撑、缺乏健康度量技术体系及行业标准。

近年来，为满足卫星等航天器长期在轨管理的需求，西安卫星测控中心与国防科技大学、哈尔滨工业大学航天五院、八院等国内科研院所进行了大量研究和实践工作，在卫星长期管理的自动化、智能化等方面取得了较为丰富的研究成果，在减轻地面操作的工作强度和复杂度、提高卫星测控管理水平和能力等方面，取得了较好的实际应用效果。

1.4 本书特色和内容体系

本书紧紧围绕卫星在轨状态检测和健康管理这一主题，介绍相关技术发展及应用情况。针对卫星在轨状态检测和健康管理全过程，建立比较完整的内容体系；结合长期理论和实践成果，从实际实用效果出发，介绍具有较强实用性的应用案例。

本书内容如图 1-6 所示，主要包括：卫星在轨异常状态的类型，卫星在轨状态特征分析，卫星在轨异常状态检测规则，卫星在轨异常状态检测，卫星在轨状态预测，卫星在轨健康状态评估，卫星在轨维护与维修等。本书首先总结卫星在轨异常状态的类型，在此基础上分析卫星在轨状态特征描述方法，给出卫星在轨状态异常检测规则；其次介绍卫星在轨异常状态检测和预测方法；最后给出卫星在轨期间部件、分系统和整个平台的健康评估方法。

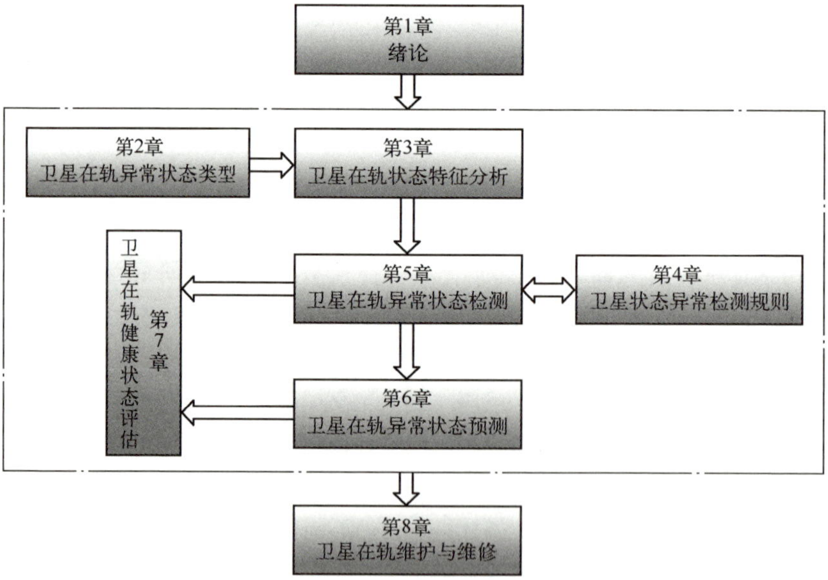

图 1-6 本书内容

第2章　卫星在轨状态异常类型

卫星由不同分系统组成，每个分系统的部件构成、工作模式、工作机理不同；由内外部因素导致的卫星分系统及其部件状态变化特别是异常变化不同。根据卫星在轨数据和异常分析，卫星在轨异常状态表现各异。为了进行卫星状态检测、预测和健康评估，本章从功能系统、异常诱因、表现形式、寿命周期等角度，对卫星在轨异常状态进行了系统的归纳总结和分类。

2.1　基于功能系统分类

卫星是由不同功能的多个分系统组成的复杂系统。由于分系统功能的差异，其异常表现形式多样。为此，需要依据各系统功能对其异常形式进行分类，研究不同分系统异常的特点及原因，为状态检测提供依据。

2.1.1　电源分系统异常

电源分系统的主要功能是将太阳能、机械能、化学能等能源转换为电能，实现对星上能源供给。目前常用电源分系统由太阳翼、蓄电池组及电源控制器组成。太阳翼贴片一般采用砷化镓电池。蓄电池一般采用镉镍、镍氢蓄电池等。电源控制器包括母线调节、蓄电池充放电控制等，其中蓄电池充放电控制一般采用硬件、软件相结合方式进行。电源分系统常见故障为电源下位机死机、电源下位机切机、能源使用不合理或蓄电池性能下降导致卫星触发能源保护模式、蓄电池组开路、蓄电池组测温电阻失效、太阳翼帆板电流异常等。

电源分系统故障一般在寿命初期或寿命末期发生较频繁，其中寿命初期故障主要由器件、工艺原因导致，寿命末期故障器部件性能导致的较多，寿命中期绝大部分故障是空间环境导致的。一般而言，寿命初期故障不可逆，寿命中期故障一般不会引起致命性故障，寿命末期故障一般需要调整卫星能源使用情况。

电源分系统常见故障原因：工艺导致焊点脱落，器件老化导致性能衰退，使用不当导致能源不平衡,空间环境导致控制器件异常等。一般情况下,下位机故障均为空间环境导致,对卫星影响不大,可通过主机复位或切机实现故障恢复;能源保护模式一般是蓄电池组性能下降所致,后期使用时需要注意功率分配;开路故障一般不可逆,需要采用星上其他备份手段或停用星上部分功能。

2.1.2 控制分系统异常

卫星姿控分系统主要功能是实现卫星在特定模式下按照设置的逻辑进行相应姿态控制,确保姿态保持在需求范围内。按照姿态控制方式可分为主动姿态控制和被动姿态控制,主动姿态控制一般需要消耗星上能源或燃料,被动姿态控制主要依靠天体的引力对卫星进行姿态控制。

姿控系统一般由控制单元、测量部件、执行部件组成。测量部件主要分为惯性测量部件和天体测量部件,常用器件包括陀螺仪、红外地球敏感器、太阳敏感器、星敏感器等,主要获得卫星相对于轨道系或惯性系的姿态信息。常见执行器件有动量轮、磁力矩器、控制力矩陀螺及姿态控制发动机等,执行部件负责响应控制单元控制脉冲,使卫星按照设计逻辑进行姿态控制。控制单元主要负责对敏感器信息进行处理,按照设计方案给出相应控制逻辑,确保卫星在姿控各模式下能够达到预期姿态。

控制分系统异常以转动部件异常较多,主要表现为转动部件堵转、摩擦力矩变化导致性能不稳定、器件性能衰退引起输出不稳定、空间环境引起器件状态变化、软件缺陷引起系统工作状态变化等。通常该分系统异常直接影响卫星姿态、能源、载荷工作等,且影响较大。其中,测量、执行部件异常一般会影响卫星安全,控制单元由于具有多种备份手段及重要数据存储功能,一般不会影响卫星安全。对采用天体敏感器进行测量的卫星而言,若卫星轨道较设计之初有较大变化,容易出现敏感器受地球、月球等其他天体干扰现象,引起敏感器信息异常而导致卫星姿态异常。因此,对于此类卫星,应计算太阳、月球是否落入敏感器视场内,月球亮度是否能够干扰敏感器及干扰时长等。

2.1.3 推进分系统异常

推进分系统一般由储箱、发动机、管路等组成。推进分系统主要实现卫星轨道姿态机动,同时可作为执行机构实现卫星姿态控制。一般情况下,推进分系统只参与异常情况下卫星的姿态控制。推进分系统通常采用单储箱或双储箱结构,对于双储箱结构,需要定期进行储箱切换,确保储箱之间的压差在一定范围内。推进分系统一般采用化学燃料作为推进剂，燃料余量采用温压方程由地面计算。由于采样点位置的原因，部分温度采样点温度与实际差别较大，因此，需要在发射之前确定采样较好的采样点作为地面计算依据，其余采样点作为备份使用。通常需要对推进分系统进行主动加热，保证燃料能够正常使用。

推进系统常见故障为燃料泄漏、管路堵塞、压力采集异常、自锁阀开启异常等。一般而言，燃料泄漏将会导致卫星姿态异常或失控，需要重点监视。管路堵塞、自锁阀开启异常会影响发动机效率甚至导致发动机无法正常工作。压力采集异常会影响地面对于发动机推力的计算及对于剩余燃料的估计，影响卫星控制效率。

2.1.4 热控分系统异常

热控分系统主要负责星上的温度控制，确保星上各部件工作环境温度在要求范围内。热控分系统由多种热控材料、部件和装置组成，包括热控涂层、多层隔热组件、导热填料、垫片、热管、电加热器及热敏电阻等。热控分系统以被动热控（热控涂层、隔热和导热材料、热管等）为主，必要时辅以电加热等主动热控。该分系统需要依据卫星的结构、设备布局、热功耗、工作模式、轨道、姿态以及环境条件等，采取必要的热控制措施，通过控制卫星内外的热交换过程，以保障星上仪器设备在整个任务期间均能在规定的温度环境下工作，从而保证卫星飞行任务的顺利完成。

热控系统常见故障为测温点失效、加热回路失效、热控下位机死机或复位等。一般情况下，测温点失效为测温电阻故障所致，不可逆，仅影响温度观测，不影响卫星状态；加热回路失效影响卫星主动热控，一般具有备份功能；热控下位机死机或复位不会导致致命性故障，在轨上注的补丁程序需及时更新。

2.1.5 测控分系统异常

测控分系统主要为卫星提供上、下行链路通道。包括上行遥控通道、下行遥测通道及外测数据信息，一般将 GPS 归入测控系统。

一般情况下，测控系统应答机、测控天线等均采用双机热备份形式，发射机采用冷备份。

对于扩频子系统，星地链路设计采用扩频测控非相干体制，遥测、遥控采用伪码扩频调制，测距采用扩频伪码双向测伪距方式，测速通过上行和下行两个单向载波伪多普勒测量实现。

采用非相干测控时，测距通过双向测伪距的原理实现，测速通过测量双向多普勒实现。上、下行信号采用测量帧结构，帧内所传信息是测距信息。上行测量帧可不调制信息,仅用于解距离模糊,下行测量帧调制应答机状态信息、上行伪距、伪多普勒测量信息、星上时间采样信息(用于测星地时差)等。测距精度取决于测距支路伪码码元宽度和信号能量,无模糊距离取决于上行帧周期,数据采样率取决于下行测量帧频。

测控分系统常见异常为受空间单离子影响导致扩频子系统失锁,常见处理方式为对应答机基带进行复位,若无效,则需对应答机进行硬件复位。测控分系统应监视遥控通道、外测通道锁定情况,同时应监视星上遥测传输情况,以保证上、下行链路畅通。

对于测控分系统,部分应答机对上行功率大小有要求,需要按照雷达方程计算到达星上应答机的功率,按照要求设置上行功率大小。

2.1.6 星务分系统异常

星务分系统是为整星各分系统服务的数据信息管理系统,是卫星电子系统的核心部分,它以星务中心计算机为核心,采用标准通信接口协议和数据通信格式的计算机通信网络把多台计算机连接起来,形成星上统一电路,完成卫星信息采集和处理,实施卫星操作控制和运行管理。星务管理分系统包括独立设备、嵌入模块两部分。星务分系统的任务和功能如下:

(1) 有效载荷任务调度管理以及参数设置;

(2) 各下位机过程控制的设定值管理和工作模式管理;

(3) 遥测数据的采集、存储、处理、格式化及下传;

(4) 遥控命令及遥操作数据的接收、处理、分发和执行;

(5) 程控指令的存储、处理、判断和启动;

(6) 星上时间管理,产生高精度的时间,并完成整星对时;

(7) 自主运行模式控制和管理,即根据飞行任务、遥控指令和卫星工作状态,动态调整系统资源配置和工作模式,并在故障情况下重构系统,保证飞行任务的完成;

(8) 卫星的温度测量和加热回路的控制;

(9) 管理空间探测仪器并采集其工程遥测参数和探测数据;

(10) 星务软件具有在轨注入程序和在轨修改程序能力;

(11) 整星安全模式控制。

星务分系统常见异常为主机切机、死机,遥控单元异常等。其中,部分卫星星务主机异常,卫星时间将恢复至初始状态,需要地面对卫星时间进行重新管理。由于星务主机负责卫星的安全状态管理,且大部分反映卫星安全状态的均为快帧遥测,故卫星异常情况可从星务下传的卫星状态及时反映。

2.2 基于异常诱因分类

导致卫星状态异常的原因大致可分为空间环境、部件老化、操作不当、设计缺陷、工艺缺陷、软件缺陷及其他方面。各种诱因导致的卫星状态异常统计如图 2-1 所示,可以看出部件老化、空间环境、设计缺陷和工艺缺陷等是导致卫星状态异常的主要原因。

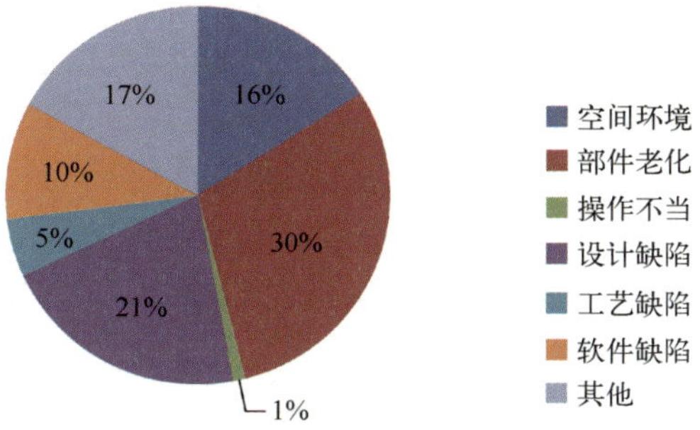

图 2-1 导致卫星异常原因统计

2.2.1 空间环境影响

卫星在轨运行期间面临着复杂的空间环境,包括力、热、空间辐射等,并且难以维护,这些特点给在轨卫星带来了严峻挑战,导致在轨状态异常时有发生。国内外统计结果表明,空间环境是引起卫星状态异常乃至故障的主要原因之一。

按照所产生负面效应的来源,可诱发卫星在轨异常的空间环境因素包括空间电磁环境、空间大气环境、空间碎片和微流星等。此外,天体位置会对卫星姿态确定产生干扰,导致姿态异常。

1. 空间电磁环境影响

空间电磁环境分为空间太阳辐射环境、高能粒子辐射环境和等离子体环境。

太阳辐射会对太阳电池阵、射频天线等外露组件产生热应力和热变形,导致接插器件和贴敷器件松脱等异常。紫外辐射约占太阳辐射中的总能量的1%,它不仅会导致卫星表面电位升高,进而干扰卫星电磁系统,还会造成热控涂层的辐射吸收率升高,影响组件工作温度和整星热环境控制。此外,太阳辐射会产生机械力对卫星飞行姿态稳定造成严重影响。

高能带电粒子环境对航天器的影响主要包括辐射损伤效应、单粒子效应和对论电子效应。辐射损伤效应也称为辐照剂量效应，指高能带电粒子对航天器材料、电子元器件、航天员及生物样品的辐射损伤。单粒子效应是高能带电粒子以单粒子方式轰击微电子器件芯片，造成电子元器件，尤其是大规模、超大规模微电子器件产生单粒子翻转、锁定甚至烧毁等一系列单粒子效应。相对论电子效应是高通量、高能电子以近似光速入射卫星，造成卫星内部绝缘介质或元器件电荷堆积，引起介质深层充电，导致卫星故障。此外，太阳质子事件和沉降粒子的注入会导致电离层电子浓度增大，严重干扰卫星的通信、测控和导航。

航天器在空间等离子体区域运行时，会与等离子体相互作用而导致表面带电，当航天器被充电到一定程度时，所产生的强电场可以使材料或器件击穿；放电所发生的电磁辐射会干扰航天器上各种电气设备的正常工作，甚至使航天器失效。故障分析表明，空间等离子体使航天器充电引起的故障占所有空间环境故障的1/3。据统计，其中相当一部分故障是由卫星充电引起的。空间等离子体导致的航天器充电有表面充电和内部充电（或称为深层充电）两种形式。

2. 空间大气环境影响

空间大气环境分为空间真空环境、高层大气环境、原子氧等。

卫星在轨运行期间，空间真空环境使星上的密封容器内外两侧承受着巨大的压力差，如推进剂储箱，密封容器中的液体和气体出现泄漏的情况不可避免。而且在空间真空度随卫星运行高度变化时，容器会因外部压力改变可能出现变形或损坏，致使泄漏量增大，使用时间缩短。

高层大气环境对航天器轨道的阻力是低轨道航天器主要的轨道摄动力。大气对航天器的阻力与大气密度成正比，与航天器垂直运动方向的截面积成正比。航天器所受的大气阻力使航天器动能减少，并导致运行高度下降、轨道收缩。当进入大气稠密区域时，航天器所受的阻力进一步增加，下降速度加快，直至陨落。此外，当航天器相对运动方向上的外形不对称时，高层大气的阻力也会产生力矩，会直接影响航天器的姿态。可以说，高层大气的阻力是造成航天器轨道衰变、姿态变化、寿命减少的主要原因。

原子氧是太阳紫外线与氧分子相互作用并使其分解而形成的，它相对于航天器的高速碰撞，使其具有极强的氧化能力，对某些材料产生严重的剥蚀作用。材料受剥蚀的程度与高层大气中原子氧动能数密度大小和分布变化密切相关。对于需要长期在低轨道上运行和工作的航天器，这种剥蚀将十分严重。归纳起来，原子氧对航天器的影响包括航天器结构材料的剥蚀和老化、航天器温控材料损耗、太阳电池连接件损耗、遥感探测器或其他光学材料的污染和侵蚀等。

3. 空间碎片影响

在近地空间运行的航天器经常会受到两种固体碎片的撞击威胁：一种是空

间自然形成的流星体;另一种是空间碎片,是废弃和失败的航天器、运载火箭末级以及航天器碰撞和爆炸产生的碎片。它们在空间高速运行并具有极高的动能,如果与航天器相碰撞,轻则可导致卫星热控涂层、太阳电池阵及射频天线等外露组件出现损坏或变形,重则可导致卫星整体失效。

4. 天体位置干扰

卫星进行姿态确定,大部分情况下需要依靠测量相对于空间天体的姿态,这样就会涉及天体敏感器,如地球红外敏感器、太阳敏感器、恒星敏感器等。不同敏感器敏感不同亮度、波长的光线,若在敏感器工作期间,有杂光进入其视场,将会影响敏感器工作状态。对采用恒星敏感器定姿卫星而言,在设计之初考虑敏感器视场、设计轨道等因素,会将敏感器安装在星上合理位置,避开太阳等杂光的干扰。使用红外定姿的卫星,会避开太阳、月球等杂光进入其视场。但是由于轨道的漂移,将导致卫星红外敏感器受太阳、月球的干扰。敏感器受干扰后,势必会对卫星姿控带来影响。由于太阳红外辐射比地球大很多倍,当太阳进入红外地平仪视场时,会产生太阳干扰信号。另外,地平仪还能接收到 14~16μm 波段辐射能量的月球信号,此信号与地球辐射能量能量相近,因此,月球也会对红外地平仪产生干扰。

2.2.2 部件老化影响

卫星器部件老化是一个不可逆的过程。卫星在轨运行期间,星上的硬件设备会逐渐老化,当部件老化到一定程度后,可能产生性能下降、功能缺失、部件失效等后果。

卫星热控涂层、活动部件中的润滑材料、蓄电池或太阳电池材料等是星上老化比较明显的材料。例如,蓄电池、太阳电池等电源系统的常用部件,会随着在轨时间的增加而出现性能衰退的现象。当星上提供的能源不足时,将会引发设备掉电等连锁反应。星上材料老化大致可以分为如下三类:

(1) 材料本身随着时间的推移发生化学变化,因此导致材料在物理特性上发生变化;

(2) 相邻材料的化学成分扩散;

(3) 涉及材料属性的直接物理变化,即机械老化,如受冷热循环、振动受力等造成的活动部件磨损。

星上电子元器件、机电部件的转动部分也会由于长期工作而发生老化。机电部件的老化主要是疲劳和磨损,如陀螺轴承疲劳或磨损可能导致摩擦力矩变大,从而增大驱动电机的电流。电子元器件的老化可以分为以下四类:

(1) 焊接部位因材料热胀系数不同导致的热循环应力疲劳问题;

（2）热迁移现象，即金属原子逆温度梯度运动，引发焊料一定程度的成分偏移；

（3）电迁移现象在阴极部位形成空洞，阳极积聚小丘；

（4）焊接反应生成的金属间化合物剥落。

2.2.3 操作使用不当影响

卫星在轨运行期间，地面运控系统对在轨卫星实施的操作主要包括轨道测量、卫星操控、健康管理等类型。轨道测量使用天地基测控设备对卫星运行轨道进行测量，采用卫星轨道确定软件更新并发布轨道数据。卫星操控依据卫星在轨运行管理要求和载荷使用任务需求，更新卫星导航数据，完成卫星时间管理工作，实施轨道机动控制，注入有效载荷应用数据等工作。健康管理监控卫星系统运行状态，当发生异常或故障时，诊断异常来源，执行必要的维修维护操控，尽量减少异常或故障造成的危害影响，恢复关键功能。

导致在轨卫星异常的可能的操作使用不当主要分为以下四类。

1. 操控未遵循实施规范

正常情况下，地面运行管理部门依据质量管控体系制订了完备的工作规范，运行管理人员需要接受充分的教育和培训并经过正式考核后方可具备卫星操控资质。但是，即使训练有素的人在实施操控工作时仍然会受任务复杂度、任务密集度以及任务持续时间等因素的影响出现忽视工作规范的情况，这给卫星在轨安全带来了隐患。

1999 年 9 月 23 日，火星“气候探测者号”（Mars Climate Orbiter）卫星在穿越大气减速机动时发生坠毁。此前在 9 月 15 日执行 TCM-4（弹道机动修正-4）后，导航团队曾预计火星“气候探测者号”在 9 月 23 日环绕火星的高度会下降到 150～170km，实际情况是此时的轨道高度仅为 57km，而火星“气候探测者号”能够存活的最低高度为 80km。火星“气候探测者号”任务失败的主要原因火星“气候探测者号”上的飞行系统软件使用公制单位牛顿计算推进器动力，而地面人员输入的方向校正量和推进器参数则使用英制单位磅力，导致探测器进入大气层的高度有误，最终瓦解碎裂。NASA 在此后的所有任务中小心的避免这个因计量单位混淆所造成的错误。国内卫星也曾出现过因操作不规范导致的星上异常。

2. 卫星运行态势判断错误

作为一个极其复杂的、相互关联的系统，卫星只要有一个组件发生故障，就常常会引发“母”故障下多个分系统和元器件出现异常或遥测参数读数超限，从而导致故障诊断系统及其他相关健康管理系统发出一系列告警和提示信息。

地面运行管理人员需要及时确定出哪些因素与“母”故障存在直接关联性，最后判定有故障的分系统或组件。这一过程依赖于个人经验、专家知识等主观因素和健康管理系统的人机交互功能等客观因素，因此耗时较长且容易出错。NASA 艾姆斯研究中心在使用任务模拟器开展故障管理操作研究过程中发现，若电源分系统和数据处理分系统在 30s 内先后出现故障，且在这两个故障彼此无关的条件下，参研人员在判断卫星运行态势时的表现差异明显，一部分人在数据处理分系统出现故障前即对电源分系统完成评估，另一部分人在数据处理分系统在出现故障后很长一段时间还在隔离电源分系统故障。又如，“哥伦比亚”号航天飞机解体爆炸事件发生前，任务控制人员将主起落架轮胎外侧的两个压力参数值异常变化趋势，误判为传感器异常而非实际压力发生异常，直到在看到电视上播放的解体过程后，才追悔莫及。由此可见，对卫星运行态势判断错误势必导致异常处置决策和实施效果造成不良影响。

国内对某卫星进行电源控制曲线切换过程中，由于对影响及当前状态判断不足，导致切换后卫星蓄电池充电异常，经进一步处置后，卫星充电才得以恢复。

3. 异常处置决策失误

卫星异常处置决策是指运行管理人员依据卫星运行态势判断结果，整合故障处置预案、仿真测试数据和专家意见等参考信息，最终确定故障处置和恢复措施的过程。受故障信息的不完备性、地面仿真测试环境与实际在轨运行环境的差异性以及专家意见的主观性影响，卫星异常处置决策出现偏差或错误的情况难以避免。

某在轨卫星采用红外定姿卫星，红外输出变差，卫星定姿精度下降之后，在进行处置过程中，进行了红外切换，导致故障进一步恶化。

4. 卫星载荷工作不合理

随着卫星在轨运行时间的延长，卫星实际状态与设计时的状态会发生很大变化，此结果可能是系统发生了不同故障、故障未彻底排除、性能下降、部件退化等。卫星使用必须依据星上实际状态，但现实情况中经常出现对卫星使用不当的现象，如不考虑星上能源供给的过度使用。

某在轨卫星运行过程中频繁触发能源安全模式。事后经分析，由于卫星在轨时间过长，蓄电池性能下降，但在载荷使用过程中仍按照设计值进行规划，在卫星工作过程中蓄电池能源不足导致进入能源安全模式。

2.2.4 设计缺陷影响

卫星是一个集力、热、光、电、磁等为一体的复杂系统，对设计的要求很高。

虽然功能和指标设计是卫星组件和分系统设计的核心部分，如电源分系统中的蓄电池组负责在光照期间将电能储存起来，到卫星进入地影期时将电能释放出来为一次电源母线供电，蓄电池组需要满足充电效率、放电深度和循环次数、工作温度、充放电倍率等指标要求，但可靠性设计却始终是卫星各组件和分系统设计的生命线。热设计、降额设计、抗力学环境设计、电磁兼容设计、抗辐照设计、静电放电控制设计、冗余设计等方面的可靠性设计是卫星组件和分系统完成轨道运行寿命的保证。由于卫星系统的复杂性，失效、可靠性和风险分析工作在实践过程中难以做到面面俱到，对卫星系统级和分系统级品质因素的分析和评估进行准确评估问题仍尚待解决，因此，设计缺陷导致异常就不难以理解了。

例如，美国的“阿波罗”13 号飞船任务中，服务舱一个氧储罐内一根风扇电动机电线因被旁边的加热器持续加热造成绝缘层破损，电火花、纯氧和易燃材料最终导致服务舱发生爆炸并严重受损。又如，某卫星在轨运行期间，GPS 接收机多次出现短时间非定位现象。经过数据分析，GPS 异常丢失星点时间存在严格规律。导致 GPS 接收机出现短时间非定位现象的原因是设计存在缺陷。

2.2.5 工艺缺陷影响

卫星是由成千上万个元器件组成的大型系统，对卫星系统的认识和工程实践是一个循环迭代过程，尽管有严格的标准，但在研制阶段难免有认识不到位或疏忽的地方，如元器件不合格、抗辐射性能不满足要求等。卫星在生产过程中包括很多环节，难免出现加工缺陷，如虚焊、多余物、探头接反等。这些工艺缺陷，若不能在地面测试中发现，则会大大增加在轨发生异常或故障的概率，卫星发射入轨后引发电路短路、断路，转动部件堵转、卡死，测量信号不正常等。

卫星硬件在发射和在轨运行期间承受着巨大的外部环境影响，如机械冲击和振动、辐射、热循环、真空和微重力等，工艺控制不当就会造成不良后果。比如，某在轨卫星运行过程中出现母线电流不均衡、蓄电池充电电流低、帆板驱动机构 BAPTA 的温度异常升高等现象。事后经过分析由于工艺、老化等导致 BAPTA 部件内部电刷片与刷架板固定螺钉之间和侧边间隙之间短路。

2.2.6 软件缺陷影响

软件缺陷一般是指软件自身存在问题和不足，包括原需求不完整、有错或遗漏，安全性、可靠性不满足要求等情况。虽然目前国内外研制部门在卫星软件开发过程中普遍采用项目管理、容错技术、过程控制、系统联试、失效模式及影响分析等手段以确保卫星软件的可靠性，但是由于软件功能的多样性以及软件架构的复杂性，在轨卫星因软件缺陷而影响正常稳定运行的情况仍难以避免。卫星软件缺陷一般具有以下特点：

（1）隐蔽性。软件缺陷在卫星正常运行模式下一般难以发现，但是在特定时机或特定条件下会突然暴露出来。

（2）传播性。软件缺陷产生的错误一般会沿着一定途径向其他软件模块传播，并可能导致不可逆的灾难性后果。如姿态敏感部件在无法自行排除错误姿态信息的情况下，会将错误信息引入姿态控制回路中，错误信息在控制回路中经过几个循环反馈被迅速放大，最终导致卫星进入姿态安全模式。

（3）有限可维护性。对在轨卫星而言，对软件进行维护受软件架构、存储空间、卫星运行状态、实施时机乃至测控条件等客观条件的限制。软件设计未预留接口、内存空间不足、错过处置时机等情况均可导致软件维护工作无法开展。

某卫星在轨运行过程中转入全姿态捕获模式，经分析是由于卫星姿控时间字节不够所致。在卫星设计之初，按照在轨运行寿命并留有相当余量进行了姿控时间设计，后来由于卫星在轨时间过长，导致姿控时间溢出，影响姿控计算机工作，最终进入全姿态捕获。

2.3 基于表现形式分类

卫星在轨异常的表现形式多种多样，有的是单一参数的跳变，有的是参数趋势或形态异常，有的异常取决于发生时的条件，有的异常则是由于多个参数之间的关系不符合正常情况下的模式，虽然这时从单个参数看可能没有发现异常。

2.3.1 单点异常

单点异常主要是指卫星某个状态字跳变，或某个元器件失效、失灵或损坏引起卫星状态异常（图 2-2）。

状态字跳变异常是由卫星遥测波道状态字发生位改变引起的，即星上控制卫星某部件运行的寄存器的字节发生位移或字节位发生状态改变或星上某些元器件开关状态改变等现象，如卫星的遥测参数 0 跳变为 1。卫星在轨运行时，星上的很多部件容易受空间环境影响，如处在一些特定的环境时，会出现死机或工作参数不在规定范围内的现象。在地球同步轨道,太阳质子事件期间的高能粒子对卫星的影响之一是对大规模集成电路的微电子器件产生的单粒子事件效应,这是卫星在轨发生状态字跳变的主要原因。卫星在轨发生的状态字跳变表现在控制推力器控制状态字、帆板运行控制寄存器、星上开关状态、遥控数字信号、通信系统副交换子波道、控制推进系统副交换子等状态的改变。

对于卫星在轨发生的状态字跳变,一般需要进行复位处理才能恢复正常。如果出现属于原有设计中非预期情况,遇到一些非预期的激发条件后,一些特定系统内部处理机制会发生作用,使系统状态无法满足正常工作的条件,一般通过复位措施即可处理这类异常问题。

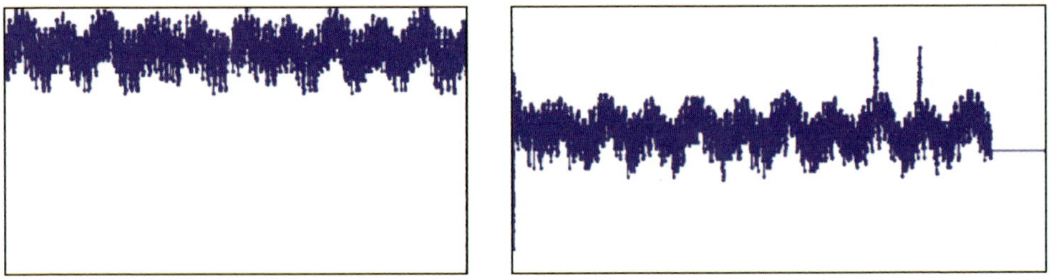

(a) (b)

图 2-2 某卫星能源系统单点异常

2.3.2 集合异常

集合异常是指参数在单点上未出现异常,但是参数随时间变化的形式(变化过程、统计量、频域特征等)异常。参数的变化过程异常主要分为参数变化趋势突变及趋势缓变。统计量异常主要是指遥测数据的极大值、极小值、平均值等时频域信息异常。

1. 趋势突变异常

趋势突变是指卫星在轨运行期间,某些遥测参数突然增大或减小,打破原来的周期或规律,发生超出门限值的骤然变化。图 2-3 为某参数发生的突变异常。卫星发射上天后,由于工程原因,会出现一些与预想不一致的问题,但是不影响卫星运行状态,只有在卫星参数状态发生此种突变时,才需要进行时效性处理。卫星正常工作一段时间后,卫星的一些状态值可能会超出正常门限,超出门限后根据卫星系统要求,要将卫星某系统的状况进行一定的分析,此种异常通常有一定的周期性和条件性。

卫星的一些工程问题是连续不断的,在积累了一定量的情况下,就会发生突变,其状态参数就会超出门限。需要在管理期间及时准确掌握它的变化情况,并及时处理,避免出现严重的后果,并且在处理完成之后,要持续地观察,以免出现处理不及时,造成比较严重的后果。

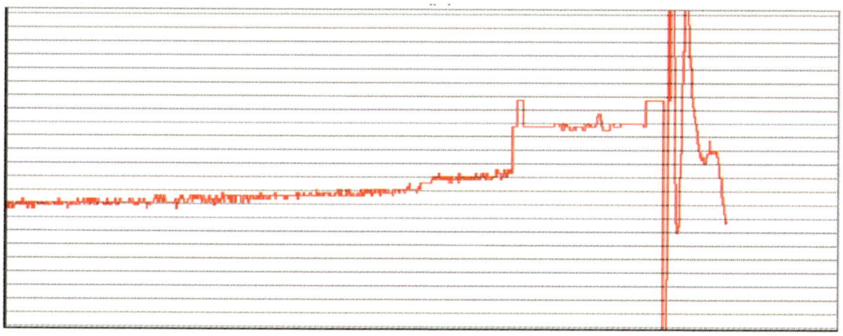

图 2-3 突变异常

2. 趋势缓变异常

趋势缓变是指卫星在轨运行期间,由于星上元器件老化、工作时间长、周围环境或其他因素的影响导致某些遥测参数(如温度、电流等参数)数值持续增大或减小,发生缓慢变化。图 2-4 为某参数发生的缓变异常。这种持续、缓慢的变化使卫星状态日益变差,不利于卫星的正常运行。

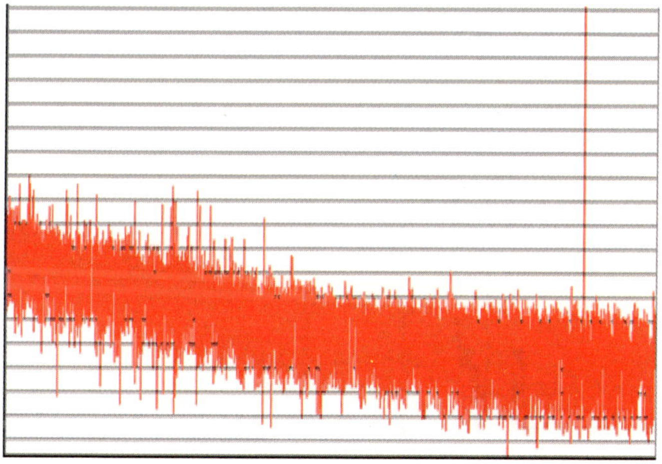

图 2-4 缓变异常

参数趋势缓变类故障处理时效性要求不高,但出现变化的参数比较多,并且影响范围比较大,有时可能是一系列故障的征兆,所以应该将导致产生异常的其他影响因素一并综合考虑。如果某一缓变参数在某特定时刻达到周期峰值,与此相应,卫星某状态参数也将达到峰值,那么要在这一特定情况对卫星此类异常进行处理。处理时一般先调整此缓变参数因素所影响的部件，以减少对此参数的影响量；再通过调整卫星状态将卫星超差参数调整至安全门限之内。通过上述措施后整星的超差参数会逐渐恢复，趋势也会有所减缓，有利于今后卫星的正常、稳定工作。

3. 统计特征异常

统计特征异常主要对卫星参数一段时间之内的均值、最小值、最大值和标准差进行统计计算。其统计量存在明显超差现象。针对某温度遥测参数进行统计，曲线如图 2-5 所示。由图可以看出，异常状态与正常状态的参数差别较大。当故障未发生时，时间基准加热桶温保持在一个稳定状态。当故障发生时，时间基准加热桶温的平均值、最小值、最大值以及方差发生了较大幅度变化，可以明显指出异常的发生。

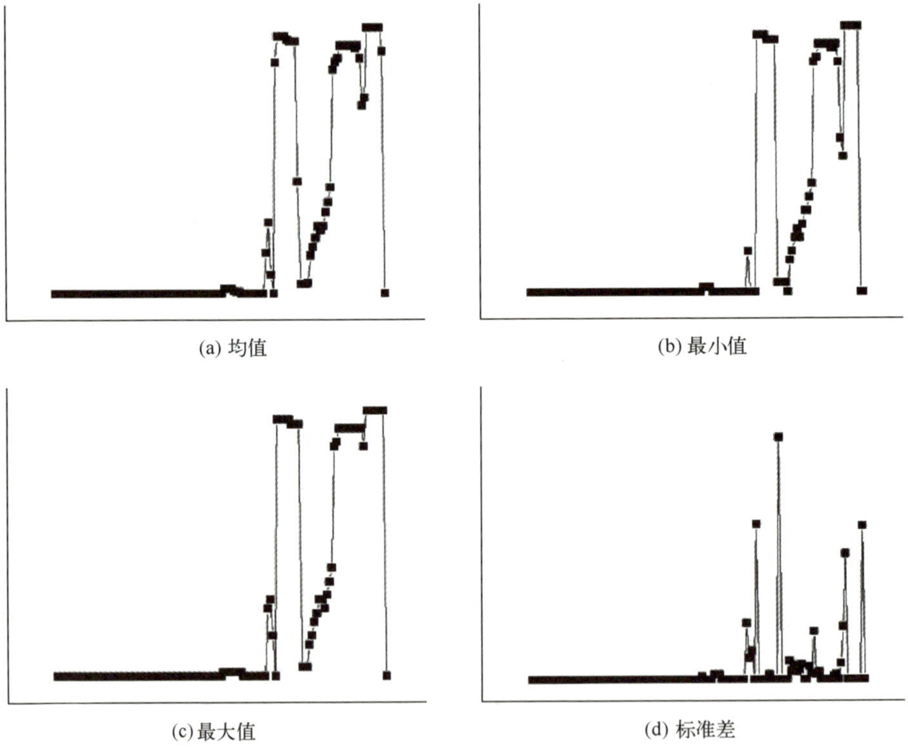

图 2-5 温度遥测曲线

图 2-6 为某电流参数的变化，可以看出：直接用遥测参数数据，对检测该类异常效果不是特别显著；而利用遥测参数的均值、最小值、最大值以及标准差等统计特征，可以更容易发现此类异常的发生。

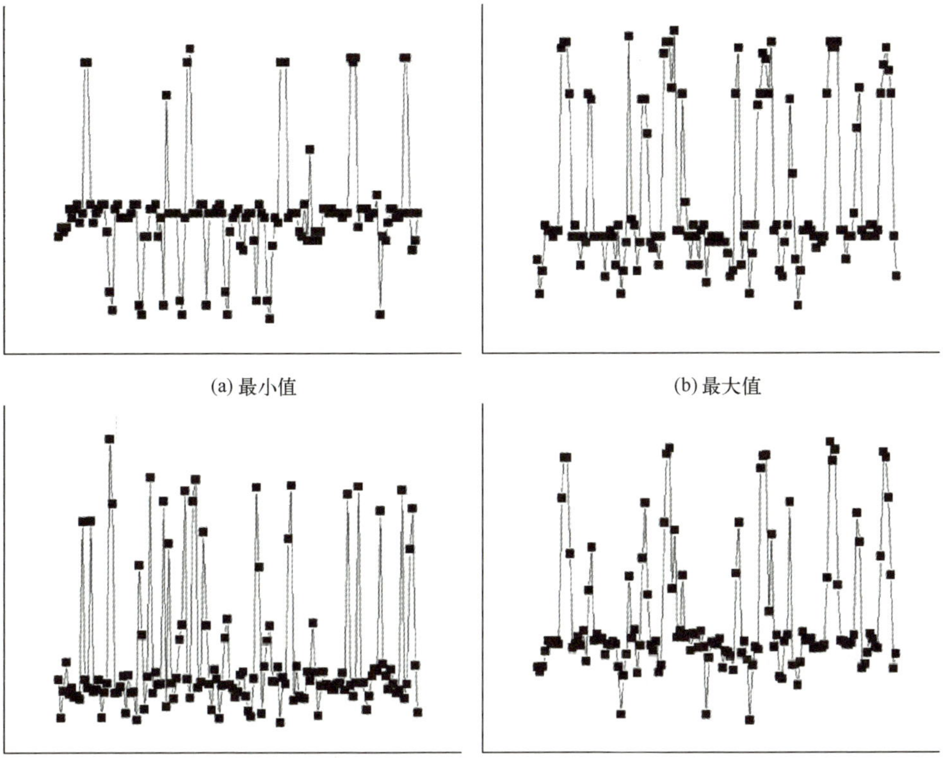

(a) 最小值　(b) 最大值

(c) 标准差　(d) 均值

图 2-6　电流-均值最大最小标准差遥测曲线

2.3.3　情境异常

星上各部件工作状态与其处于的工作模式密切相关,当卫星从一种工作模式转入另一种工作模式后,卫星工作状态会发生相应变化,若星上状态未改变至新模式下对应的状态,则称为情境异常,也称为上下文异常。情境异常对应的模式,若不对情境或异常发生的条件进行区分,其对应的状态就会被认为是正常状态,故情境异常分析应与卫星工作状态或模式紧密结合。情境异常一般出现在卫星状态发生切换期间。

1. 不同的卫星飞行阶段

卫星在不同飞行阶段,其工作状态存在较大差别。若卫星从一个飞行阶段进入另一个飞行阶段之后,其状态未发生变化,则可能出现异常。例如,卫星自地影区转入光照区工作之后,若卫星负载功率小于供电功率,则卫星蓄电池应处于充电状态;若卫星蓄电池未能正常充电,则说明卫星可能出现充电故障。

2. 不同的载荷工作组合

载荷在不同工作模式下,其组合方式不同,进而导致功耗、温度等变化不同。如载荷在实传模式下其功耗大于成像模式下功耗。若卫星在实传模式下其负载电流较正常小,则可能存在卫星载荷在实传模式下工作异常。

3. 不同的卫星工作模式

卫星在不同的工作模式下,其工作采用的器件、各器部件工作状态可能不同。如卫星在正常运行状态及姿态异常状态下,其姿控采用的测量器件、执行部件存在较大差别,控制逻辑区别较大。若卫星进入全姿态捕获模式下,其测量部件与设置不一致,则将会使异常进一步扩大。

4. 不同的卫星工作状态

卫星在不同工作状态下,器件工作状态可能不一致。如卫星在轨道维持过程中,其姿控、轨控发动机工作,会产生发动机工作时长增加、发动机温度升高等现象。若在控制中发现时长、温度等参数变化与预期不一致,则可能存在控制异常。

2.3.4 关联关系异常

卫星关联关系分为物理关联关系、逻辑关联关系、工作模式关联关系、故障模式关联关系。物理关联关系主要是指分系统、部件、器件之间存在直接或间接的物理连接关系。逻辑关联关系在物理关联关系分析结果的基础上进行,结合卫星数据流向、控制过程、能源交换等内容,从数据流、控制流、能源流三个流向,以及系统重构、功能替代等方面分析卫星状态的逻辑关联关系。工作模式关联关系基于卫星设计方案和在轨实际工作过程,对卫星各工作模式(整星级、分系统级、部件级)进行关联性分析,表征工作模式转换以及工作模式与相关遥测参数的关联关系。故障模式关联关系是指卫星故障预案和在轨实际发生故障演变过程,结合结构模型研究挖掘参数故障模式关联关系、故障过程演变、故障模式并发和继发转换、故障模式多级和波及转换等关联关系。

对卫星在轨典型关联关系异常一般按照以下流程进行分析:首先给出卫星异常的特征参数集和时间尺度;其次依据状态的变化将整个时间尺度进行阶段划分;然后针对每一阶段,确定特征参数集、输入与输出参数、变化逻辑和状态的转化条件;最后整合所有阶段的分析结果,组成整个异常发展过程的描述。

2.4 基于寿命周期分类

卫星在轨运行期间异常发生的频率基本符合“浴盆曲线”(又称为“寿命特

征曲线”)的规律。图 2-7 为某低成本卫星全寿命期间的故障率拟合曲线,曲线的形态呈两头高、中间低的形状,具有明显的阶段性。按照卫星从发射入轨至寿命终结的全过程,可将卫星在轨运行划分为三个时期,即寿命早期、寿命中期和寿命末期。对于国内外可参考的卫星故障进行统计,在不同寿命阶段卫星故障所占比例如图 2-8 所示。由图可以看出,寿命末期故障占到故障总数的 50%以上,寿命中期故障发生率最低。

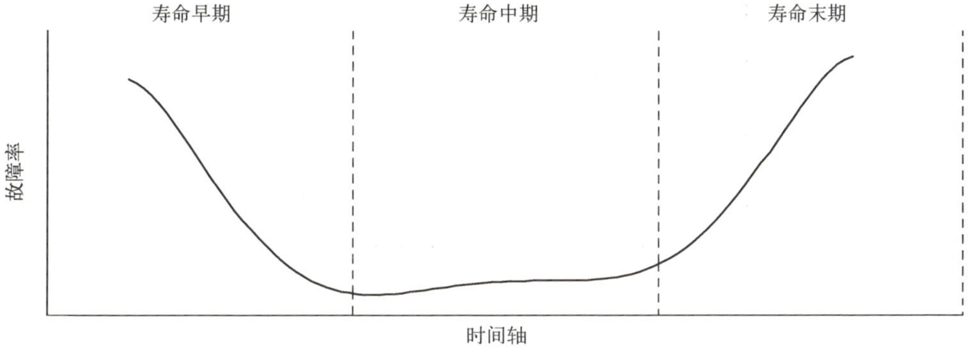

图 2-7 卫星失效率曲线

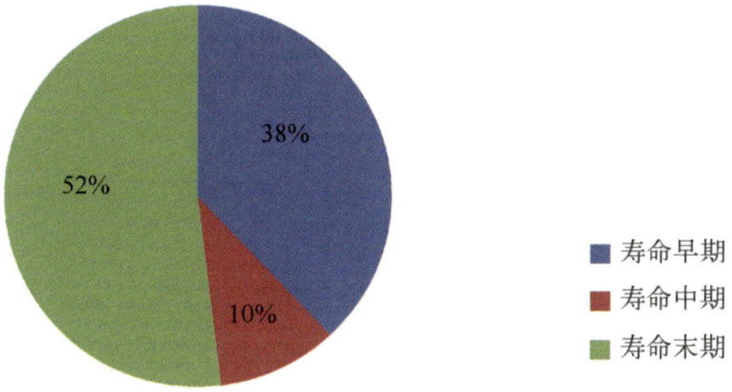

图 2-8 不同寿命阶段卫星故障比例

2.4.1 早期异常

寿命早期阶段为异常高发期,异常诱因多表现为设计缺陷及工艺缺陷。由于卫星在轨运行期间运行环境与地面测试环境的差异性,因此在轨运行过程中:一方面受机械冲击和振动、辐射、热循环、真空和微重力等外部因素的影响,与地面测试仿真环境的测试不能完全符合;另一方面卫星设计过程中对于外部环境因素变化对卫星的影响机理和影响程度认识不够充分,导致设计过程中应对措施存在不足。

某卫星发射后多次出现姿态异常,经过分析是由于设置不当所致。由于前期地面测试不足，仿真模拟不全面，导致在轨发射后问题逐步暴露。

针对我国部分遥感系列卫星进行故障统计，故障发生时间分布如图 2-9 所示。入轨初始即发生的故障有 19 个，占故障总数的 12%；44%的故障发生在入轨后的第 1 年。故障发生时间分布基本符合“浴盆曲线”，早期失效占故障的大多数，这主要是由于遥感卫星的地面测试与试验不够充分，未能有效剔除早期失效。

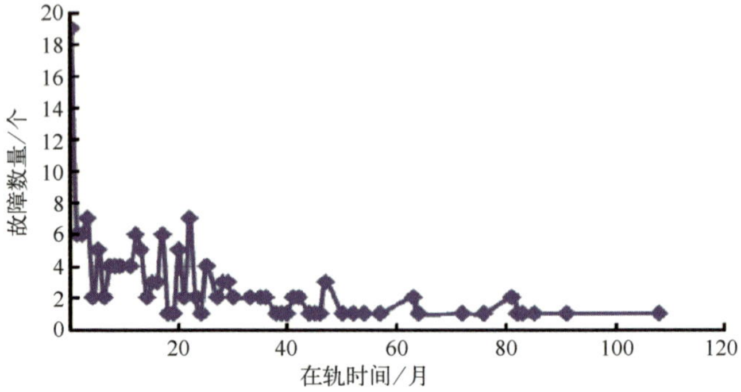

图 2-9　在轨故障时间分布

2.4.2　中期异常

寿命中期异常发生频度属于低发期。由于经过寿命早期异常高发处置，系统处于较为平稳阶段，器（部）件异常发生率已降低到一个较低水平，基本处于平稳运行状态。此阶段发生异常的原因多为一些难以确定的、不可预测的随机因素，如软件缺陷、空间环境的随机性等。

按时间段统计不同后果的故障频度可了解不同严重性等级故障随在轨时间变化的大致趋势。如图 2-10 所示，卫星的严重故障集中在入轨第 1 年（占 60%），

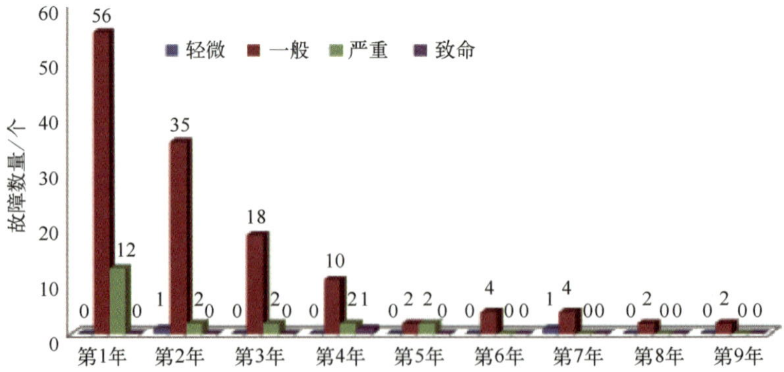

图 2-10　故障数量与在轨时间关系

之后故障发生频度大幅降低，在轨 5 年之后未再发生严重故障和致命故障。在同一时期内，一般故障数量几乎都高于严重故障数量，且集中分布于卫星在轨工作的前 4 年，其中第 1 年是故障发生较多的时期。

2.4.3 末期异常

在寿命末期，受空间环境因素长期作用，器（部）件失效率随时间的延长而急速增加，主要原因是磨损、疲劳、老化等。损耗现象逐渐增加。

卫星进入寿命末期之后，其工作部件、环境影响因素将会逐渐暴露。对于低轨卫星而言，寿命末期会存在：一方面由于轨道飘逸导致敏感器受干扰频发，出现姿态异常；另一方面由于器件尤其是活动器件老化、性能下降，导致卫星异常。对于寿命末期卫星，陀螺异常出现风险很大。

以在轨某系列遥感卫星为例，统计遥感卫星在轨故障类型与在轨运行时间的关系，比较不同时间段不同类型故障的比例，结果如图 2-11 所示。由图可见，在轨初期、寿命后期以及全时间段内的主要故障类型均为设计、器件和环境类故障。在轨初期，环境类故障占比最高，达到 40%，设计和器件类故障占比分别为 29% 和 15%；寿命后期，设计类故障成为占比最高的，达到 39%，环境和器件类故障占比分别为 26% 和 19%。究其原因：随工作时间增加，产品设计和器件的薄弱环节逐渐暴露，呈逐渐增多趋势，尤其是设计类故障在寿命后期成为主要故障；而遥感卫星对于环境的适应能力经历早期的缺陷暴露和修复后逐渐增强，故障占比逐渐下降。

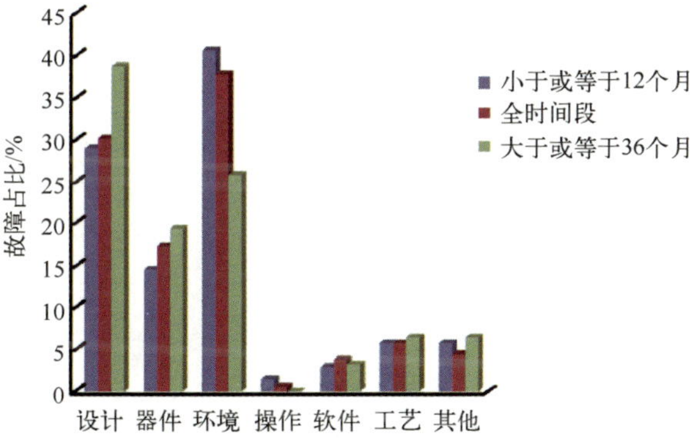

图 2-11　故障类型与运行时间关系

第 3 章　卫星在轨状态特征分析

卫星状态直接的反映对象为其遥测参数,实际卫星遥测参数一般在几千个以上,且参数状态变化之间互相关联,直接对所有遥测参数进行状态分析计算量大,实现起来困难,为此需要建立能反映卫星各分系统、部件状态的特征集,以状态特征为主要对象进行状态分析。同时,由于卫星工作环境恶劣,外部环境也直接影响卫星工作状态,为此在进行遥测状态分析同时,需要建立描述其运行环境的特征参数,综合对卫星状态进行分析。

本章主要分析卫星状态及其变化的各种特征,这是卫星在轨状态异常检测和趋势预测的基础。根据卫星状态特征量确定的方式,本章将卫星在轨状态特征分为特征参数、时域统计特征、时域形态特征、时域关联特征和频域特征等五类状态特征进行讨论。

3.1 特征参数

遥测参数直接反映卫星工作状态及其器件性能,但是由于卫星遥测参数众多,若对所有参数进行检测,工作量十分巨大。为此,在实际工程应用中,需要对众多遥测参数进行甄别筛选,选择最能够反映其在轨状态特征的遥测参数。卫星状态特征参数是指与卫星当前状态有直接关系的参数,除遥测参数外,还包括环境参数以及某些通过遥测参数推算出来有意义的间接参数。

3.1.1 遥测参数

遥测参数作为监测卫星工作状态的主要参数,能够直接反映卫星工作模式、异常状态、健康状况等。卫星异常后,可能有很多遥测参数出现异常,但是就异常产生的原因而言,直接导致异常的参数可能只是其中的某一个或某几个参数。下面以电源、测控、姿控等几个重要分系统为例,说明反映该分系统单机、器件工作状态的遥测参数。

1. 电源分系统特征参数

电源分系统为卫星工作提供能源保障,一般由太阳电池阵、蓄电池组、电源控制器等单机组成。其中：太阳电池阵将太阳能转换为电能；蓄电池组作为储能装置，将太阳电池阵能量储存起来，在地影区或负载功率过大时为卫星提供能源；电源控制器依据设计指标对电源系统的输出、输入进行控制。电源分系统需要监视的特征参数一般为模拟太阳敏感器输出角、太阳阵电流、分流状态、蓄电池组充电电流、蓄电池组电压、蓄电池电量、蓄电池组单体电压等。模拟太阳输出状态直接影响太阳帆板的跟踪精度、控制方式和太阳电池阵电流，故将其归为电源系统监测参数。

模拟太阳敏感器输出角直接反映了太阳帆板与太阳向量之间的关系，表征太阳帆板跟踪太阳向量的偏差。在一般情况下，阳照区模拟太阳输出应该在5°以内，太阳帆板能够很好地跟踪太阳向量，确保卫星能源正常。

太阳阵电流直接表征了卫星能源供给情况。排除卫星进出地影过程，正常情况下太阳阵电流不会出现大幅跳变，变化呈连续性。排除遥测分层值及帆板跟踪精度等原因的影响，其输出基本为一条直线。对于有两翼帆板电流同时采集的卫星，两翼帆板电流之差应基本为固定值。

电源分流器主要对太阳阵多余电流进行分流。分流一般采用饱和式分流与线性调节分流相结合的方式，即在卫星能源满足需求的情况下采用顺序分流的措施，在前一级进入饱和分流状态后，后一级开始分流，最后一级分流一般处于线性分流状态。

蓄电池充电电流设置必须考虑卫星的功率负载、地影期间的蓄电池安时消耗数、可充电时间、充放电调节器效率、蓄电池组充放比及光照条件等，一般需要设置多档充电电流供在轨选择。蓄电池组电压作为蓄电池组最直接的遥测参数，是蓄电池组充放电状态最直观的表述，因此用不同阶段的蓄电池组电压作为描述蓄电池组充放电状态的参数，主要阶段划分包括放电终压、充电受控电压、两阶段受控电压、涓流时蓄电池组电压。由于涓流充电时电流对电池电压影响最小，因此用涓流时蓄电池组电压来表示蓄电池充电状态，而一般用放电终压来表示蓄电池放电状态。蓄电池组电量表征目前蓄电池组能源情况，一般情况下对于低轨卫星而言，需要保证在一个轨道周期内蓄电池能够实现能源平衡，即在经过一个轨道周期内，需要保证蓄电池组能够实现满充。在一般情况下，采用多节蓄电池串联形式形成一组蓄电池组，蓄电池组单体电压压差一般不会超过0.1V，若出现超差，蓄电池组单体很可能开路或短路。有条件的情况下还需要关注蓄电池组充放电终压，此参数能够反映当前蓄电池组性能。

电源作为星上唯一能源供给部件，其失效会导致卫星致命性故障，引起卫星失效。因此需要对该系统参数重点监测，特别是部分需要进行联合监测。如蓄电池组充电电流，若卫星进入阳照区且负载功率小于供电功率，蓄电池处于欠充状态;若蓄电池组未按照设计电流充电,则需对蓄电池组充电状态进行检查。因此,对于蓄电池组充电电流状态需要按照上述几个参数进行联合检测,及时发现异常。

2. 测控分系统特征参数

测控分系统主要为卫星提供上、下行链路通道,包括上行遥控通道、下行遥测通道及外测数据信息,一般将 GPS 归入测控系统。测控分系统特征参数见表 3-1。应答机上行信号状态表征应答机接收到地面设备功率强度,应答机发射机功率、状态表征了应答机发射机的开关机状态和功率值,锁定状态直接影响上、下行链路的建立,需特别关注。

表 3-1　卫星测控分系统特征参数

功　能	遥　测
应答机上行信号状态	应答机 A_AGC 电平有上行/无上行
应答机发射功率、状态	应答机发射功率,有发射/无发射
应答机锁定状态	应答机锁定/未锁定状态
应答机相干状态	应答机相干/非相干状态
应答机测距通/断状态	应答机测距通/断状态
应答机遥测副载波状态	选 DPSKA,选 DPSKB
遥控单元锁定状态	甲机锁定状态,乙机锁定状态
GPS 接收机工作状态	GPS 接收机电源、定位标识、轨道板及通道板输出数据、TIC 计数

3. 星务分系统特征参数

星务分系统作为卫星信息处理中心,负责卫星遥测参数打包下传、卫星安全模式控制、时间管理、数据存储及分发等。星务分系统需要监视的特征参数一般为星务当班机状态、星务计算机程控区指令情况、星务时间、卫星遥测情况、卫星安全模式状态等。

星务当班机在轨应该在某个计算机一直当班状态,若当班机状态发生变化,则表明发生切机。程控指令主要由星务计算机存储分发。一般情况下,程控区指令不会存在为零情况。若出现为零,则一般存在三种情况:①星务计算机发生切机或复位;②星务计算机指令条数已全部使用完;③卫星发生某种异常导致星上自主将程控区清零。其中情况①、③将会看到星务计算机向相应分系统发出关机指令。

星务时间作为卫星主要时间基准,主要负责按照时间节点控制载荷,同时对星上其余分系统进行校时。对于星务时间,一般需要按照卫星管理使用要求,将时间误差控制在可接受范围内。时间校正分为授时、集中校时及均匀校时等方式。卫星遥测情况直接反映卫星工作情况，由于卫星遥测由星务计算机负责组包下传，故若整星出现遥测乱帧、乱码及无遥测现象，则应首先考虑星务计算机异常。卫星安全模式状态主要表征了卫星发生了何种安全模式，按照安全模式设置状态，卫星将进行相应动作，而此工作主要由星务计算机完成。故若出现卫星安全模式，则可以按照相应设计查询是否发生了某种动作。

4. 姿控分系统特征参数

姿控分系统主要负责控制卫星姿态维持在期望状态。姿控分系统一般由测量部件、执行部件及控制单元组成。测量部件负责测量卫星的姿态信息，执行部件按照控制指令控制卫星姿态，控制单元提供不同工作模式、工作状态下控制率，对于测量、执行部件按照其特点，建立特征参数集见表 3-2。

表 3-2　单机特征参数

单　机	参数名称	说　明
姿控计算机	供电电源电压	表征计算机是否处于工作状态
	控制用姿态角	表征姿态控制最终效果是否满足要求
	控制用姿态角速度	
	姿控系统时间及软件各错误标志	表征姿控计算机软件运行是否正常
	姿控各状态字	表征姿控软件当前各工作状态
陀螺仪	供电电源电压	表征陀螺是否处于工作状态
	测得角速度	表征当前单机测得的卫星姿态信息
	陀螺仪温度	表征陀螺当前的温度状态
星敏感器	供电电源电压	表征星敏是否处于工作状态
	星敏解算姿态	表征当前星敏测得的卫星姿态信息
	星敏温度	表征星敏当前的温度状态
地平仪	供电电源电压	表征地平仪是否处于工作状态
	地平仪弦宽	表征当前地平仪测得的卫星姿态信息
	地平仪温度	表征地平仪当前的温度状态
太阳敏感器	敏感器输出电流	表征当前太敏测得的卫星姿态信息
	解算的太阳角	表征太阳照射状态
磁强计	磁强计输出电流	表征当前磁强计测得的卫星姿态信息
飞轮	供电电源电压	表征飞轮是否处于工作状态
	飞轮转速	表征飞轮工作状态
	飞轮电流	表征飞轮转动是否正常
	飞轮轴承温度	表征飞轮当前的温度状态

（续）

单　机	参数名称	说　明
磁力矩器	供电电源电压	表征磁力矩器是否处于工作状态
	磁电流	表征磁力矩器的工作状态
推进	自锁阀电压	表征推进是否处于工作状态
	推进器组电压	
	推进器温度	表征推进喷嘴当前的温度状态

对于控制系统，还需要重点关注姿态角、角速度、测量部件的输出等参数。姿态角直接反映了卫星的姿态指向。目前在轨常见姿态指向方式为对地定向或对日定向。角速度反映了卫星姿控系统工作的稳定性，测量部件输出表征姿态指向及测量部件性能。

在条件具备的情况下，需对测量部件的输出噪声进行检测，确保引入姿控闭环数据的正确性及可靠性。以陀螺为例，正常工作时陀螺电机电流、输出噪声应该在要求范围内且变化平稳。若其变化出现大幅度振荡，即使在正常范围内，也表征该器件性能变差，将会是导致卫星故障的诱因，应引起足够重视。执行部件需要监视执行部件响应控制计算机指令状态、提供的角动量、角动量变化大小、执行部件电流变化情况、转动部件温度情况等。对于采用动量轮或反作用飞轮控制的卫星而言，执行部件可采用系统重构、重组或冷备份实现执行部件的备份功能。但是对于冷备份控制器件，若长期处于冷备状态，能否正常工作则需要进一步确认。控制计算机在轨常见故障为复位或死机，对于姿控时间、控制模式、动力学参数等重要参数具有备份功能，一般不会引起重大异常。但是对于进行过软件在轨修正的卫星而言，若控制计算机出现复位等情况，则应及时进行在轨软件更新。

3.1.2 环境参数

空间环境对卫星有破坏作用，这些破坏作用分为累积性损伤与突发性破坏事件两类。高真空、太阳电磁辐射、地球辐射带电子与质子、等离子体、原子氧、空间粉尘等环境因素主要引起累积性损伤效应，导致卫星在轨服役性能退化乃至失效。而微流星与轨道碎片高速撞击、高能带电粒子单粒子事件、地磁暴、亚暴及太阳耀斑等空间环境作用，主要造成突发性损伤效应，导致卫星出现非正常破坏。因此，通过监测空间环境参数，可以对卫星异常与否进行间接推测。

与卫星在轨状态分析相关的环境参数主要包括以下三类。

1. 空间环境参数

空间环境参数包括太阳辐射指数、地磁指数、流星体/空间碎片相关参数等。F10.7射电辐射流量是目前常用的太阳活动指数之一,用来表征太阳对地球高层大气的加热效应。历史上,这个度量用来作为太阳辐射导致地球的电离层电离化影响的替代。典型的地磁指数有KP和AP,它们是可以相互转换的。KP指数是单个台站3h内地磁扰动强度的指数,称为三小时磁情指数。AP指数是全球的全日地磁扰动强度的指数,F10.7、AP基本表征了空间的电磁环境,因此主要用F10.7指数以及AP指数作为空间环境参数。

2. 天体位置参数

空间天体位置与在轨卫星的相对几何关系发生变化,可能诱发卫星敏感器受到异常杂光影响,导致在轨卫星状态异常。例如,对于红外敏感器受太阳、月球干扰,其需要关注的参数为卫星相对于天体的矢量关系、目标天体的亮度等。

某卫星红外敏感器受到干扰自主打开陀螺。在陀螺开启前一段时间的+X红外持续见太阳输出数据无效、-X红外受月球干扰和数据输出异常,使得-X红外出现一定比例无效数据。按控制系统方案设计,在星敏感器不允许引入时,如果连续一段时间内双红外有效数据较少,星上自主开启陀螺。

3. 日食、月食事件参数

日食、月食对在近地空间运行的航天器主要产生两种不良影响:一种是影响光学敏感器的正常输出,对航天器控制产生不良扰动;另一种是影响航天器能源供应,造成航天器短时间内能源平衡紊乱,进而导致航天器部件能源供应不足,甚至造成整星掉电。

3.1.3 间接参数

分析卫星在轨状态时,有些参数不是直接测量获得的,需要通过遥测参数按照相应的理论公式、数学方法获取,此类参数称为间接参数。如卫星的发动机推力、卫星的剩余燃料等,不能直接通过遥测参数给出,但是可以对温度、压力等参数进行测量,并按照相应的公式进行计算,获取此类参数。另外,遥测参数的某些特征如变化率等,也可以表征出卫星器件、部件的性能和工作状态,此类参数也可以通过相应的数学方法获取。

1. 具有物理意义的参数

间接参数需要地面依据直接遥测参数,通过一定的数学方法计算获得。此类参数虽不直接描述星上状态,但是通过此类参数能够反映出相应系统、部件的状态。例如,要对卫星轨道机动能力进行评估,需要卫星储箱剩余燃料、发动机推力等。而此类参数没有遥测可以直接表征,也需要地面依靠星上相应遥测,采用相应算法进行计算。

下面以发动机推力、储箱剩余燃料为例,说明间接参数的计算。首先定义以下变量:

M——轨控前推进剂剩余量;

ρ——推进剂密度(kg/cm^3);

V_T——储箱容积(cm^3);

V_0——加注后的气体容积(cm^3);

P_0、T_0——加注时气体压力(MPa)和热力学温度(K);

P、T——轨控前储箱压力(MPa)和热力学温度(K),由星上遥测得到;

I_E——本次机动发动机所需提供的总冲(N·S),根据ΔV计算;

I_S——轨控前储箱压力所对应的比冲(N·S/kg);

P_f——轨控后储箱压力(MPa);

F——推力(N)。

则储箱剩余燃料的质量为

$$M=\rho\left(V_T-\frac{T}{T_0}\frac{P_0}{P}V_0\right)$$

轨控后压力为

$$P_f=\frac{P}{1+\dfrac{I_E}{(\rho V_T-M)I_S}}$$

推力 F 与压力 P 的关系为

$$F=D_0+D_1P+D_2P^2+D_3P^3$$

比冲 I_S 与压力 P 的关系为

$$I_S=G_0+G_1P+G_2P^2+G_3P^3$$

卫星实际在轨运行过程中,计算上述间接特征参数的具体计算步骤如下:

(1) 在遥测数据中得到储箱压力 P 与储箱温度 T;

(2) 根据参数 P、T 得到储箱剩余质量 M、比冲 I_S;

(3) 根据 P、T、M、I_S 与地面所需的冲量,得到该次轨控的储箱压力 P_f;

(4) 根据 P 与 P_f 得到轨控前后的推力 F 与 F_f,平均值

$$\overline{F}=\frac{F+F_f}{2}$$

就是整个轨控后的平均推力;

（5）推力的持续时间 Δt 就是总冲与平均推力的比值，即

$$\Delta t = \frac{M_{\text{sats}}\Delta V}{F}$$

2. 反映过程特征的参数

遥测参数直接反映了当前卫星状态，不能表现参数变化的特征和规律。若需要对参数变化特征进行分析，需要采用相应的数学方法来实现，如差分分析等。比如，若需要对某卫星陀螺输出噪声进行分析，单纯的陀螺输出数据不能反映其噪声情况，对其输出进行差分后，其噪声特征就比较明显了。如图 3-1 和图 3-2 所示，分别是陀螺正常和异常情况下，遥测数据的差分。

图 3-1　陀螺正常输出的差分结果

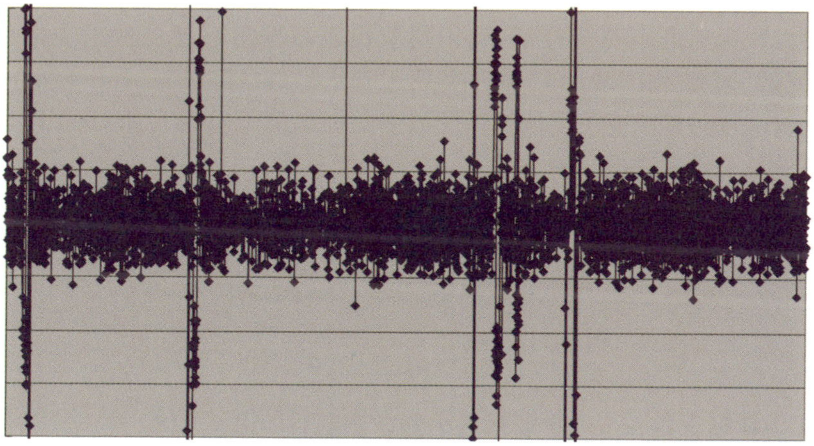

图 3-2　陀螺异常输出的差分结果

3.2 统计特征

在卫星的遥测数据中有些参数的变化比较缓慢，对于这些参数，可以利用统计方法，对长时间数据进行统计分析，建立其统计特征模型。若统计特征的变化在允许范围内，则可以认为卫星部件处于正常状态。一旦这个统计特征出现较大变化，但外在条件没有变化，则可以认为部件状态发生变化。

从统计学的角度来说，用于卫星数据分析的统计特征可以分为一阶统计特征、二阶统计特征和高阶统计特征等，下面针对一维遥测数据 $x_1, x_2, \cdots, x_n$ 介绍统计特征的数学计算方法。

3.2.1 一阶统计特征

一阶统计特征的数学表达式中只含有数据值的一次方，典型的一阶统计特征包括均值 $\bar{x}$、中位数 M、分位数 M_{p} 和极差 R 等。

均值是一组数据的算术平均值，统计学上又称为样本的一阶原点矩，其表达式为

$$\bar{x} = \frac{1}{n}\sum_{i=1}^{n} x_i$$

均值是描述数据平均位置的统计特征，反映了数据波动的中心趋势，对于一组实际检测到的信号，它是信号的静态分量，是信号中的稳定部分。均值非常明显的优点之一是能利用所有数据，且容易计算。另外，在数学上，均值是使误差平方和达到最小的统计量，利用均值代表数据可以使二次损失最小。因此，均值是一个常用的统计量，对于偏离正常水平的故障数据，在一段时间内其均值会发生较明显的变化。但均值受数据的极端值影响较大，因此还需要借助其他统计量来描述数据。

中位数是顺序统计量，它是将一组数据按大小顺序排列后处于中间位置的数，其表达式为

$$M = \begin{cases} x_{(k+1)} & (n = 2k+1) \\ \dfrac{1}{2}\left(x_{(k)} + x_{(k+1)}\right) & (n = 2k) \end{cases}$$

式中：n 为数据点数；$x_{(i)}$ 为将数据从小到大排列后的第 i 个值。

中位数是描述数据中心位置的数字特征，反映了数据的集中趋势。与均值相比，中位数受极端数据的影响更小。中位数只反映了一组数据中间位置的数

值，若想得到任意分布位置的数值特点，则需要使用分位数。

记一组数据的 p 分位数是 M_p，则这组数据中小于数 M_p 的概率为 p。$M_p(0<p<1)$ 的表达式为

$$M_p=\begin{cases} x_{([np])} & (np\text{ 是整数}) \\ x_{([np]+1)} & (\text{否则}) \end{cases}$$

式中：$[np]$ 为 np 的整数部分。

分位数是从不同侧面反映数据位置特征的量，并且 0.5 分位数就是中位数。分位数可以看成中位数的推广概念，描述了数据在不同分布位置处的集中趋势。

极差也是一种顺序统计量，它是一组数据最大值与最小值的差，其表达式为

$$R=x_{\max}-x_{\min}$$

极差是一种比较简单的描述数据分散性的数字特征，体现了数据的最大离散程度。由于其未使用数据的全部信息，只使用了数据的极端值，因此无法反映数据的整体分布情况。

对于一段信号，它的极差也称为峰-峰值，记为 X_{P}。

3.2.2　二阶统计特征

二阶统计特征的数学表达式中用到数据的二次方。二阶统计特征主要包括方差和标准差、均方值和均方根值、裕度指标、峰值因子和波形因子等。

1. 方差和标准差

方差是数据相对于均值的二阶中心矩，其表达式为

$$s^2=\frac{1}{n}\sum_{i=1}^{n}(x_i-\bar{x})^2$$

方差反映了数据围绕均值的波动程度，体现了数据的分散程度，方差越大，数据的分散程度越大，数据相对于均值的波动范围越大。

图 3-3(a)～(c)分别为三个不同随机变量的概率密度，红线为均值，方差依次由小到大。对于波动现象较为明显的故障数据，其方差往往高于正常状态。

标准差是方差的算术平方根，其表达式为

$$s=\sqrt{\frac{1}{n}\sum_{i=1}^{n}(x_i-\bar{x})^2}$$

标准差与测量值的量纲相同，因此比方差能更方便地描述数据的波动范围。

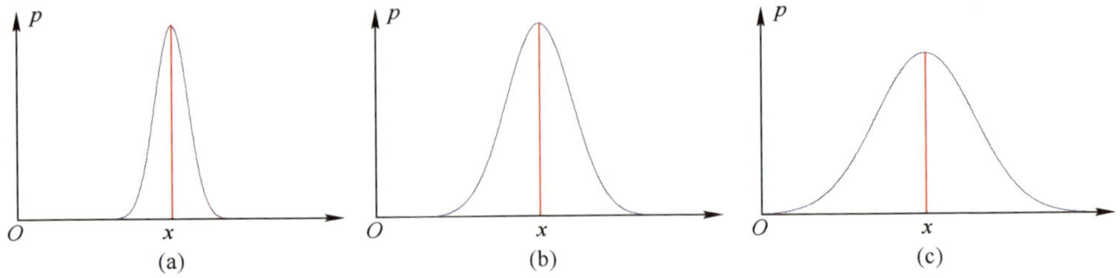

图 3-3　不同方差的随机变量概率密度分布图

2. 均方值和均方根值

均方值反映了数据相对于零值的波动情况,是数据相对于原点的二阶原点矩,其表达式为

$$\psi_x^2 = \frac{1}{n}\sum_{i=1}^{n} x_i^2$$

均方值的算术平方根称为均方根值,其表达式为

$$X_{\mathrm{rms}} = \sqrt{\frac{1}{n}\sum_{i=1}^{n} x_i^2}$$

均方值和均方根值除了反映数据相对于原点的离散程度外,它们还是表示动态信号强度的指标。幅值的平方具有能量的含义,因此均方值表示了单位时间内的平均功率,在信号分析中也称为信号功率,而信号的均方根值由于有幅值的量纲,在信号分析中也称为有效值。

3. 裕度指标

裕度指标反映了信号的冲击程度,其表达式为

$$L = \frac{X_{\mathrm{P}}}{X_{\mathrm{r}}} = \frac{X_{\mathrm{P}}}{\left(\frac{1}{n}\sum_{i=1}^{n}\sqrt{|x_i|}\right)^2}$$

4. 峰值因子

峰值因子为波形的峰-峰值与均方根值之比,其表达式为

$$C_{\mathrm{f}} = \frac{X_{\mathrm{P}}}{X_{\mathrm{rms}}}$$

峰值因子适用于数据波形中脉冲总能量不大,但是波形尖峰明显的故障,能恰当地反映尖峰的相对大小。

5. 波形因子

波形因子定义为均方根值与绝对均值之比,其表达式为

$$W_{\mathrm{S}} = \frac{X_{\mathrm{rms}}}{|\bar{x}|}$$

统计特征在卫星多层次征兆分析中一个重要的应用是判断某些参数的稳定性，所以数据分散性的分析在卫星遥测数据分析中非常重要。下面以卫星电源系统为例，说明二阶统计特征在判断参数稳定性中的应用。

在卫星电源系统分析中引入了电源系统相关系数 G_1，它是对分流器特性的一种描述。分流器作用是将多出的电功率进行分流，保证母线电压的稳定。因此，分流器电流应该与剩余电量保持固定的比例关系。通过对日常分流过程数据进行分析，得到了该比例关系。

设太阳帆板输出功率为 P_1，负载功率为 P_2，分流电流为 I，则比例系数为

$$G_1=\frac{I}{P_1-P_2}$$

间接特征参数 G_1 的引入是通过对电源系统分流器的工作原理进行分析得来的，但其是否能有效地反映设备的状态，还取决于它是否具有参数稳定性。如果参数本身在设备的运行过程中由于干扰、噪声等原因，在正常状态下也会发生较大幅度的变化，即不具有稳定性，那么用该参数进行状态检测时会导致误判或漏判的情况，因此在参数的选择时，参数在具灵敏性的同时应该兼具稳定性，需进一步判断 G_1 是否具有稳定性。计算结果如图 3-4 所示。

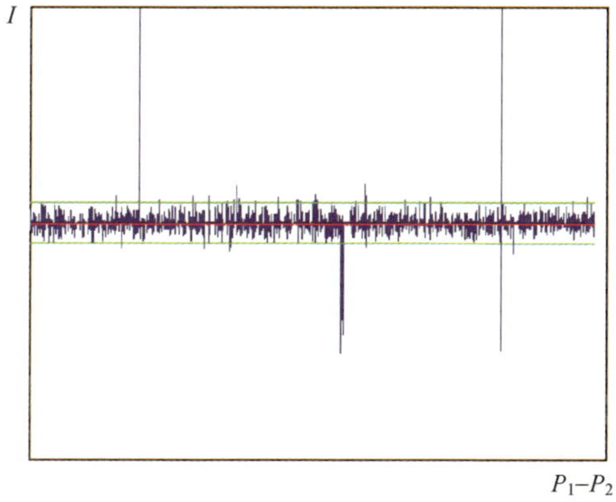

图 3-4 卫星电源参数 G_1 变化

从图 3-4 可以看出，无论是长期趋势还是短期变化，G_1 都在其方差内，因此该参数具有稳定性，可以作为状态检测参数。

3.2.3 高阶统计特征

一阶统计特征与二阶统计特征描述了数据的位置分布和离散程度，但要进一步分析数据的整体分布情况，还需要其他的高阶统计特征。高阶统计特征中用到了数据的更高阶距，常用的高阶统计特征有偏度和峭度等。

一、偏度

偏度是无量纲指标，反映了一组数据相对于其均值的偏斜方向和程度，其本质上可看成一组数据关于均值的二阶矩和三阶矩的组合。偏度的表达式为

$$g_1 = \frac{1}{n}\frac{1}{\sigma^3}\sum_{i=1}^{n}(x_i - \bar{x})^3$$

偏度是刻画数据分布对称性的指标，图 3-5 中(a)~(c)分别为偏度为负、为零及为正的随机变量的概率分布，红线为均值。

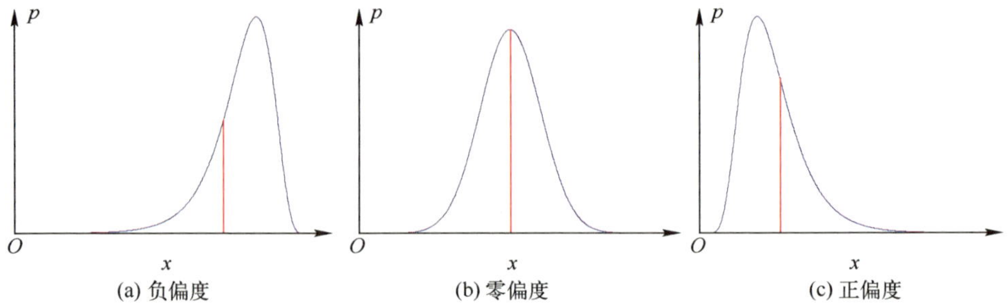

图 3-5　偏态特征

正态分布的偏度为 0，两侧尾部对称。$g_1<0$，称分布具有负偏离，也称左偏态，此时数据位于均值左边的比位于右边的少，直观表现为左边的尾部相对于右边的尾部要长；$g_1>0$，称分布具有正偏离，也称右偏态，此时数据位于均值右边的比位于左边的少，直观表现为右边的尾部相对于左边的尾部要长；g_1 接近 0，认为分布是对称的。若知道分布有可能在偏度上偏离正态分布时，可用偏度来检验分布的正态性。

二、峭度

峭度是无量纲指标，反映了随机变量的概率密度曲线在平均值处峰值高低，其本质上可看成一组数据关于二阶距和四阶距的组合。峭度的表达式为

$$g_2 = \frac{1}{n}\frac{1}{\sigma^4}\sum_{i=1}^{n}(x_i - \bar{x})^4$$

图 3-6 中(a)~(c)分别为三个不同随机变量的概率密度曲线，红线为均值。图 3-6(a)的概率密度分布有一个尖峰，其峭度值大于 3；图 3-6(b)为高斯分布，其峭度值为 3；图 3-6(c)为均匀分布，峭度约为 1.8。

峭度以标准正态分布为指标，当总体分布为标准正态分布时，$g_2=3$；若 $g_2>3$，则表示数据中有较多远离均值的极端数据；若 $g_2<3$，则表示均值两侧的极端数据较少，如图 3-6 所示。峭度对冲击信号比较敏感，在部件无故障运转时，由于各种不确定因素的影响，信号的幅值分布应接近正态分布，$g_2 \approx 3$；随着故障

的出现和发展，信号中大幅值的概率密度增加，信号幅值的分布偏离正态分布，正态曲线出现偏斜或分散，峭度值也随之增大。

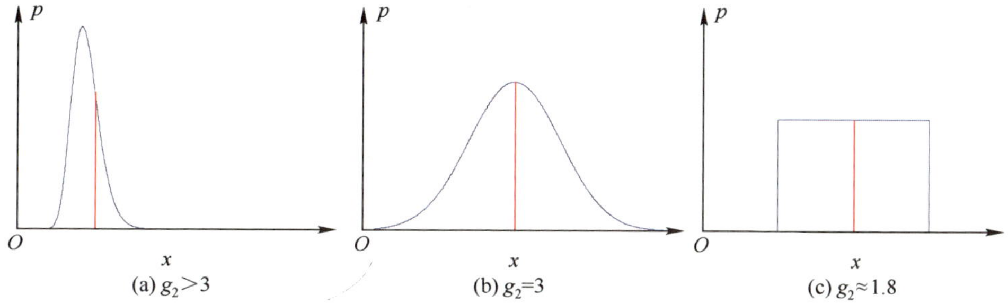

图 3-6　峰态特征

3.2.4　统计特征选择

在卫星的遥测数据分析中应用统计特征时，要结合问题特点选择合理的特征。对于 3.3.2 节中的例子，为了判断参数的稳定性，选择了反映数据分散性的方差特征作为指标，若想保持特征参数与遥测参数的量纲一致，也可以选用标准差作为指标；如果想更进一步地探究数据的波动情况，如判断卫星中的某些系统是否由于某些故障受到冲击作用，引起异常振动或噪声，此时选用峭度比较合适；如果只是想简单地获得数据的波动范围或数据大小的平均水平，选择极差、中位数或均值较为合适。

另外，在选择统计特征时，还应考虑该特征对故障的敏感程度。下面以某卫星的反作用轮 D 发生异常掉电故障为例，说明统计特征的合理选择问题。

某卫星发生反作用轮 D 异常掉电故障，截取故障前后一段时间内的数据作为故障数据，并在发生故障前的正常阶段截取相同个数的数据点作为正常数据，将各相关参数绘图如下并提取时域统计特征。

反作用轮 D 发生异常掉电故障前后，反作用轮 A 电动机电流正常与异常时域波形如图 3-7 所示。

对正常和异常情况下的反作用轮 A 电动机电流计算统计特征，得到表 3-3 所列结果。

表 3-3　反作用轮 A 电动机电流正常与异常时域特征对比

	均值	峭度	方差	偏度	峰值因子	裕度指标	波形因子
正常	0.1339	3.3848	6.80×10^{-5}	0.0887	0.3579	0.3589	1.0019
异常	0.0918	24.2717	0.0221	4.4349	5.4318	15.2365	1.9002

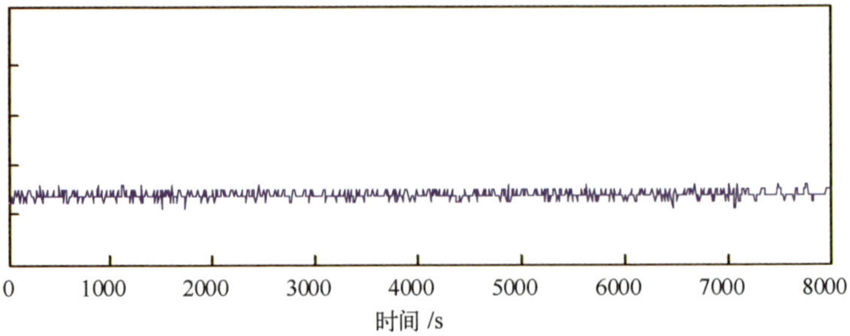

(a) 反作用轮 D 异常掉电——反作用轮A 电动机电流正常

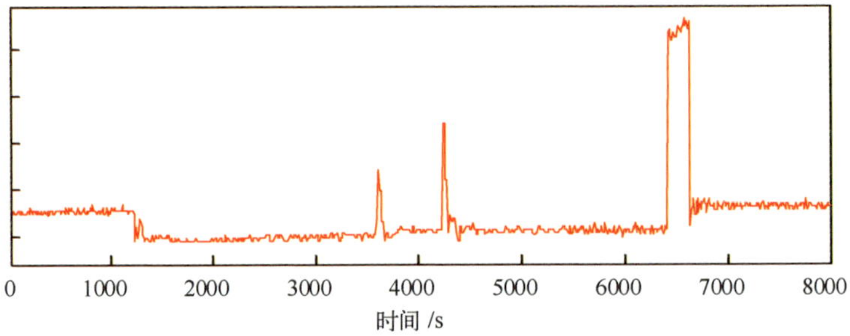

(b) 反作用轮 D 异常掉电——反作用轮A 电动机电流异常

图 3-7　反作用轮 A 电动机电流正常与异常时域波形对比

发生故障时,电流值产生跌落,导致其均值减小,结合表 3-3 可看出,掉电后局部的电流幅值有大幅升高,导致电流均值的减小并不明显,而由于信号中出现的冲击,导致峭度等其他统计量有更明显的变化,因此,对于此故障来说,从分析历史数据的角度,选择峭度等对故障敏感度更高的统计量作为特征更合理;但均值的计算比较简单,在实时监测的过程中,选择均值可能更方便。

另分析反作用轮 D 发生异常掉电故障前后,动量轮的转速信号 RW2。掉电前后,动量轮的转速信号 RW2 正常与异常时域波形如图 3-8 所示。

在动量轮转速信号 RW2 正常和异常情况下进行时域统计特征提取,得到表 3-4 所列结果。

表 3-4　动量轮转速信号 RW2 正常与异常时域特征对比

	均值	峭度	方差	偏度	峰值因子	裕度指标	波形因子
正常	-3145. 3	3. 0120	2.30×10^{3}	-1. 0116	0. 0563	0. 0563	1. 0001
异常	-1982. 2	1. 2397	1.03×10^{6}	-0. 2452	1. 0658	1. 2829	1. 1232

由于发生故障时,动量轮转速增加,导致其均值增大;数据的变化范围增大,方差、峰值因子、裕度指标及波形因子均有增加。但可以看出,发生故障前后,转速信号波形中均没有明显的波动现象,整体比较平稳,信号的峭度、波形

因子等其他反映波形情况的指标变化不如均值和方差明显。因此，转速均值和方差对此故障更敏感，它们是更为合理的特征量。

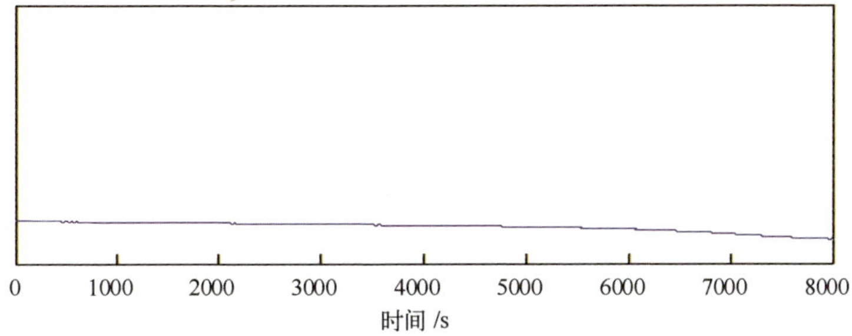

(a) 反作用轮 D 异常掉电——动量轮转速信号RW2 正常

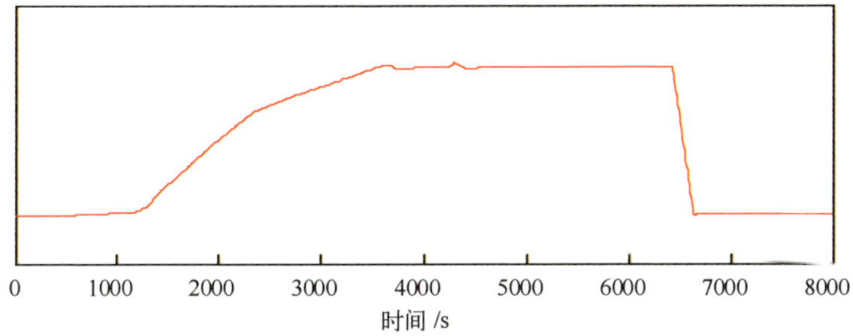

(b) 反作用轮 D 异常掉电——动量轮转速信号RW2 异常

图 3-8 动量轮转速信号 RW2 正常与异常时域波形对比

由上面的例子可以看出，不同信号的不同统计特征对同一故障的敏感程度不同，因此，统计特征的选择，或其他故障特征的选择，应结合遥测参数本身的物理意义及特点和实际情况，以及统计特征本身的数学特点，具体问题具体分析，从灵敏度和稳定性等多个方面考虑。合理选择特征，有利于减少信息的冗余，提高卫星异常检测的效率。

3.2.5 应用示例

以某卫星铷钟故障为例，故障现象为铷钟突然掉电，且无法重新加电。研究中对正常运行的铷钟信号进行过分析，铷钟 EPC 温度的均值、方差等特征均呈现周期变化，但都是正常变化，并未出现异常征兆。

如图 3-9 为某卫星 EPC 温度的原始数据曲线，数据源为该铷钟开机以来至故障关机期间的所有 EPC 温度测量值。由图中可以看出，参数在铷钟开机状态下门限分布在 5~7℃之间，期间经历了四个地影季节，温度曲线包络下限在地影季节会有所下降，地影季节以外的时段，门限分布在 5.8~7℃之间。由图 3-9 可以看出，直至铷钟故障发生，该参数一直在正常值门限内变化，且变化范围较小，故障前唯一能够从原始数据曲线中观察到的信息为故障前41天左右，曲线的包络下限有所升高，该现象并不明显，且由于数据始终处于正常值范围内，自动检测该现象的难度较大。

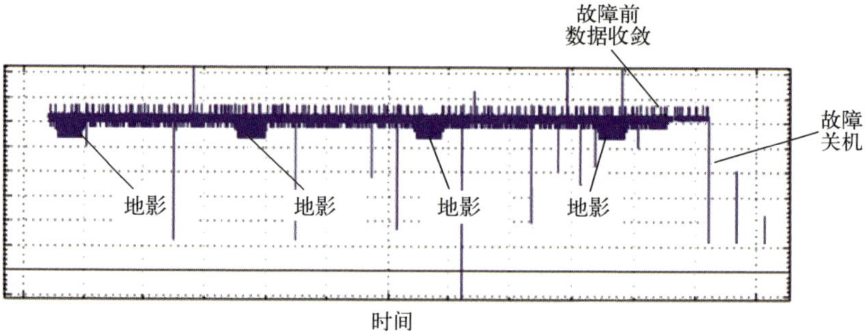

图3-9　某卫星EPC温度原始数据曲线

铷钟发生故障时，工作时间为674天，仅EPC温度一个参数的原始数据就有超过700万个记录，进行分析时，效率较低，且原始数据中故障发生前的征兆不明显。为了更好地从原始数据中提取出有效的异变征兆信息，并考虑到卫星轨道周期，选取了24h为数据特征分析的时间窗口。

铷钟开机工作期间一个时间窗口内EPC温度的均值趋势如图3-10所示。某卫星EPC温度24h均值曲线，数据源为将EPC温度原始数据以每24h为时间窗口进行分割，每一个时间窗口取得一个均值，得到的所有计算结果。数据时段与图3-9相同。由图中可见，异常征兆出现以前，均值变化呈现规律性波动（灰色框左侧曲线），之后就出现了明显的上升，并呈一条直线，如灰色框中数据，出现铷钟故障后跳变为低温，即故障发生若干天EPC温度的均值形态就发生了明显变化。

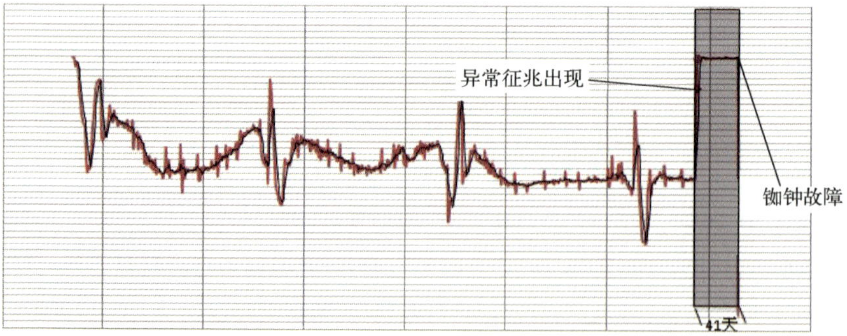

图3-10　某卫星EPC温度24h窗口均值曲线

EPC 温度是一个连续稳定变化的参数，在故障前，从时域数据曲线中可以观察到参数的稳定性有变化，为了更好地量化、分析这一现象，对每一个时间窗口的参数进行标准差计算。

按时间窗口计算的 EPC 温度参数标准差趋势如图 3-11 所示。某卫星 EPC 温度 24h 窗口标准差曲线，数据源为将 EPC 温度原始数据以每 24h 为时间窗口进行分割，每一个时间窗口取得一个标准差，得到的所有计算结果；数据时段与图 3-9 相同。由图中可见，异常征兆出现以前，标准差变化呈现规律的波动，之后就出现了明显的下降，出现铷钟故障后上升，即故障发生前若干天 EPC 温度的标准差形态也发生了明显变化。

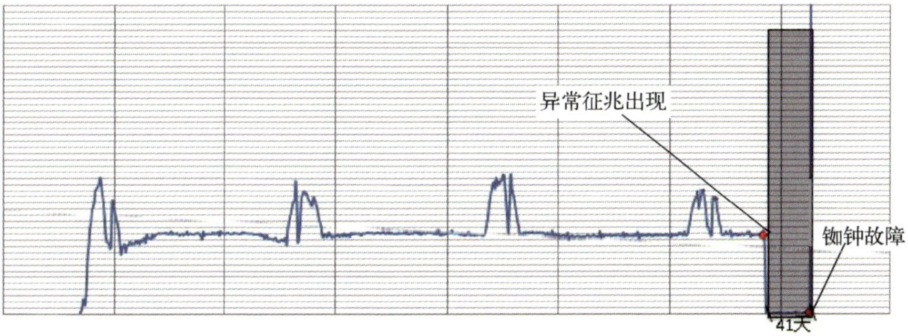

图 3-11　某卫星 EPC 温度 24h 窗口标准差曲线

通过对原始数据的分析发现，若针对 24h 的数据来进行观察，数据的变化呈类似矩形波的形态，中间会有若干次不同分层值之间的变化，如图 3-12 和图 3-13 所示。

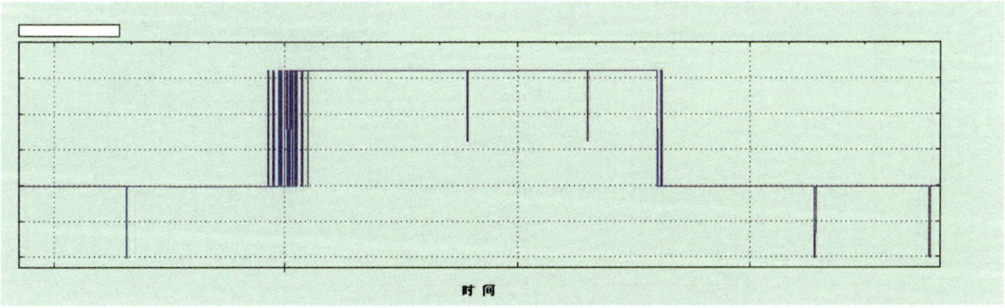

图 3-12　某卫星某天 EPC 温度原始数据曲线

定义参数曲线斜率出现一次正、负反转则为一个极值点，一个时间窗口内所有极值点的个数即为极值个数。通过极值个数的变化，可以观察到在原始数据中不易发现的稳定性变化。

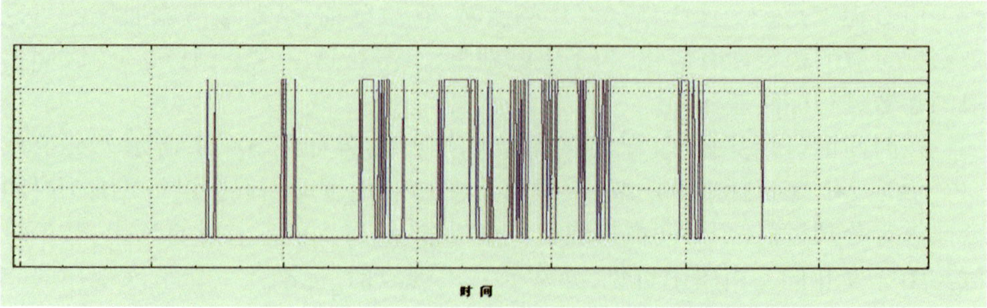

图 3-13　某卫星 EPC 温度原始数据曲线(时间轴 1h)

图 3-14 为某卫星 EPC 温度 24h 窗口极值个数曲线,数据源为将 EPC 温度原始数据以每 24h 为时间窗口进行分割,统计每一个时间窗口内原始数据中出现斜率反转的点的个数,得到的所有统计结果;数据时段与图 3-9 相同。由图中可以观察到,形态异常征兆出现以前,极值个数变化呈现规律性波动,之后就出现了明显的下降和曲线形态变化,出现铷钟故障后从曲线上能观察到明显的收敛。即故障发生前几个月 EPC 温度的极值个数变化形态就发生了明显变化。

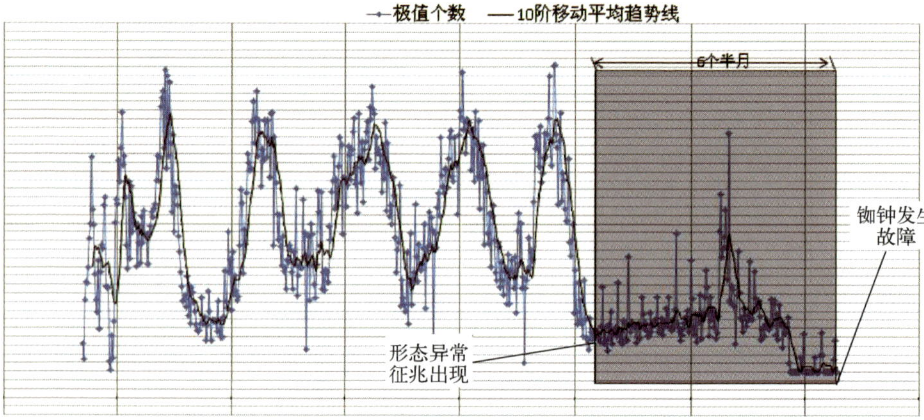

图 3-14　某卫星 EPC 温度 24h 窗口极值个数曲线

3.3　频域特征

提取频域特征的基本原理将时间序列看作一个离散信号,采用离散傅里叶变换(Discrete Fourier Transform, DFT)或者离散小波变换(Discrete Wavelet Transform, DWN)将时间序列从时间域映射到频率域,用频谱来表示原始时间序列。对于大部分信号来说,能量主要集中在几个主要的频率上,因此可以用很少的几个频率来近似表示原始时间序列,达到数据压缩的目的,而且能够较好地保持时间序列的主要形态。

3.3.1　频域特征参数

频域分析是故障检测与诊断中使用较为广泛的处理方法之一,因为伴随着故障的发生和发展,往往会引起信号频率结构的变化。

频域特征提取是以傅里叶变换为基础来对信号进行频谱分析,并提取频谱中相应的特征参数,常用的频域特征参数有重心频率、功率谱方差、均方频率、谱熵等。

1. 重心频率

重心频率(FC)描述信号功率谱的中心位置变化,即

$$\mathrm{FC}=\frac{\sum_{i=1}^{N} f_i p_i}{\sum_{i=1}^{N} p_i}$$

式中:f_i、p_i分别为频率值与相应的功率谱幅值。

2. 功率谱方差

功率谱方差(VF)反映谱能量的分散程度,功率谱的分散程度越大,其值越大。其可表示为

$$\mathrm{VF}=\frac{\sum_{i=1}^{N}(f_i-\mathrm{FC})^2 p_i}{\sum_{i=1}^{N} p_i}$$

3. 均方频率

均方频率(MSF)表征功率谱中信号主频带的位置变化,即

$$\mathrm{MSF}=\frac{\sum_{i=1}^{N} f_i^2 p_i}{\sum_{i=1}^{N} p_i}$$

4. 谱熵

基于信息熵理论,以功率谱为基础,在信号的频域内可以计算信号的谱熵。

设信号 $x(t)$ 的离散傅里叶变换为 $X(\omega)$,则其功率密度谱为

$$S(\omega)=\frac{1}{N}|X(\omega)|^2\Delta\omega$$

由于信号从时域变换到频域的过程中能量守恒，即

$$\sum x^2(t)\Delta t=\sum |X(\omega)|^2\Delta\omega$$

因此，$S=\{S_1,S_2,\cdots,S_n\}$ 可以看作对原始信号的一种划分，则第 i 个功率谱在整个谱中所占的百分比为

$$P_i=\frac{S_i}{\sum_{i=1}^{n}S_i}$$

由此可以定义相应的信息熵，即功率谱熵为

$$H=-\sum_{i=1}^{N}P_i\log P_i$$

谱熵是信号复杂度的一种度量，信号的功率谱谱峰越狭窄，谱熵越小，表示信号波形比较有规律，复杂度小；功率谱越平坦，谱熵越大，如白噪声是无规则的随机信号，其功率谱平坦，谱熵很大，信号复杂度高。

对难以在时域上提取特征的故障信号，可以在频域上对其频谱特征进行分析和提取。大量故障实例表明，不同的故障，尤其是振动故障总是对应着一定的频率成分，而且不同的振动故障总会反映为检测到超过允许值的振动或波动。虽然故障原因与振动信号之间不具有线性关系，不同的振动故障之间常常有着相似的频率结构和相近的振动部位表现。

3.3.2 应用示例

某卫星发生三轴姿态角、三轴稳定度超差，且滚动、偏航两个方向超差较大，俯仰方向超差较小，三轴姿态角速率如图 3-15 所示。

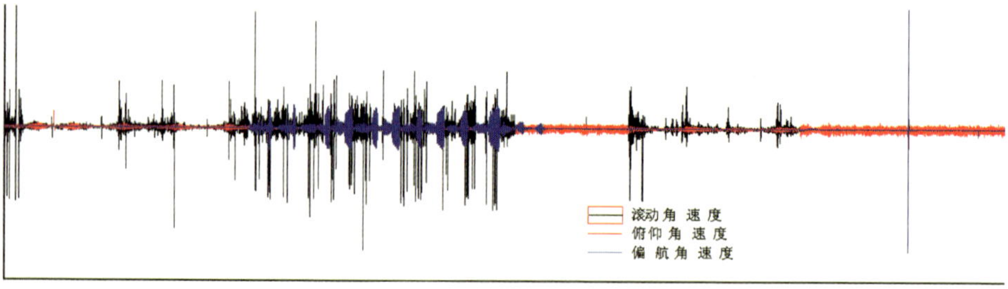

图 3-15　三轴姿态角速率遥测曲线

对受影响较大的偏航轴、滚动轴姿态角速度进行 FFT 分析，如图 3-16 和图 3-17 所示。发现频谱中均有较大的 0.588Hz 频率信号。对受影响较大的偏航轴、滚动轴姿态角速度进行 FFT 分析，发现频谱中均有较大的 0.588Hz 频率信号。

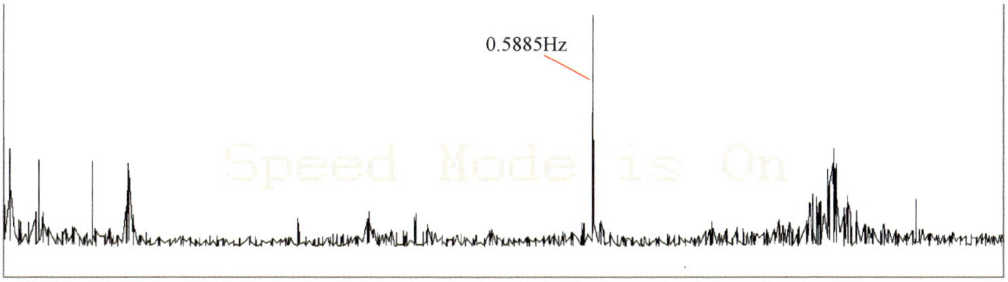

图 3-16　偏航轴姿态角 FFT 分析结果

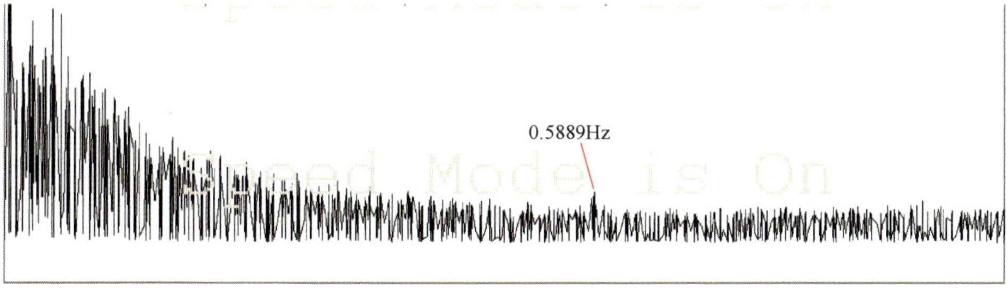

图 3-17　滚动轴姿态角 FFT 分析结果

对星上单机的工作模式进行检查,发现在姿态超差期间某单机工作在 1.7S 工作模式,期间天线转动频率为 0.588Hz,因此可以确定姿态超差是由该单机天线转动引起的,如图 3-18 所示。

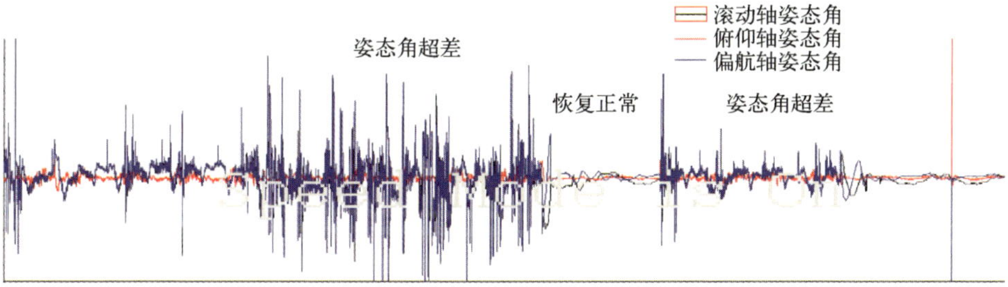

(a)

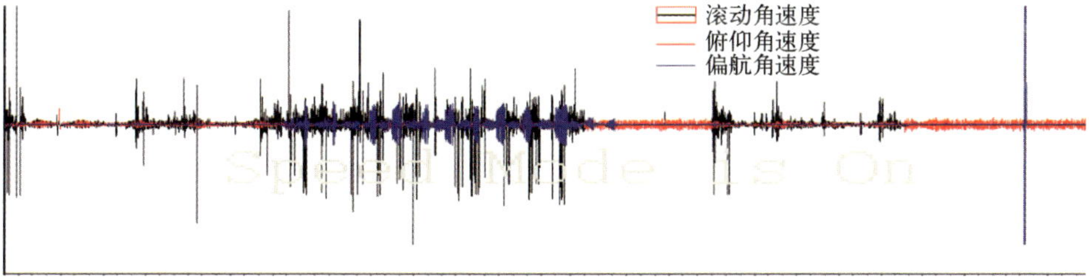

(b)

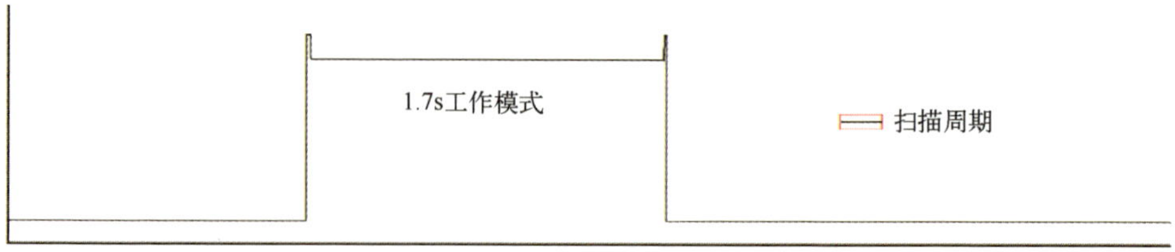

(c)

图 3-18　姿态角变化与故障关系分析结果

3.4　图形/形态特征

3.4.1　演变形态

遥测数据序列的演变形态,可以直接通过原始遥测数据序列描述,也可以通过各种特征参数进行表征。前者比较简单直接,但是可能无法准确描述序列的相似特性。后者需要针对问题特点,定义有针对性的形态特征或其向量。

1. 模型参数

如果能够对遥测参数序列建立时间序列模型,则可以利用该模型的参数表示该序列的形态特征。比如,如果采用自回归模型描述遥测参数的变化,自回归模型的参数就可以作为该遥测参数序列形态的特征参数;如果对遥测参数建立其与时间关系的回归分析模型,回归分析模型的系数就成为该遥测参数序列形态的特征参数。对非平稳信号,还可以将信号处理技术与建模技术相结合,获得模型参数来表示序列形态特征。比如,可通过 EMD 分解将非平稳信号转化为平稳信号和的形式,并对每个 EMD 子信号特征空间进行 AR 模型逼近。

利用所建立的模型参数,并进一步挖掘模型所隐含的特征,可以获得更好的特征集合来表征序列的形态。假设时间序列为(t_1,x_1),(t_2,x_2),…,(t_N,x_N),如下时域特征量可以区分包括正常波动、分层、系统、循环、趋势、漂移等多种变化形态:

(1) 样本方差(SD^2)与全局最小二乘(LS)线误差平方和的均值的比率(RVE):

$$\mathrm{RVE}=\left[\sum_{i=1}^{N}\frac{(x_i-\bar{x})^2}{N-1}\right]\Bigg/\left[\frac{1}{N-1}\left\{\sum_{i=1}^{N}(x_i-\bar{x})^2-\frac{\left(\sum_{i=1}^{N}x_i(t_i-\bar{t})\right)^2}{\sum_{i=1}^{N}(t_i-\bar{t})^2}\right\}\right]$$

（2）最小二乘线的斜率：

$$B=\sum_{i=1}^{N}x_i(t_i-\bar{t})\Big/\sum_{i=1}^{N}(t_i-\bar{t})^2$$

（3）每一个间隔之间的最小二乘线与全局模式之间的面积与样本方差的比值（ALSPI）：

$$\mathrm{ALSPI}=[\mathrm{ALS}/(N-1)]/\mathrm{SD}^2$$

式中：ALS 是观测模式与全局模式拟合最小二乘线之间的面积。

（4）通过连续点直线的平均绝对斜率（AASBP）：

$$\mathrm{AASBP}=\sum_{i=1}^{N-1}\left|(x_{i+1}-x_i)/(t_{i+1}-t_i)\right|/(N-1)$$

（5）连接四个等值片段的六对中点的直线的斜率范围 SRANGE：特征量 SRANGE 的提取是建立在对观测窗口预先定义的分段方法上。此分段方法是将时间序列等分成 4 段，每段包含 $N/4$ 个数据。那么 SRANGE 的表达式为

$$\mathrm{SRANGE}=\max(s_{jk})-\min(s_{jk})\quad(j=1,2,3;k=2,3,4;j<k)$$

式中：s_{jk} 为通过第 j 个和第 k 个片段中值点直线的斜率。

（6）两个片段的最小二乘线的绝对斜率的和 SASPE：

$$\mathrm{SASPE}=|B_1|+|B_2|$$

式中：B_j 为第 j 个片段的最小二乘线的斜率（$j=1,2$）。分段原则是提前规定的，即应使两个片段的两条最小二乘线的均方误差和最小。

仿真生成各种形态数据如图 3-19 所示，其对应的特征量数据如表 3-5 所列。

表 3-5　不同模式的特征量数据

模式 \ 特征量	RVE	B	ALSPI	AASBP	SRANGE	SASPE
正常波动	0.9903	0.003766	0.003197	5.9757	12381.85	0.003766
分层	0.9903	0.000761	0.0646	1.2075	2501.952	0.000761
系统	0.99055	0.008451	0.002259	15.6502	12381.85	0.006232
循环	0.99003	0.003613	0.004182	7.6331	15914	0.003613
趋势（向上）	2.99061	−0.0842	0.003436	6.3391	5106.33	0.08419
漂移（向下）	1.0379	−0.04899	0.00322	5.9979	25591.55	0.017544

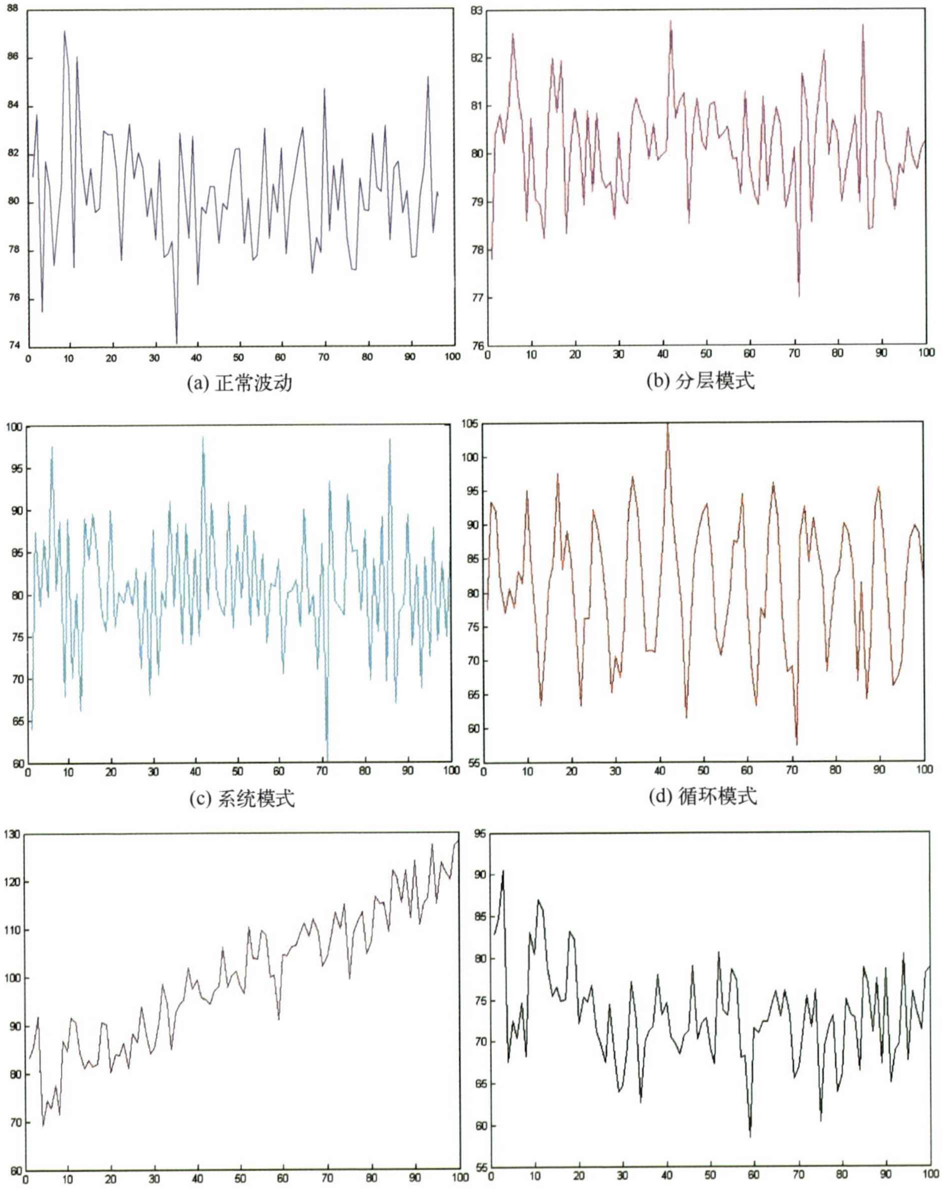

(a) 正常波动　(b) 分层模式

(c) 系统模式　(d) 循环模式

(e) 趋势模式　(f) 漂移模式

图 3-19　仿真生成的各种形态数据

从表 3-5 可以看出,趋势模式和漂移模式的 RVE 值都明显大于 1,其他模式的 RVE 值都约等于 1;而且趋势模式和漂移模式的 B 的值明显不等于 0,其他几种模式的 B 的值都趋于 0;分层模式的 ALSPI 值相对于其他几种模式来说为最大,而系统模式的 ALSPI 值相对最小;系统模式的 AASBP 的值相对于其他几种模式来说最大,而分层模式的 ALSPI 值相对最小;循环模式的 SRANGE 值大于正常模式、系统模式和分层模式,趋势模式的 SRANGE 值小于漂移模式;对于 SASPE 来说,趋势模式的值大于漂移模式,其他模式的均趋于 0。可见,本节定义的特征量可以较好地刻画序列的形态特征并能区分不同模式的序列。各特征量之间的对比如表 3-6 所列。

表 3-6 各特征量之间的对比

模式 \ 特征量	RVE	*B*	ALSPI	AASBP	SRANGE	SASPE
正常波动	≈1	≈0	居中	居中	<循环	≈0
分层	≈1	≈0	最大	最小	<循环	≈0
系统	≈1	≈0	最小	最大	<循环	≈0
循环	≈1	≈0	居中	居中	>N,S,S	≈0
趋势	>1	≠0	居中	居中	<漂移	>漂移
漂移	>1	≠0	居中	居中	>趋势	<趋势

2. 分形维数

卫星各分系统的遥测数据中可能存在非线性、非平稳的具有分形特性的特征信号。经典谱分析以及时频联合分析很难对该信号进行有效的辨别和分类。基于分形理论的信号处理方法可以有效地对该种信号进行辨识,以确定该种异变过程的特征规律。分形维数是描述事物分形特性的一种有效方式,也是将事物分形特征进行量化的度量参数。分形维数主要分为豪斯道夫(Hausdorff)维数、自相似维数、盒维数、信息维数、关联维数、帕金维数、李雅普诺夫(Lyapunov)维数等,在故障诊断方面,盒维数和关联维数是比较普遍的。每种异变过程均对应某个特定分形维数,通过计算每段信号的分形维数可以获得相应的异变特征。

图 3-20 为某遥测参数 IN1 的时间序列数据,可将该时间序列分为三种状态:状态 1 是卫星进入地影区产生的数据波形;状态 2 是卫星在出地影区之后持续 2 个月所形成的波形;状态 3 也持续了近 2 个月。状态 2 和状态 3 的区别在于状态 2 向下的尖峰幅值大且密集。

对不同状态下的数据分别求其数学形态学分形维数,具体实验方案:以 10^5s 为窗宽,分别在三种不同状态下的数据取 26 段子数据,对这 78 段数据分别计算其数学形态学分形维数。

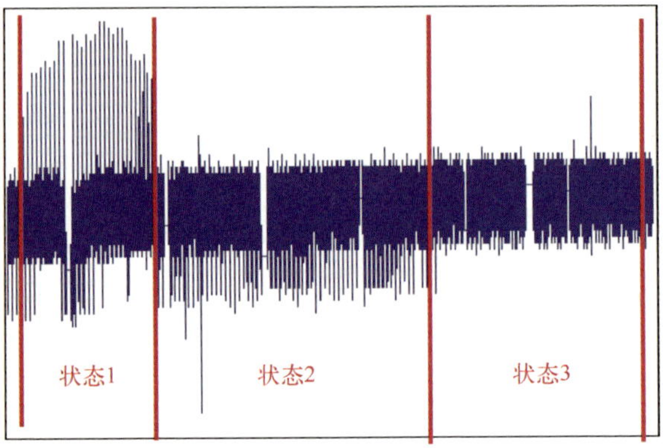

图 3-20　2011 年 IN1 数据时域图

图 3-21 为不同状态下各段数据的分形维数。由图可以看出,在同一种状态下各段子序列的分形维数是接近的,不同状态下子序列的分形维数存在差异。

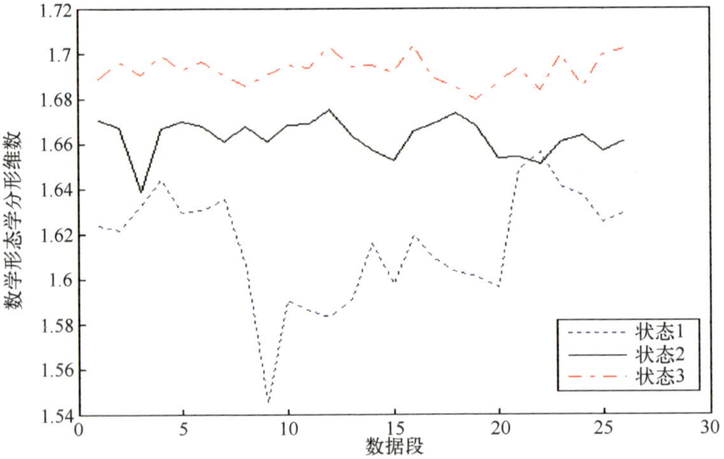

图 3-21　IN1 不同状态数据分形维度比较

图 3-22 实线是遥测参数 RS_RW1 的时间序列数据。从图中看出,不能准确划分数据的不同状态。为此,将整段 RS_RW1 数据以 10^5s 为窗宽,切割成 90 段数据,分别对这 90 段数据求形态学分形维数,结果如图 3-22 所示。由图可以看出,分形维数与其对应的时间段内的遥测子序列存在明显的对应关系,可以表征数据序列的形态。

3. 符号化序列

对于一个变量而言,可能存在多种状态。例如蓄电池就有充电、放电等状

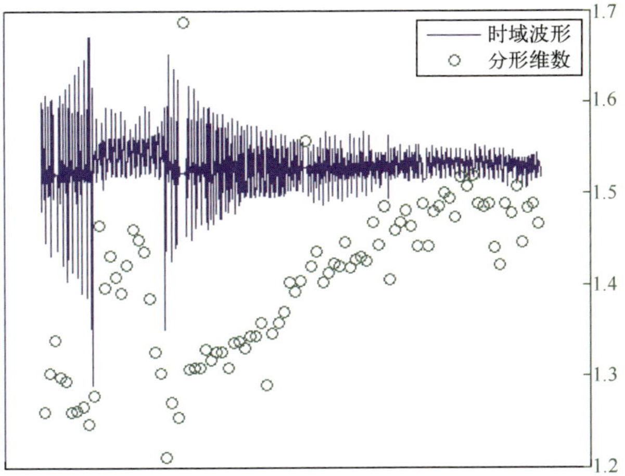

图 3-22　RS_RW1 数据时域波形与分形维数比较图

态,不同状态在实测数据中的形态不同。图 3-23 是 VN2 的实测数据,红色框和绿色框内的数据形态明显不同。

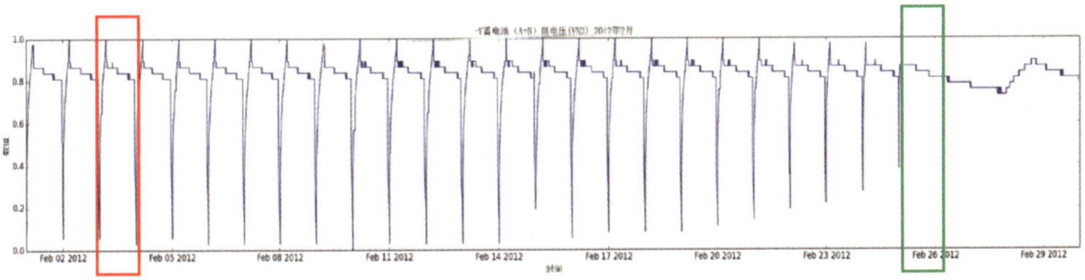

图 3-23　VN2 二月份的实测数据

如果能够确定每个窗口内的数据所属于的状态,并将每个状态用一个字符表示,最终原始数据就转换成了字符串。为此,首先将遥测数据划分成等长度的固定窗口,然后从统计、频域、时域多个角度提取窗口特征,根据这些特征向量进行聚类。认为同一个簇内的窗口代表同一种状态,不同簇内的窗口代表不同的状态。对于每一个簇用一个字符进行标记,且该簇内所有窗口用该字符表示。将所有窗口按照时间顺序排列并用相应的字符替换,原始数据就被转换成了字符串。图 3-24 描述了单变量状态挖掘流程,即将原始数据转换成字符串的过程。

验证数据使用某卫星的 8 个遥测参数:惯性基准单元时间间隔(TMK538)、惯性基准单元 1 陀螺 3 角增量 2(TMK537)、惯性基准单元 1 陀螺 2 角度增量 2(TMK535)、惯性基准单元 1 陀螺 2 角度增量 1(TMK534)、惯性基准单元 1 状态字 1(TMK531_1)、惯性基准单元 1 状态字 2(TMK531_2)、惯性基准单元 1 状态字 3(TMK531_3)、惯性基准单元 1 状态字 4(TMK531_4)。每个遥测参数的观

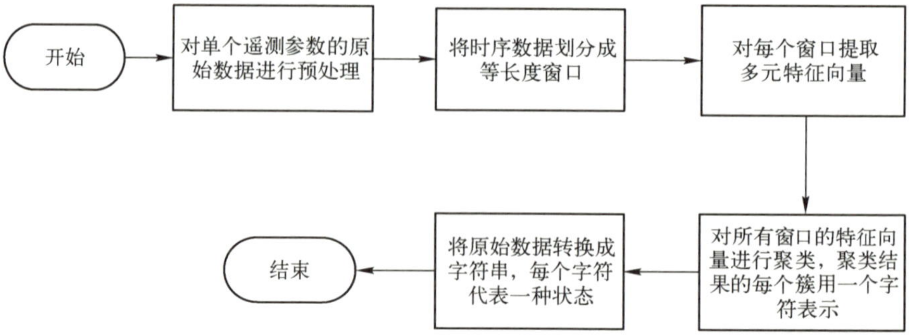

图 3-24　符号化序列过程

测按秒采样,每个遥测参数的实测数据长度相等。如图 3-25 所示,异常发生时刻约为图中用红色箭头标识处,系统内的所有遥测参数在该时刻之后都出现了异常。

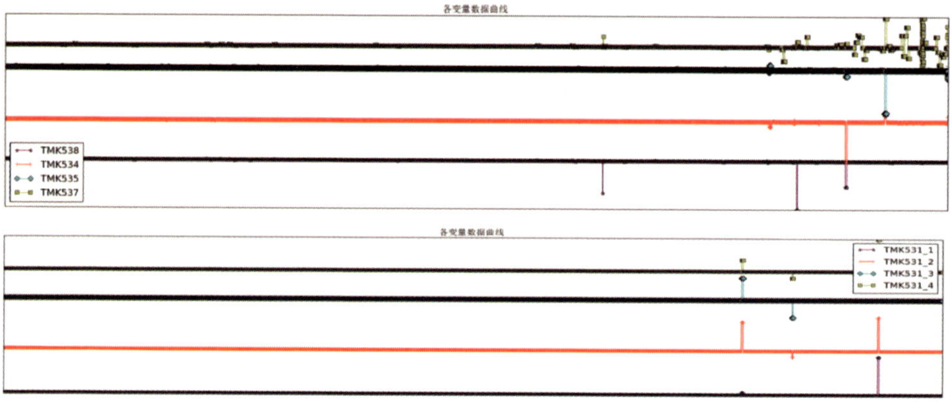

图 3-25　系统内变量数据曲线

将每个变量的数据划分成等长度的窗口。窗口大小为 3600(一个窗口内有 3600 个采样点),共有 60 个窗口,每一个窗口的时间为 60min。对单个变量的每个窗口提取特征向量。这里只提取了均值和方差。从图 3-25 可以看出,这些变量发生异常的类型属于跳变异常,即在某一时段,数据点超过正常范围。对于此类异常,用均值、方差就可以区分出来。

对单个参数的所有窗口特征向量进行聚类,将每个参数转换成字符串的形式。聚类过程中,簇间距离门限 d 设置为 0.0005。簇的合并门限为 0.0001。聚类结束后,考察每个簇的大小(簇内窗口数目与窗口总数的比值),若小于给定异常门限,则认为该簇为异常,门限设置为 0.08。将每个变量的窗口用其所属簇的字符表示,按照时间顺序排列,原始的数值型数据就转换成为字符串,如

表 3-7 所列。

表 3-7　多变量状态矩阵

变　量	字 符 串
TMK538	aaaaaaaaaaaaaaaaaaaaaaaaaaaaaaaaaaaaaacaaaaaaaaaaaabaabaaaaa
TMK537	aaaaaaaaaaaaaaaaaaaaaaaaaaaaaaaaaaaaaadaaaaaaaaaaabbadbccbcc
TMK535	aaaaaaaaaaaaaaaaaaaaaaaaaaaaaaaaaaaaaaaaaaaaaaaaaaaaaabacaaa
TMK534	aaaaaaaaaaaaaaaaaaaaaaaaaaaaaaaaaaaaaaaaaaaaaaaaabaaaacabaaa
TMK531_1	aaaaaaaaaaaaaaaaaaaaaaaaaaaaaaaaaaaaaaaaaaaaaaabaaacaaaadaaa
TMK531_2	aaaaaaaaaaaaaaaaaaaaaaaaaaaaaaaaaaaaaaaaaaaaaaacbaabaaaacaaa
TMK531_3	aaaaaaaaaaaaaaaaaaaaaaaaaaaaaaaaaaaaaaaaaaaaaaabcaabaaaaaaaa
TMK531_4	aaaaaaaaaaaaaaaaaaaaaaaaaaaaaaaaaaaaaaaaaaaaaaabaaacaaaadaaa

3.4.2　边界包络

卫星的有些参数，由于受多重条件的影响，其变化过程特征难以获取和表示。此种情况下，用参数变化的外部边界包络作为参数变化特征。例如卫星某参数变化及其包络如图 3-26 所示。

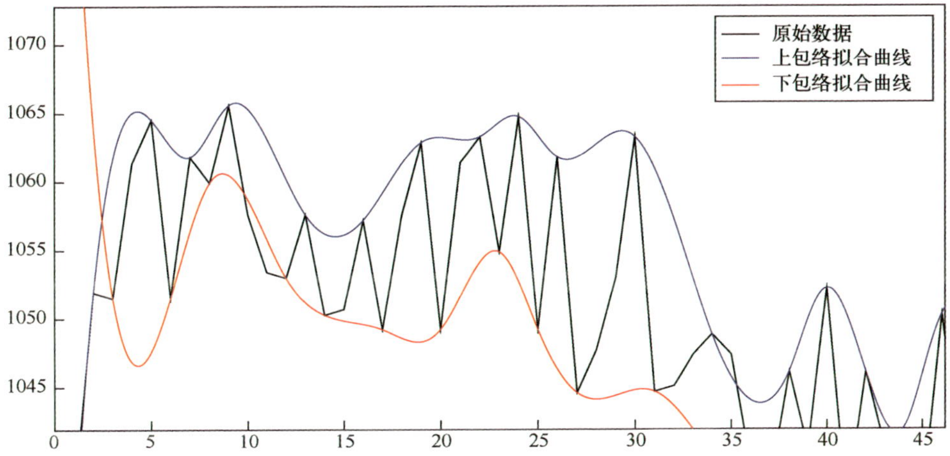

图 3-26　遥测参数及其包络

现实中更多的数据是不能进行直接分类聚类的，但是可以对目标数据计算包络，获得目标数据的变化范围，再进行分析。图 3-27 为某星姿态四元数遥测数据。由状态异变包络线计算方法可得 ST2 姿态四元数遥测数据的包络线，如图 3-29 所示。将 ST2 姿态四元数 q_3遥测数据下包络线对中心点$(x,0)$对称后发现,预处理后的 ST2 姿态四元数 q_3遥测数据下包络线与 ST2 姿态四元数 q_2遥测数据上包络线类似,可将分成一种类型数据。另外,ST2 姿态四元数 q_2遥测数据下包络线与预处理后的 ST2 姿态四元数 q_4遥测数据下包络线重合,所以这两类数据也属于同类型数据(图 3-28)。

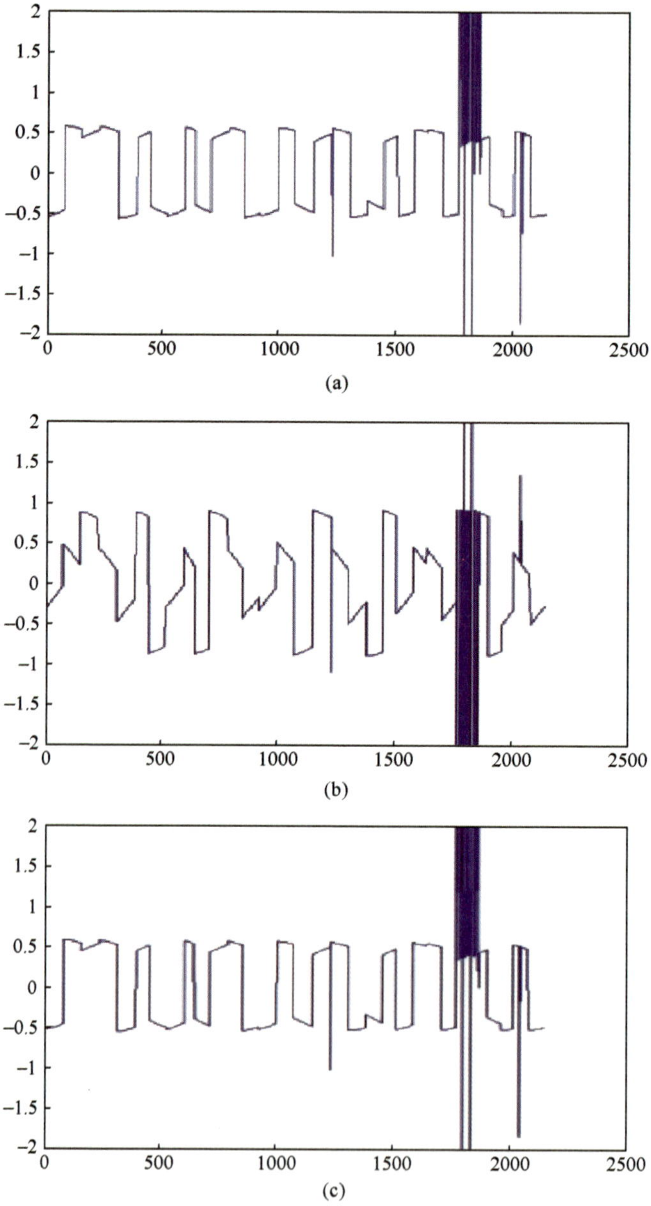

(a)

(b)

(c)

图 3-27　姿态四元数 q_2、q_3、q_4遥测数据

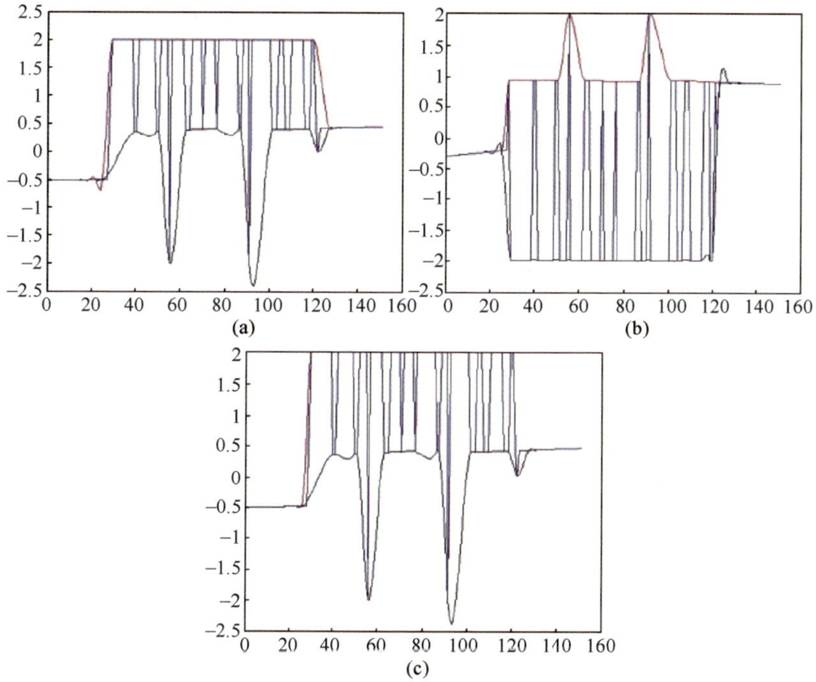

图 3-28　四元数 q_2、q_3、q_4包络线

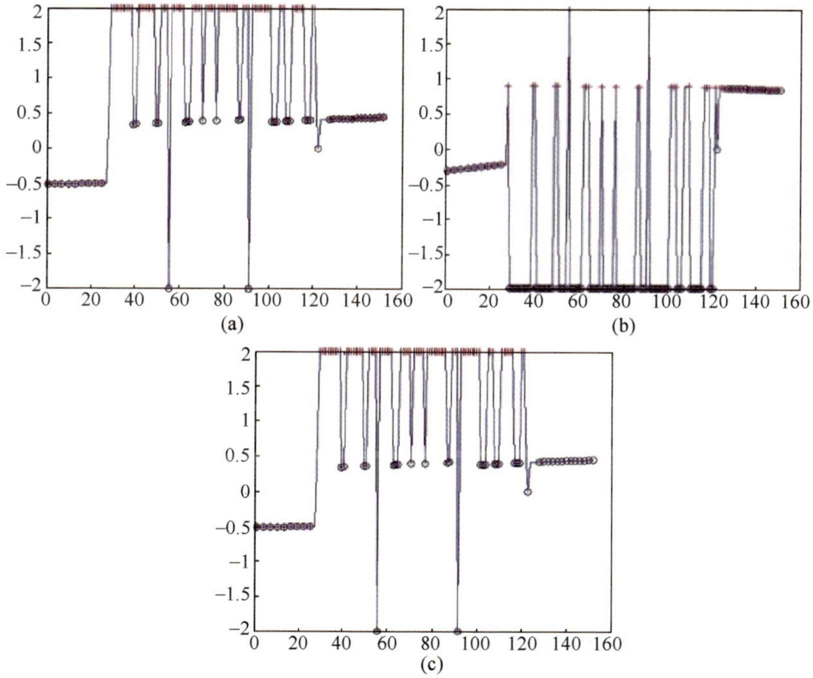

图 3-29　四元数 q_2、q_3、q_4极值点(其中+表示极大值点,o 表示极小值点)

3.4.3 相平面特征

相平面是对象的运动过程在相平面上的相轨迹。通过观察相轨迹的分布与变化情况，直观准确地反映出该线性或非线性系统的状态、精度以及稳定性，并观察设定的初始条件及参数如何影响该系统。由于相轨迹具有计算简单、方便的优点，因此是分析一阶和二阶线性或非线性系统的一种有效方法。

用微分方程 $\ddot{x}+f(\dot{x},x)=0$ 来描述二阶系统，其中 $f(\dot{x},x)$ 表示 x 和 $\dot{x}$ 的线性函数或非线性函数。相平面是由变量 x 及其导数 $\dot{x}$ 构成的平面。

由于观测数据是离散的，可以利用下式来计算导数：

$$\frac{\mathrm{d}x}{\mathrm{d}t}=\frac{x(k)-x(k-1)}{\Delta t}$$

式中：Δt 为采样间隔时间。

相平面分析容易受随机干扰和噪声的影响，在相平面分析之前可先对原始数据进行一定的低通滤波。

图 3-30 是几种典型波形的时域图及其归一化后的相平面轨迹。观察各类波形可以发现：图 3-30(a) 对于原波形是正弦波的，其相平面轨迹是圆，没有小

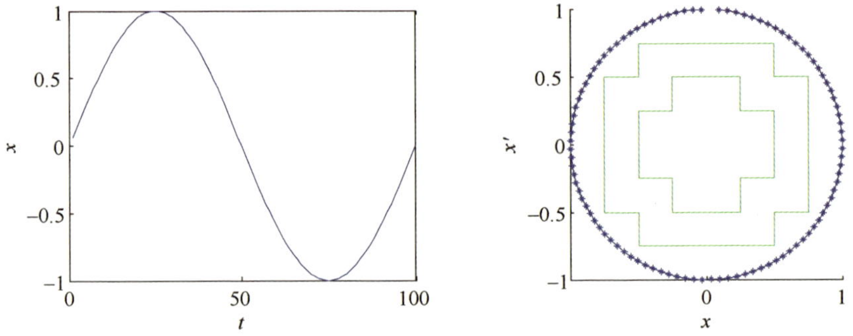

(a) 正弦波及其相平面轨迹

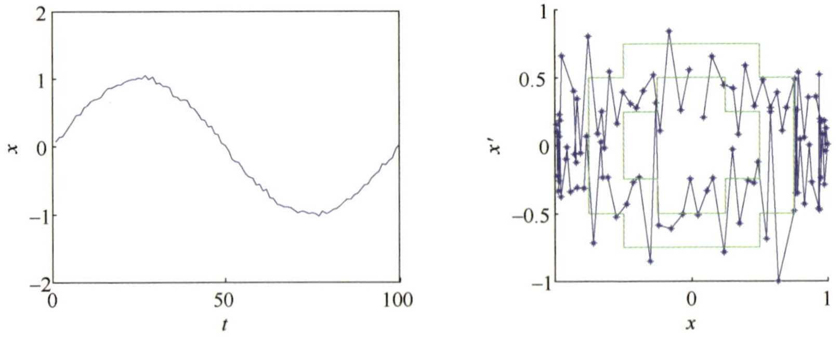

(b) 近似正弦波及其相平面轨迹

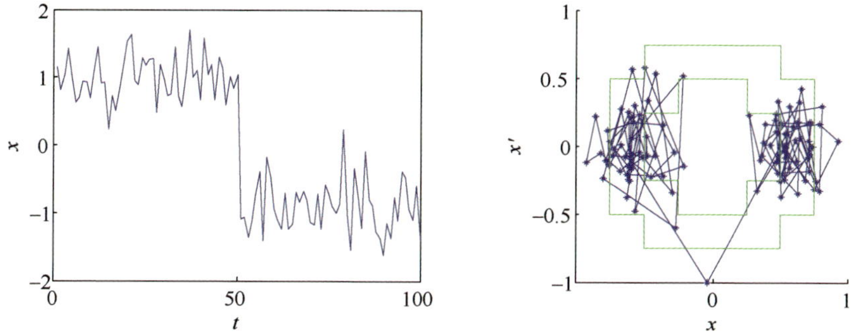

(c) 近似方波及其相平面轨迹

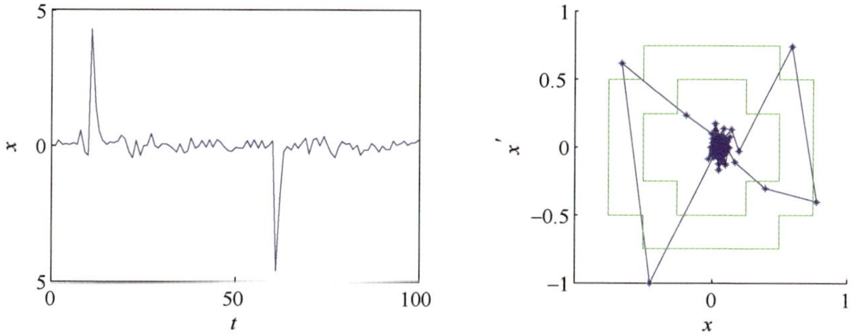

(d) 近似脉冲波及其相平面轨迹

图 3-30　典型波形及其相平面轨迹比较

旋涡；图 3-30(b)在正弦波的基础上加了一些噪声，其相平面轨迹近似为圆形；图 3-30(c)原波形近似为方波，其相平面轨迹在横轴的两端密集地聚集着小旋涡；图 3-30(d)原波形近似为脉冲波，其相平面轨迹中小旋涡密集地聚集在原点附近。对于每一种特定波形，其所对应的相平面轨迹也是唯一的，即相平面轨迹以另一种形态表征出原波形特性。

对于相平面图形域的特征提取可以从以下两个方面进行。

1. 离散化分区统计

由于原始数据是离散的，因此映射到相平面上的也是一系列离散的点。为了量化故障特征，将归一化后的相平面横纵坐标均匀分成 8 段，这样整个平面就被平均分割成 64 个正方形区域，分别统计每个区域上的点数，再将相平面点数分布图的 64 个区域分成 A、B、C 三个区域进行点数统计，如图 3-31 所示。

采用上述分区方法对图 3-30(a)～(d)几种波形的相平面轨迹进行各区域点数统计，得到表 3-8 所列结果。

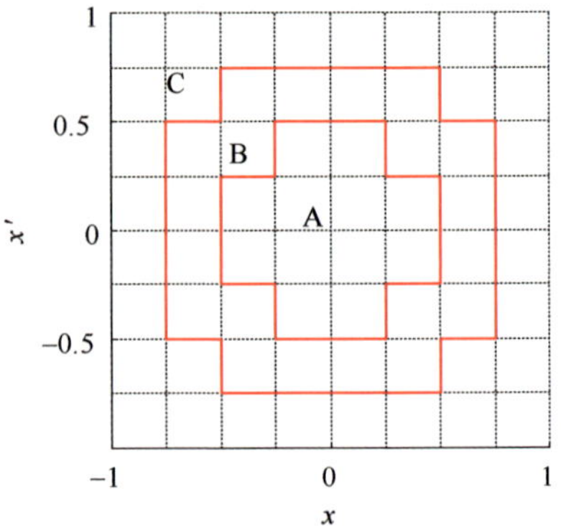

图 3-31　相平面分区

表 3-8　几种典型波形的相平面轨迹区域点数合计

区域	正弦波	近似正弦波	近似方波	近似脉冲波
A	0	11	22	94
B	0	33	62	1
C	99	55	15	4
合计	99	99	99	99

2. 图形矩

图形矩(Zernike 矩)是基于 Zernike 多项式的正交化函数,所利用的正交多项式集是一个在单位圆内的完备正交集。当计算一幅图像的 Zernike 矩时,以该图像的形心(也称重心)为原点,把像素坐标映射到单位圆内。Zernike 矩是复数矩,一般把 Zernike 矩的模作为特征来描述形状。一个目标对象的形状特征可以用一组很小的 Zernike 矩特征向量很好地表示,低阶矩特征向量描述的是一幅图像目标的整体形状,高阶矩特征向量描述的是图像目标的细节。

对于离散的数字图像,如果 N 是沿图像的各坐标轴的像素数,p 阶 Zernike 矩定义为

$$Z_{pq}=\frac{p+1}{\pi(N-1)^2}\sum_{x=1}^{N}\sum_{y=1}^{N}V_{pq}(r,\theta)f(r,\theta)$$

式中:$V_{pq}(r,\theta)$ 为定义在极坐标系中正交的 p 阶 q 重(p 为一个非负的整数,q 为满足以下条件的整数:$p-|q|$ 为偶数,且 $|q|\leqslant p$)Zernike 多项式;

$R_{pq}(r)$ 是一实数值的径向多项式,且有

$$V_{pq}(r,\theta)=R_{pq}(r)\mathrm{e}^{\mathrm{i}q\theta}$$

$$R_{pq}(r)=\sum_{s=0}^{(p-|q|)/2}(-1)^{r}\frac{(p-s)!}{s!\left(\frac{p-2s+|q|}{2}\right)!\left(\frac{p-2s-|q|}{2}\right)!}r^{p-2s}$$

其中：r 为极径，$r=(x^2+y^2)/N$，x、y 为笛卡儿坐标系中图像上的像素点所对应的 x 轴和 y 轴数值；θ 为极角，$\theta=\arctan(y/x)$。

Zernike 矩具有较好的旋转不变性，可以通过对相轨迹求取 Zernike 矩进行特征提取。对图 3-30(a)~(d)几种波形的相平面轨迹计算 Zernike 矩，得到表 3-9 所列结果。

表 3-9 典型波形的相平面轨迹 Zernike 矩

区域	正弦波	近似正弦波	近似方波	近似脉冲波
A_{40}	18. 54	106. 24	445. 69	9533. 3
A_{42}	0. 3447	46. 09	121. 31	3259. 0
A_{44}	29. 55	15. 85	36. 62	1343. 8

3.5 关联特征

卫星是一个由成千上万个模块和元器件组成的光、机、电混合的大型复杂系统，卫星各个分系统、部件之间存在复杂的物理和逻辑关联，卫星各个分系统、部件密切配合，才能共同完成卫星功能。由于卫星内部关联关系的复杂性，卫星在轨异常具有“过程”特征，只有对卫星异常的表现形态、状态关联、状态变化规律以及故障影响有更加深入的认识，才能对卫星在轨故障进行快速、有效的分析和处置。

此外，由于卫星长期运行在复杂的空间环境，受空间环境以及星上自身状态变化等因素的影响，卫星在轨故障和状态变化往往超出设计人员的认知范围。例如，卫星长期在轨运行期间，内外部因素使星上状态发生大范围、大幅度变化，特别是长寿命卫星和发生故障的卫星，何时何处何原因诱发何种故障往往是设计时难以提前认知的。使得许多问题难以采用事先设计或静态模拟的既定方法解决。因此，需要结合卫星在轨实测数据和测控管理经验，深入分析和研究卫星在轨状态关联关系和状态变化规律。

3.5.1 逻辑关联

以卫星在轨数据流向、控制过程、能源交换等过程为基础，从数据流、控制流、能源流三个流向以及系统重构、功能替代等方面分析卫星状态的逻辑关联关系，得到卫星逻辑关联特征。具体以某个硬件或系统为对象进行关联特征分析时，要明确该分析对象的数据输入与输出关系和变化逻辑、控制信息的输入与输出关系和控制逻辑、能源供给关系和变化逻辑。

以星上数据流向的信息流为例对逻辑关联进行说明，如图 3-32 所示。卫星数据流图以卫星总线（1553B 或 CAN 总线）拓扑结构为基础，根据总线的数据交互设计进行梳理，把整星的信息流进行输入与输出关系对应整理，进而得出卫星各个分系统直接的信息交互和关联关系。

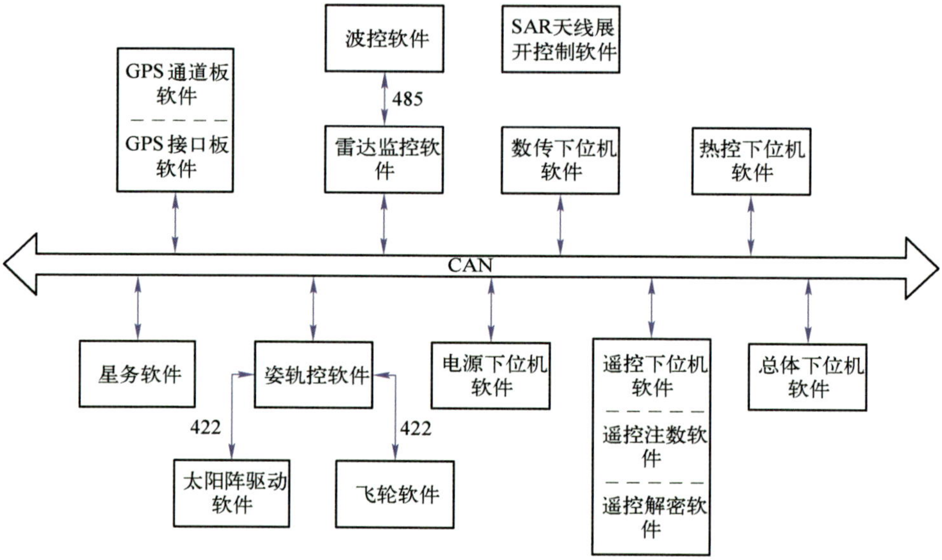

图 3-32　星务信息流

卫星星载软件通信接口为 CAN 总线接口的软件有星务软件、姿轨控软件、电源下位机软件、雷达监控软件、数传下位机软件、遥控下位机软件、GPS 接口板软件、热控下位机软件、总体下位机软件。

软件通过 485 总线与监控软件通信，太阳驱动软件和飞轮软件通过 422 串口与姿轨控软件通信。

遥控下位机软件、遥控注数软件、遥控解密软件位于遥控单元下位机的不同模块，模块与模块之间靠安装在模块内的一体化插头座连接。

GPS 接口板软件和 GPS 通道板软件分别位于 GPS 接收机中的 GPS 通道板和 GPS 接口板。通道板和接口板之间的接口及通信通过母板完成。

3.5.2　物理关联

卫星信息传递最直接的途径为物理连接；故障异常产生后，最快的扩散模式也为与之相连的物理通路。通过分析系统的物理组成和前后级链路,能够得到最直接的状态关联结果。

卫星电源系统一般由电源控制器、太阳电池阵、蓄电池组以及电流测量盒、电源变换器等组成。某星电源系统物理连接关系如图 3-33 所示。

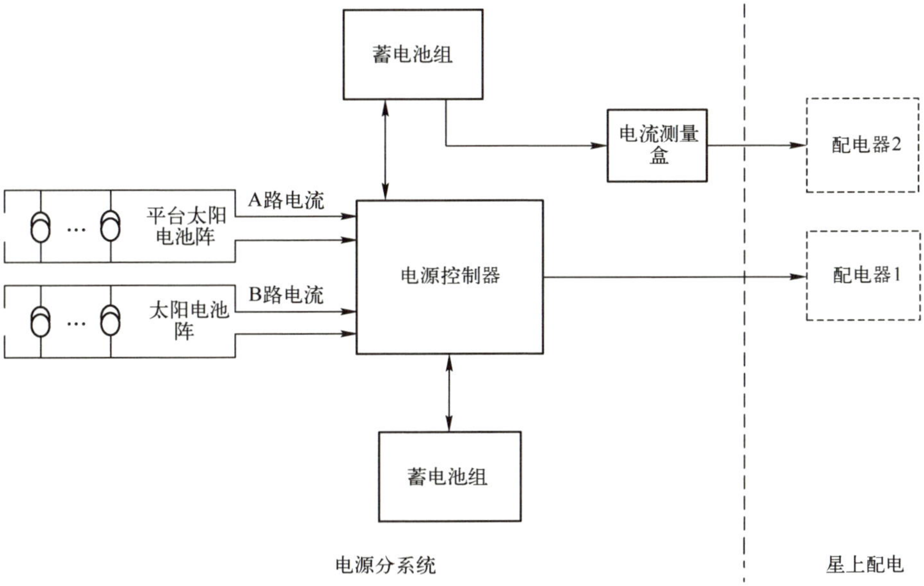

图 3-33 电源系统物理连接关系

由设计知识可知,A、B 路充电阵电流在物理上存在关联,A 路充电阵、供电阵电流、B 路充电阵、供电阵电流存在物理关联。在正常状态下,A、B 路充电阵电流存在较好的符合性,即理论上二者之差是恒定的,即 $I_A - I_B$ = 常数,并且正常情况下二者之差接近 0,异常情况下大于 0。图 3-34 为某卫星发生充电阵 A、B 电流下降故障前后的 A、B 路充电阵电流之差数据。

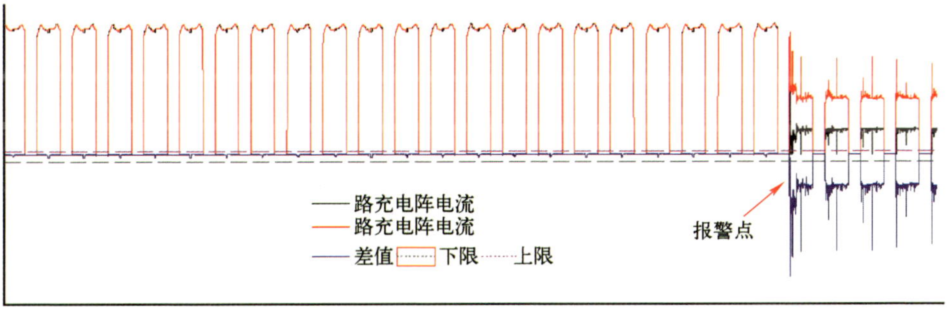

图 3-34 A、B 路充电阵电流之差数据

3.5.3 数据关联

卫星遥测数据是实现卫星状态异常检测的重要信息源，卫星实际运行状态观测数据、历史健康数据、故障数据和故障诊断知识等信息之间可能存在着一定的关联关系。基于上述信息，采用数据挖掘的方法，可以确定卫星状态变量之间的相关性，挖掘数据中隐藏的关联知识。建立数据关联关系模型，主要方法一般包括回归分析建模方法和主元分析方法等。

1. 线性关联

设有两个变量 x 和 y，存在线性关系 $y=a+bx$，表示关于 x 和 y 的观测值落在一条直线上。在工程上经常发生的情况是，两个变量间关系不能用函数关系精确表达，但又存在一定的关联性。这时一个变量的取值不能由另一个变量唯一确定，如自变量 x 取某个值时，变量 y 的取值可能有几个，关于 x 和 y 的观测值分布在一条固定的直线周围。这时描述 x 和 y 之间的关系的一种方式是采用相关系数，x 和 y 之间称为存在线性相关关系或线性关联关系。

下面以太阳电池阵电流与入射光强之间为例，影响太阳入射功率的因素为太阳光强度和太阳入射角。太阳光强度与日地之间的距离正相关，按照地球所处轨道位置即可计算入射太阳光强度。将太阳入射光强作为自变量、方阵电流作为因变量，进行曲线绘制并线性拟合，结果如图 3-35 所示。图中，绿色点画线表示一定入射光强时方阵电流变化，红色直线为线性拟合结果曲线。

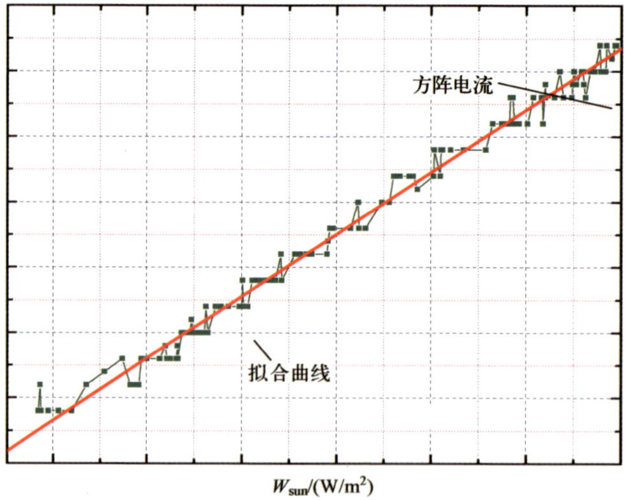

图 3-35 太阳阵实际电流与拟合电流

方阵电流与入射光强呈显著线性关联关系（线性相关系数 $R=0.995$），因此方阵电流随电池阵接收光强的增加而线性增加，可拟合线性模型，结果如下：

$$I_{方阵} = 1.9721 + 0.02372W_{sun}$$

该拟合的最大绝对误差 $\varepsilon = 0.33A$，最大相对误差为 1.0%，精度可以满足要求。

2. 非线性关联

线性关联关系描述的是遥测参数数据围绕直线的变化，然而卫星是非常复杂的，其遥测参数之间更多的是非线性关系。图 3-36 为帆板转角、轴温遥测数据。可以看出，FY 帆板实际转角位置与 ZY 帆板实际转角位置存在严格的线性关系，即其散点图落在一条固定的直线上。然而，负 $Y(-Y)$ 轴温度和正 $Y(+Y)$ 轴温度则不存在线性关系，二者的散点图不是落在一条固定的直线周围，但是又表现出一定的规律性（不是随机变化的）。进一步，轴温和转角也不存在线性关系，而是不规则的曲线（但不能表示非线性函数）。采用线性相关系数无法描述非线性关联，此时两个遥测参数之间的线性相关系数的取值比较小。为了描述遥测参数之间的非线性关联关系，可采用最大互信息系数（MIC）的概念。MIC 既可以表示非线性函数关系，也可以描述如图 3-36 所示的一般非线性映射。

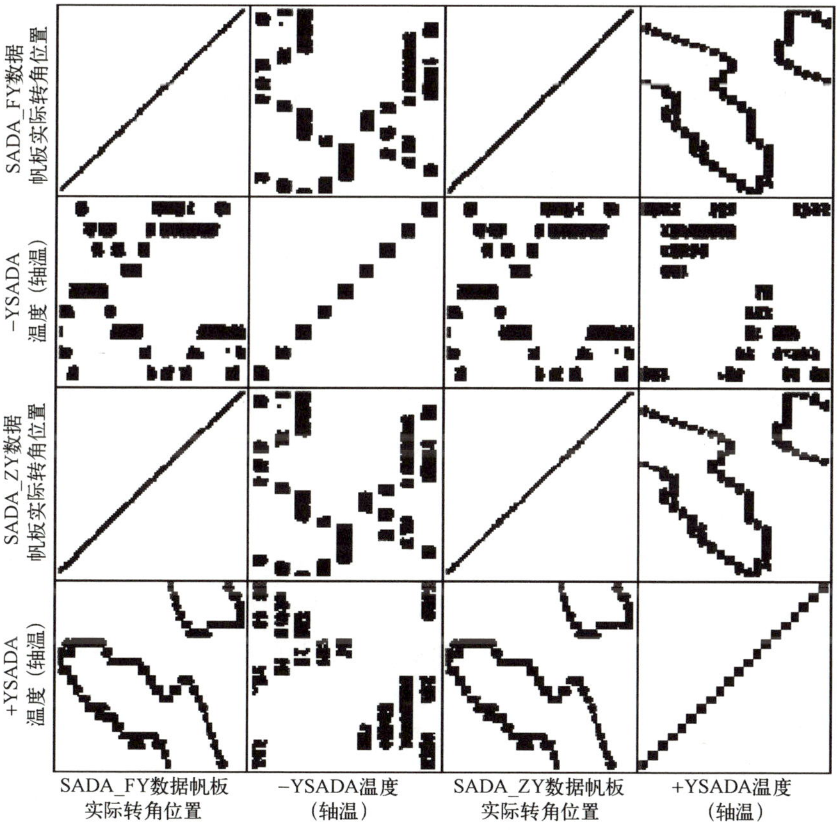

图 3-36　遥测数据散点图

3. 基于规则的关联

一颗卫星由很多部件构成,每个部件又有数十至上百个观测参数,所以整个卫星会有成百上千个观测参数。一般而言,一个部件内部的参数之间会表现出较强关联性。这种部件内部参数间的关联性在设计卫星时往往已经掌握了。但当卫星各部件集成到一起时,不同部件之间可能发生相互耦合或者相互影响,在观测数据上就会表现出不同部件参数之间的关联性。这种跨部件参数间的关联性往往难以预判,很可能会超出地面监控人员的预想。所以,需要用数据挖掘方法针对海量参数进行挖掘,从中找出有关联性的参数集合。当然,表现出关联性的参数集合内的参数可能来自于一个部件,也可能来自于不同部件。

基于规则的关联描述遥测参数的变化模式之间遵循某种规则。比如,遥测参数 X 的变化模式为 m_x 的情况下,遥测参数 Y 的变化模式为 m_y,并且该关联规则的支持度为 ρ,可信度(置信度)为 α。与逻辑关联不同在于,基于规则的数据关联不是通过工程分析获得,而是通过对数据的关联关系挖掘得到的。

图 3-37 为两个不同遥测参数的时间序列。用肉眼观察实际走势图,它们之间的形态比较相似,存在趋势比较接近的子序列,因此可能认为这两个时间序列的变化模式是有内在联系的。实际上,对于更复杂的时间序列,如涨落趋势不同的序列,仍然可以通过关联分析来找出其中的关联,如两个序列虽然增长的方式不同,但是增长的时间起点相同。

对于遥测参数时间序列来说,为了描述其基于规则的数据关联,一般采用频繁片段模式关联规则分析方法。其基本出发点是对时间序列中不同片段的模式进行关联规则分析。为此,需要对时间序列中相近的片段序列(子序列)分类。对图 3-37 两个时间序列,假设通过模式识别发现三种频繁序列模式,分别定义为模式 A、模式 B、模式 C,用这三个模式匹配序列 1 和序列 2,则可以根据这三种模式出现的关联关系,定义这两个序列的序列关联,即它们的数据关联。

4. 灰色关联

灰色关联度分析法是一种多因素统计分析方法,它是以各因素的样本数据为依据用灰色关联度来描述因素间关系的强弱、大小和次序。灰色关联分析不但考查因子间的数量关系,而且从定性的角度进行考虑,是一种比较全面的关联分析方法。它的基本思想是根据曲线几何形状的相似程度来判断其联系是否紧密。灰色关联分析与传统的数学分析有很大的差别,原因在于前者可以为分析整个系统提供序列间的关系,即使信息很少也可以做到。灰色关联理论可以反映不同数据之间关联的不确定程度,并且受样本质量和样本分布情况的影响转为 1,能用来解决信息不完备的复杂问题,在解决多传感器信号关联问题方面有独特的优势。

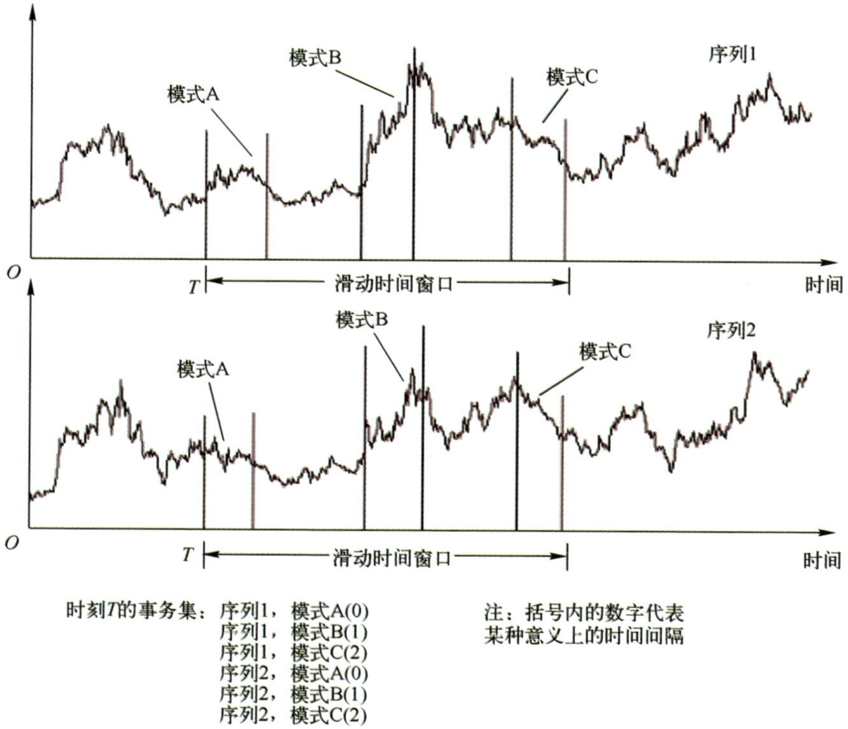

图 3-37　时间序列示例

灰色关联分析法的具体计算步骤如下：

（1）确定反映系统行为特征的参考序列和影响系统行为的比较序列。反映系统行为特征的数据序列称为参考序列。影响系统行为的因素组成的数据序列称为比较序列。

（2）对参考序列和比较序列进行无量纲化处理。由于系统中各因素的物理意义不同，导致数据的量纲也不一定相同，不便于比较，或在比较时难以得到正确的结论，因此在进行灰色关联度分析时，一般对数据进行处理，使之无量纲化和归一化。

（3）求参考序列与比较序列的灰色关联系数 $\xi(x_i)$。关联程度实质上是曲线间几何形状的差别程度，因此曲线间差值大小可作为关联程度的衡量尺度。对于一个参考数列 $\boldsymbol{x}_0$ 有若干个比较数列 $\boldsymbol{x}_1,\boldsymbol{x}_2,\cdots,\boldsymbol{x}_n$，各比较序列与参考序列在各个时刻（即曲线中的各点）的关联系数为

$$\xi_{0i}=\frac{\Delta(\min)+\rho\Delta(\max)}{\Delta_{0i}(k)+\rho\Delta(\max)}$$

式中：ρ 为分辨系数，一般在 0～1 之间，通常取 0.5；$\Delta(\min)$ 为两级最小差；

$\Delta(\max)$为两级最大差。各比较序列 x_i 曲线上的每一个点与参考序列 x_0 曲线上的每一个点的绝对差值记为 $\Delta_{0i}(k)$。

(4) 求关联度。因为关联系数是比较序列与参考序列在各个时刻(曲线中的各点)的关联程度值,所以它的数不止一个,而信息过于分散不便于进行整体性比较。因此有必要将各个时刻(曲线中的各点)的关联系数集中为一个值,即关联度。由于各特征的重要性不同,则应该分配不同的权重 $a(j)$,得到加权关联度为

$$r_i = \sum_{j=1}^{m} \xi_i(k) a(j) \quad (i = 1,2,\cdots,n)$$

式中:r_i 为比较序列 x_i 对参考序列 x_0 的灰关联度,其值越接近1,说明两序列的相关性越强。

(5) 求权重。灰色关联度算法中的权重代表了各特征在决策中的重要性,也反映了不同特征在决策中的可靠性。通常采用专家经验,人为赋予各个特征一个固定的权重,但这种方法缺乏理论依据,无法根据实际数据进行适当调整。

在信息处理领域,熵是一个极为重要的概念,它是对系统不确定性程度的描述,系统不确定性越大熵值越大,反之则越小。利用熵值计算权重 $a(j)$ 的计算方法如下:

各个特征量的熵值为

$$e_j = -\frac{1}{\ln n} \sum_{i=1}^{n} x_{ij} \ln x_{ij}$$

第 j 个指标的数据分散程度为

$$d_j = 1 - e_j (j = 1,2,\cdots,m)$$

d_j 越大,表明第 j 个指标的重要程度越高,因此用熵值确定第 j 个指标的权重因子为

$$a(j) = d_j \Big/ \sum_{j=1}^{m} d_j$$

这种算法可以依据实际数据的熵值自适应地给出各个特征的权重,从而不过分依赖于人为主观判断,更加有效和稳定。

(6) 关联度排序。因素间的关联程度主要是用关联度的大小次序描述,而不仅是关联度的大小。将 m 个子序列对同一母序列的关联度按大小顺序排列起来,便组成了关联序,记为$\{\boldsymbol{x}\}$,它反映了对于母序列来说各子序列的“优劣”关系。若 $r_{0i} > r_{0j}$,则称$\{x_i\}$对于同一母序列$\{x_0\}$优于$\{x_j\}$,记为$\{x_i\} > \{x_j\}$,其中,r_{0i} 表示第 i 个子序列对参考序列的关联度特征值。

灰色关联度分析法是将研究对象及影响因素的因子值视为一条线上的点,与待识别对象及影响因素的因子值所绘制的曲线进行比较,比较它们之间的贴

近度,并分别量化,计算出研究对象与待识别对象各影响因素之间的贴近程度的关联度,通过比较各关联度的大小来判断待识别对象对研究对象的影响程度。

某卫星发生反作用轮 D 异常掉电故障,故障数据包括反作用轮 A 电动机电流(ID:2125),如图 3-38 所示、控制计算机壳温(ID:6222)、反作用轮 C 壳温(ID:6243)、滚动角(ID:14353)、动量轮转速信号 RW2(ID:14385)、RW1 控制电压(ID:14403)、轮子合成角动量 HX(ID:14481)、当前卫星俯仰偏值(ID:19480)共 8 组参数。

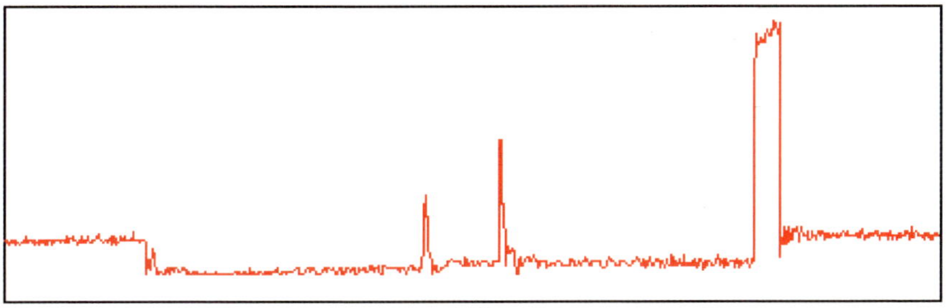

图 3-38　反作用轮 A 电动机电流正常与异常时域波形对比

对提取到的各层次特征量进行归一化处理,并采用灰色关联度计算方法进行关联性分析,得到关联系数,见表 3-10。

表 3-10　各参数与电流的关联系数

参数 ID	灰色关联度
2125	0. 7891
6222	0. 5617
6243	0. 6548
14353	0. 8256
14385	0. 6947
14403	0. 8128
14481	0. 7683
19480	0. 9671

第4章　卫星状态异常检测规则

异常检测规则是卫星状态异常检测的依据和准则。卫星在轨运行中，依据不同数据源得到的特征参数和特征量判断卫星状态是否异常。通常情况下，卫星故障预案中的故障不一定会在轨发生，异常现象与故障预案或其他文件中规定的现象也不尽一致。因此，在卫星运行管理中，首先需要以卫星设计文档为依据建立异常检测的初始规则。然后，也是更重要的，是基于卫星在轨运行中所产生的数据和各类信息不断修正这些规则，从而实现更准确的异常检测。

早期的异常检测以固定门限值检测为主，即对参数的变化规定上、下门限，若参数变化在门限范围内，则认为状态正常；否则，为异常。最初的检测门限一般按照设计理论值、管理人员的经验值进行初步设置，随着卫星在轨运行时间的增加，在轨累积数据增多，对其在轨运行规律认识逐步深入，对于最初形成的固定门限值需要重新修正，以使门限能够更准确地反映卫星工作状态的变化。另外，在轨航天器由于其运行环境、工作方式、工作模式等一直处于变化状态，单级门限方法很难反映其故障情况。因此，需要结合在轨数据、管理经验、卫星工作机理等先验知识，挖掘在轨异常检测的深层知识，研究多级门限、动态门限、模糊门限等，来反映在轨参数变化是否符合预期。

卫星是一个由相互关联、相互制约的众多部件和器件构成的复杂系统，对该系统遥测参数的研究分析还涉及其他关联因素。卫星运行过程中某个部件故障的发生或参数的趋势改变可能受其他部件的影响，研究卫星各部件间的关联关系尤为关键，而各部件的关联是通过遥测数据直接反映出来的，因此充分利用卫星遥测数据间的关联信息显得至关重要。通过分析历史遥测数据，借助数据挖掘方法，对遥测参数之间的关系进行分析，获得遥测参数之间的关联规则，可以用来提高卫星在轨状态检测的效率及精度。

因此，根据卫星状态异常的类型、特点以及对遥测数据的深入分析，获得关于卫星状态异常检测规则的更全面系统的知识，是卫星在轨状态检测的基础性问题。

4.1 检测规则类型

异常检测的目的是从大量遥测数据中发现异常信息,对卫星状态进行判断。常用的检测方法有门限检测(包括固定门限规则、动态门限规则、模糊门限规则)、关联规则检测、概率规则检测以及图形规则检测。

4.1.1 固定门限规则

门限检测是将当前时刻的遥测值与规定值(亦称门限)比对,以预先设置的门限作为状态判断的依据。固定门限规则对参数变化设置上、下门限,当参数值在当前范围内时,认为参数变化正常;否则,将参数判为异常。其常见格式:

```
if X >a   then[a 为参数上限]
     errormsg ("参数变化超出上限")
if X <b   then [b 为参数下限]
     errormsg ("参数变化超出下限")
```

单一门限规则简单明了,诊断逻辑清晰,推理过程简单,能够对参数超限进行快速检测。但是,对于参数的变化过程不能有效检测,尤其对于即将超限的数值无法反映,导致大部分报警都是在异常之后才能检测出来,对于参数异常不能提前预警。同时,由于卫星系统之间关联性很强,不同模式下参数上、下限存在区别,因此容易出现虚警。

为解决单一门限对于参数门限内变化不敏感的问题,出现多级门限检测。常见为二级门限,一级门限以异常值为上、下限,二级门限以在轨经验值为门限。此种方法能够在一定程度上解决门限内参数变化不敏感的问题。同时,随着卫星状态的变化,需要适时对门限进行修改。

1. 初始门限

针对单个检测参数,较为简单的一种异常判别逻辑方法为:实时判别参数是否在给定的单级门限内,若不在门限范围内,则发出报警信息。初始门限的设置依据工程经验值给出,随着卫星运行时间的增加,在此基础上按照运行中的变化情况进行不断地调整。

某参数在卫星发射初期单级门限设置如图 4-1 所示,在轨运行一段时间后,依据实际变化规律,将门限调整为图 4-2。

由图可以看出,单一门限严格规定了参数的上、下限,当参数超过该门限之后，规则能够对参数变化非常敏感，及时发现参数变化超出预期门限。但是，若参数在门限范围内异常变化或参数接近异常门限，此方法无法识别。

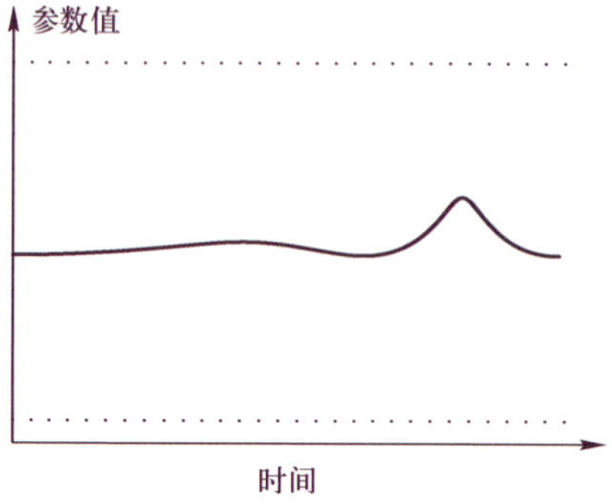

图 4-1　发射初期单级门限

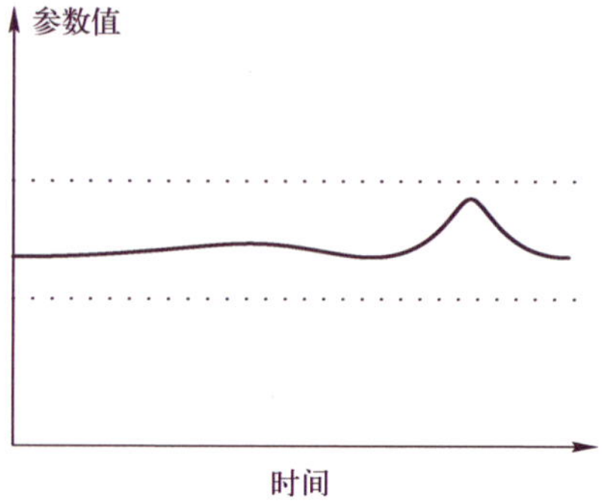

图 4-2　在轨运行后单级门限调整

2. 多级门限

多级门限针对特化量的变化进行判断，具体方法：实时判别检测参数是否在给定的多级门限之内，若不在门限范围内，则按照所超门限的级别发出相应级别的报警信息。初始门限设置的依据为设计的理论值或卫星管理人员的经验值，随着卫星在轨时间的增加，会在此基础上按照卫星运行中的变化给出相应的二级门限范围，反映参数门限内的变化趋势。

某参数在卫星发射初期多级门限设置如图 4-3 所示，在轨运行一段时间后，依据实际变化规律，将门限调整为图 4-4。

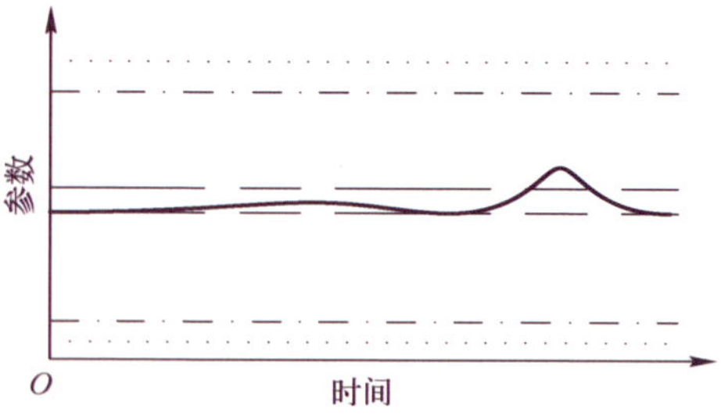

图 4-3　发射初期多级门限

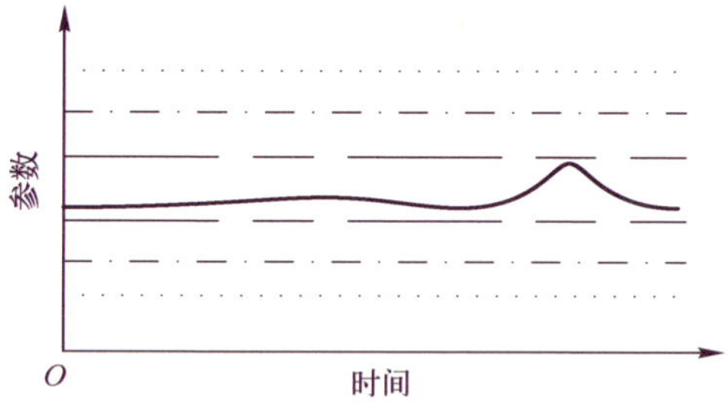

图 4-4　在轨运行后多级门限调整

多级门限设定可发现参数早期变化或微弱异变，依据不同参数特性设定不同门限级别数，根据卫星在轨状态变化对级别及其上/下限、级别数进行动态调整和修正，以准确跟踪、动态反映星上实际状态。

多级门限的设定按照从宽到窄分为一级、二级、三级。一级门限最宽，是无条件报警门限，当参数超过一级门限时，说明参数已不在正常值范围内，需要进行无条件报警；二级门限仅次于一级门限，当参数超过二级门限时，说明参数已接近上限或下限，但还未达到无条件报警的程度，需要进一步分析数据；三级门限是比较窄的门限，当参数超过三级门限时，说明参数变化超过了近期参数变化的范围，可以进行提醒，提醒参数变化已与近期变化趋势存在差异，需要对参数进行状态分析。

设置多级门限时，首先进行参数值域分析，在数轴上划分出不同的区间，假设需要设置的门限为三级，第一级为(A_1, A_2)，第二级为$[B_1, B_2]$，第三级为$[C_1, C_2]$。三级的关系为嵌套，即$A_1<B_1<C_1<C_2<B_2<A_2$。则参数可能出现的区间为$(L_x, A_1]$，(A_1, B_1)，$[B_1, C_1)$，$[C_1, C_2]$，$(C_2, B_2]$，(B_2, A_2)，$[A_2, H_x]$7个区间。不同级别门限表示了参数变化的不同。如果程度不同，则参数呈现不同程度变化需要采取的措施也不同，依据参数值在不同区间的相应报警级别，给出相应的报警结果。如可以在异常判别知识的报警方式（errormsg或message）、报警时机（是否时间条件满足才出报警信息）、处理时机（立即、工作时间等）、处理意见和方式（处置、记录、检查等）进行区分。

参数多级门限表示和基于多门限的异常判别示例如表4-1所列。

表4-1　多级门限异常检测规则示例

```
IF
    TM1 >= A2
THEN
    errormsg("××××分系统(TM1) 参数值超上限。")
    solution("请启动××××分系统故障处理预案。")
IF
    TM1 < A2
    TM1 > B2
THEN
    errormsg("××××分系统(TM1) 参数值超二级门限上限。")
    solution("请检查××××分系统关联遥测、关联部件运行状态。")
IF
    TM1 <= B2
    TM1 > C2
THEN
    message ("××××分系统(TM1)参数值超三级门限上限。")
    solution("请检查参数近期变化趋势是否正常。")
IF
    TM1 < C1
    TM1 >= B1
THEN
    message ("××××分系统(TM1) 参数值超三级门限下限。")
    solution("请检查参数近期变化趋势是否正常。")
IF
    TM1 < B1
    TM1 > A1
THEN
```

（续）

```
    errormsg("××××分系统(TM1) 参数值超二级门限下限。")
    solution("请检查××××分系统关联遥测、关联部件运行状态。。")
IF
    TM1 <= A1
THEN
    errormsg("××××分系统(TM1) 参数值超下限。")
    solution("请启动××××分系统故障处理预案。")
```

3. 门限修正

门限修正主要解决门限不能适应卫星状态变化的问题。门限修正需要对历史数据进行分析，针对卫星工作条件的变化对门限进行修改。门限修正可分为基于经验知识的修正和自适应门限修正。

自适应门限修正即依据其条件的不同，门限自适应跟踪卫星状态变化。如对于卫星太阳阵电流的判断，由于日地距离、入射角角的变化、一年中其呈周期性变化，固定的单级门限很难适应此类现象。如图 4-5 所示，太阳电池阵电流逐年呈周期性变化且每年峰谷值均不固定，其中单周期变化差值最大约为 3A，很难用固定的门限表示参数变化合理与否，为此，需建立太阳电池阵电流变化门限函数

$$UI=pS\cos(|\beta|-\theta)A+\xi$$

用以适时跟踪太阳电池阵电流变化情况。其中，S 为太阳有效光强，为标准太阳功率与日地因子的乘积；A 为帆板面积；θ 为帆板偏置角；p 是转换因子；ξ 是修正常数。

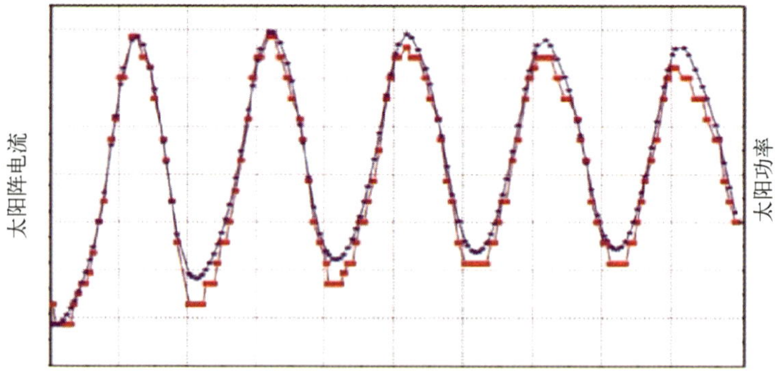

图 4-5　太阳电池阵电流实际变化情况

实际情况显示，此函数能够很好地反映卫星太阳电池阵电流实际变化情况，且能够实时跟踪由于日地距离、入射角及太阳帆板衰减引起的方阵电流变化情况，解决了分析过程中固定单级门限无法适应参数变化范围较大、正常范围难以确定的问题。

4.1.2 模糊门限规则

模糊门限即对于参数的变化在绝对正常与绝对异常之间设立灰色地带，此区域内只反映参数的正常或异常程度，但是不给出正常或异常的确定性结论。通过建立参数正常的隶属度函数，计算参数正常隶属度。依据隶属度计算结果，确定参数变化正常与否，用以解决正常范围内异常变化的分析。例如，对陀螺状态的分析，按照电机电流变化情况来确定陀螺正常与否，若给定正常门限为 2.5±1，此门限对于陀螺电机电流变化过程很难给出准确判定。即陀螺电机电流变化至 3，若按照门限界定，电流仍处于正常范围内，则表征陀螺状态正常。实际上，陀螺电机电流变化较大后，表征陀螺性能已经下降，存在较大安全隐患。为此，在正常与异常之间建立灰色区域（图 4-6），表征陀螺处于正常或异常的程度，以供地面处理决策。

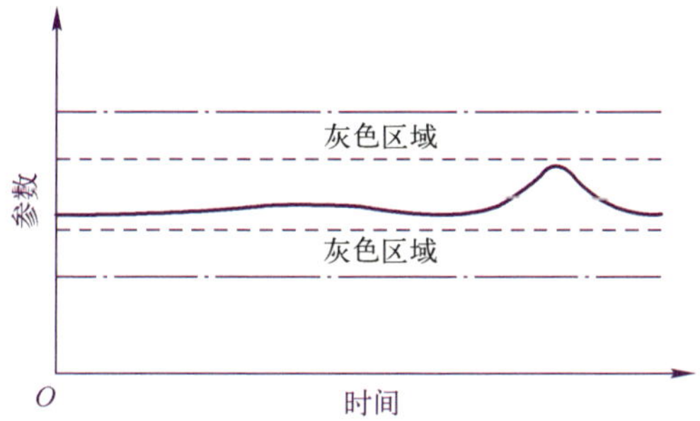

图 4-6　灰色门限

以某卫星陀螺状态分析为例，给定门限为[1.5,3.5]，陀螺电机电流在 2.6~3.4 波动，按照正常门限判定陀螺为正常状态。实际上发生陀螺电机电流偏离正常状态且波动较大，陀螺状态已极其不稳定，并且在 24h 后，由于陀螺异常导致卫星进入全姿态捕获模式。为此，建立陀螺状态隶属度函数，该函数质为 1 时，表征陀螺状态绝对正常，值为 0 时，表征为绝对异常，在[0,1]之间表征陀螺偏离正常的程度。

$$\mu_y(u)=\begin{cases}0 & (\mu\in[0,1.5]\cup[3.5,\infty])\\ \dfrac{10\mu-15}{7} & (\mu\in[1.5,2.2])\\ 1 & (\mu\in[2.2,2.7])\\ \dfrac{35-10\mu}{8} & (\mu\in[2.7,3.5])\end{cases}$$

隶属度函数如图 4-7 所示：

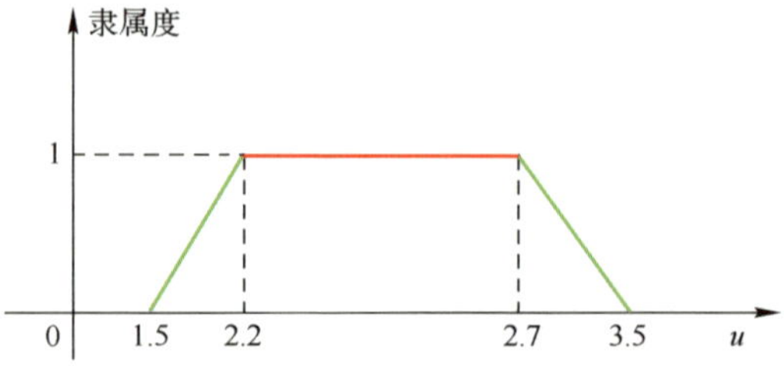

图 4-7 正常”和“异常”隶属度说明

按照陀螺电机电流变化情况，计算其健康隶属度，结果为 0.375，表征陀螺处于稳定工作状态可信度为 0.375，说明此刻陀螺输出极其不稳定，需要及时进行处理。此方法解决了参数门限内动态变化处于正常或异常的程度。

4.1.3 关联规则

关联规则不同于门限检测规则，其基本思想是对于卫星各个参数之间存在的物理的、逻辑的、数学的各种关系进行提炼总结，在此基础上形成多参数联合检测规则。

利用已知的和随着卫星在轨运行而不断发现的状态关联关系，建立异常检测的关联规则。例如，星上设备加断电对其电源参数、温度参数的影响，不同的工作模式对输出的影响，不同的工作状态（如蓄电池的充放电）对其他输出参数的影响等。

依据卫星部件固有特征及部件之间的关联关系、不同工作模式下系统之间的关联关系，以及该卫星在轨实测数据异常信息挖掘，获得基于关联关系的卫星异常检测规则。比如，针对卫星在不同工作模式下星上控制分系统几个重要控制过程的演化规律以及各分系统之间的关联性特征，探究系统内表现出的传播特性，如基于卫星不同工作模式、典型测控事件、典型飞行阶段、系统重构重组、容错或降级运行等情况下的参数关联关系，建立卫星异常检测规则。

一般来说，卫星在保持某一稳定状态时，其系统内、系统间的遥测数据（状态）都保持稳定的关联关系，比如，状态关联关系、周期关联关系、正相关关联关系或负相关关系等，如图 4-8~图 4-11 所示。

当卫星状态发生变化时，原有稳定的关联关系往往会发生变化。在卫星正常的状态切换时，关联关系也会随预定设计进行调整，形成新的稳定的关联关系。通过这些关联关系一致性（包括一致性变化）的综合分析，利用遥测数据间相互冗余印证的信息，可以综合分析卫星状态变化的正确性，进而判定卫星是否正常运行。表 4-2 列出了卫星转入对日定向的关联关系。在卫星对日定向后，其帆板太阳角计的输出、帆板的驱动模式、卫星载荷的工作状态，以及姿态测量、执行部件的工作及使用状态均会发生变化。而卫星异常状态的发生，尤其是没有预见性的异常问题产生，往往伴随未知或错误的新关联关系产生，导致原有设计的关联关系一致性发生了变化。总结这些变化，能够很大程度上在问题发生初期就能察觉到异常，为及时采取干预措施争取宝贵时间。

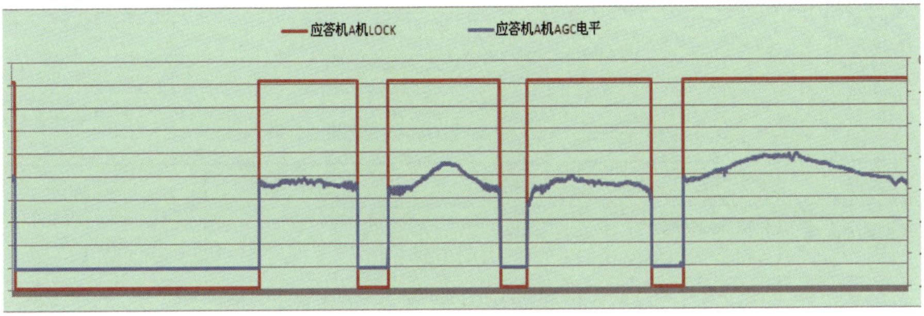

图 4-8 状态关联关系

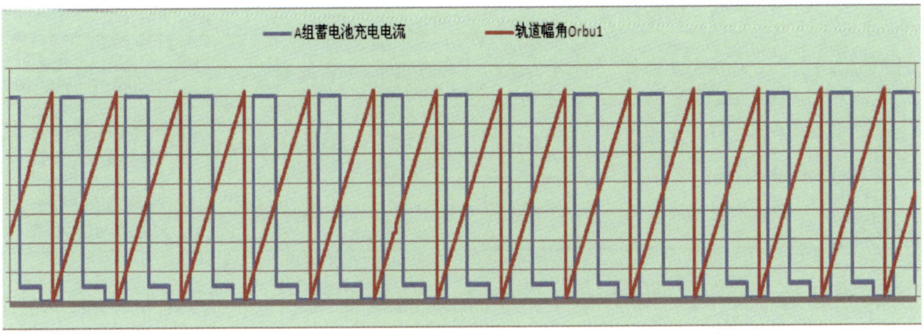

图 4-9 周期关联关系

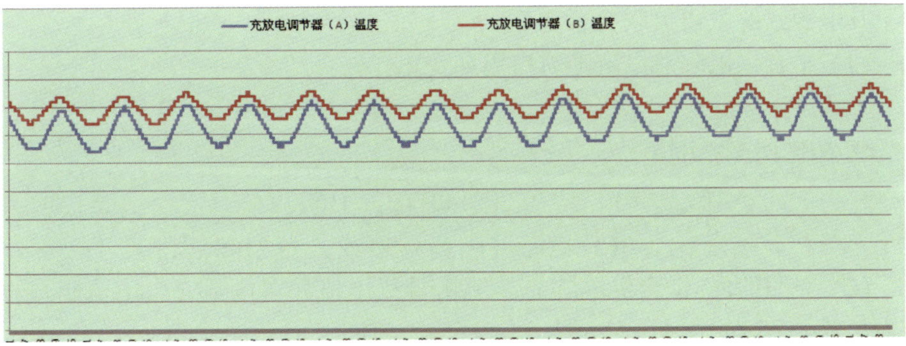

图 4-10 正相关关联关系

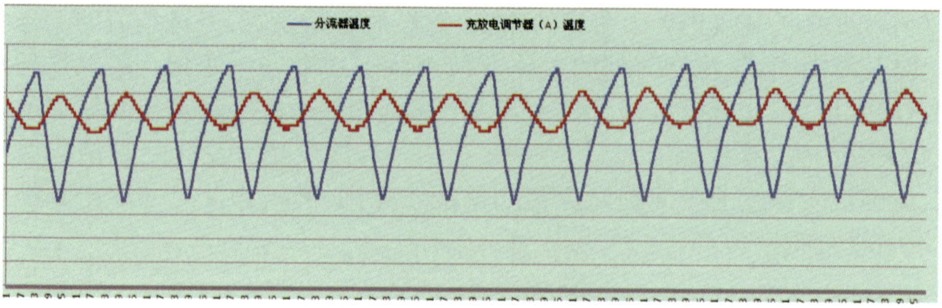

图 4-11　负相关关联关系

表 4-2　卫星对日定向关联关系

功能	输入部件	输入遥测	输出部件	输出遥测
太阳角计检测	帆板太阳角计 A 帆板太阳角计 B	帆板太阳角 A 帆板太阳角 B	姿控计算机	故障标志字
故障标志字	姿控计算机	帆板太阳角导致 故障标志字置位	帆板驱动机构 驱动方式	太阳角驱动(主份)→ 轨道程控驱动(备份)
太阳角计检测	帆板太阳角计 A 帆板太阳角计 B	太阳角计电压	姿控计算机	能源危机状态置位
故障标志字	姿控计算机	能源危机状态置位	姿控系统	转安全模式接喷气, 启动喷气、开陀螺
故障标志字	姿控计算机	能源危机状态置位	数管系统	关闭载荷、数传终端, 降低整星负载
对日定向 标志字	姿控计算机	进入稳态对日定向	姿控系统	帆板反向归零、 偏置飞轮卸载

下面通过一个例子说明基于关联关系的检测规则。本例异常现象发生的过程涉及姿轨控、推进、太阳阵、数传、载荷等分系统。其关联关系传递路径如图 4-12 所示。

其电源系统主要关联关系如下：

(1) 平台供电阵总电流随轨道周期变化：

① 周期一致：$T_{i_{\mathrm{Board}}}=T_{\mathrm{orbit}}$

② 阴影期无充电电流：

$$\begin{cases} i_{\mathrm{Board}}=0 & (2140<t_{\mathrm{orbit}}<4150) \\ i_{\mathrm{Board}}>0(\text{且稳定}) & (t_{\mathrm{orbit}}>4150 \text{ 或 } t_{\mathrm{orbit}}<2140) \end{cases}$$

(2) 光照期内,平台供电阵总电流由母线电流和蓄电池充电电流组成,数值为二者之和,即

$$i_{\mathrm{Board}}=i_{\mathrm{Base}}+i_{\mathrm{Charge}}$$

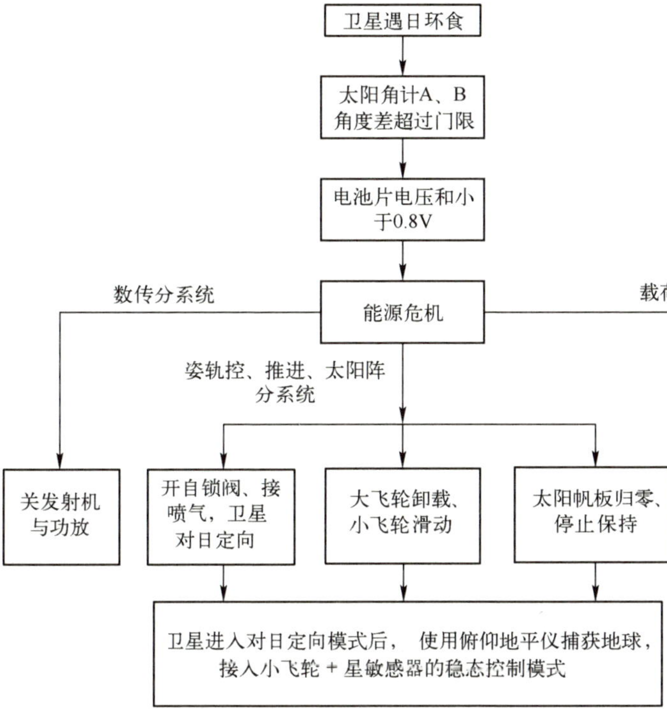

图 4-12　某星关联关系传递路径

（3）平台太阳阵总电流由各分阵电流组合而成，数值基本为分阵电流供给之和，并且光照期太阳阵总电流应保持稳定，即

$$i_{\text{Board}}=i_1+i_2+\cdots+i_{10}$$

式中

$$i_n=i_0\times\frac{V_n}{V_0}$$

式中：V_n 为第 n 个分流阵的遥测电压；V_0 为全调节时的电压值。

（4）太阳翼相关参数关联规律：

$$|w_{\text{A}}-w_{\text{B}}|\in C\pm\delta$$
$$|\theta_{\text{A},1}-\theta_{\text{B},1}|\in C_1\pm\delta_1$$
$$|\theta_{\text{A},2}-\theta_{\text{B},2}|\in C_2\pm\delta_2$$
$$f(w_{\text{A}},\theta_{\text{A},1},\theta_{\text{A},2})=f(w_{\text{B}},\theta_{\text{B},1},\theta_{\text{B},2})=S$$

式中：w_{A}，w_{B} 为帆板 A、B 角度；$\theta_{\text{A},1}$、$\theta_{\text{A},2}$为帆板 A 太阳角计 1 和太阳角计 2 的输出信号；$\theta_{\text{B},1}$，$\theta_{\text{B},2}$为帆板 B 太阳角计 1 和太阳角计 2 的输出；C 为 A、B 两翼帆板角度差值的偏置；C_i（i＝1、2）为两翼太阳角计输出信号差值的固定偏差；

S 为帆板角度、太阳角计信号函数关系常数；δ 为 A、B 两翼帆板角度差值与偏置的差值门限；$\delta_i(i=1,2)$ 为两翼太阳角计输出信号与固定偏差的差值门限；

下面给出基于上述关联关系的检测规则的两个案例。

案例 1：

```
规则名称:Rule_437_TMK003
故障等级:一般
故障分系统:姿轨控
故障部件:陀螺组件
故障延时:3
故障预案:控制系统 6
规则内容:
defrule Rule_437_TMK003
{int tmk003 = TmParam. tmk003. value Name "姿控奇快段标"
Float TMK004 = TmParam. tmk004.  Name "G1 陀螺角度增量((°)/s)"
int B0    = TmParam. B0.  Name "G1 电源状态(从 SLTU 得到):1 为加电,0 为断电"
int workmode Name "高 4 位模式字"
int submode Name "低 4 位子模式"
workmode=tmk003&240          //取高 4 位模式字的 b7~b4 位;
workmode=workmode>>4         //右移 4 位;
B0 =@ TMK010 & 1
If workmode <>4 then         //主动段模式;
Then
If b0 = 1 Then {目前陀螺打开}
If @ TMK004 > 0. 02 Then {在轨值在-0. 002~0. 005 之间}
ErrorMsg "姿控工作模式异常,G1 陀螺角度增量((°)/s) (TMK004) 参数值超上限."
solution "给任意未加电的正常陀螺加"电并将此陀螺关闭"
EndIf
EndIf
EndIf}
```

案例 2：

```
规则名称:Rule_437_TMK053
故障等级:一般
故障分系统:帆板驱动
故障部件:BAPTA
故障延时:3
故障预案:帆板驱动 4
规则内容:
defrule Rule_437_TMK053
{int tmk003 = TmParam. tmk003. value Name "姿控奇快段标"
```

```
Int @TMK053 Name "帆板控制模式"
Param Int B5B3 Name    "BAPTA_Y+帆板控制模式"
Param Int B2B0 Name    "BAPTA_Y-帆板控制模式"
Float @N01004 Name "方阵电流(A)
int workmode Name "高 4 位模式字"
int submode Name "低 4 位子模式"
workmode=tmk003&240//取高 4 位模式字的 b7~b4 位;
workmode=workmode>>4//右移 4 位;
If workmode <> 4   Then
If @N01004 > 31   Then
If B2B0 = 2   Then {2 为帆板归零}
ErrorMsg "BAPTA_Y-帆板控制模式为帆板归零(TMK053B2B0 应等于 2)!"
Solution"BAPTA_Y-帆板控制模式为帆板归零,卫星此时处于全捕状态,无需动作"
EndIf
EndIf
EndIf}
```

4.1.4 概率型规则

概率型规则主要适用于空间大气环境、空间碎片碰撞等引起的卫星异常。卫星运行在恶劣空间环境中,其对卫星影响主要表现在对卫星产生阻力导致轨道衰减,氧原子对卫星表面的剥蚀、老化、污染效应,高能带电粒子对卫星辐射、充电效应及近地空间等离子体导致卫星表面带电现象等。此类现象均可能导致卫星异常,但是其异常的出现是有一定的随机性的,并且与卫星自身抗辐射设计、容错设计等紧密相关。因此,对于所检测的特征参数是空间环境参数的情况而言,检测规则大部分是以概率的形式给出的。

通过统计分析 2010—2014 年期间低轨卫星、GEO、IGSO 卫星受空间环境异常次数、异常时对应的 F10.7 和 AP 指数大小,对 F10.7 和 AP 两个指数引起故障的概率进行统计,结果如表 4-3 所列。

表 4-3　空间环境指数故障概率统计

F10.7	AP	发生概率
<100	<10	低
100~150	10~20	中
>150	>20	高

根据表 4-3 的划分取值,进行线性转化,获得每个指数的系数,然后进行聚合得到空间环境变化/事件诱发的综合效应。其形式化计算如下:

$$M=\omega_1 M_{\mathrm{AP}}+\omega_2 M_{\mathrm{F10.7}}$$

式中：ω_1、ω_2为权重系数，$\omega_1+\omega_2=1$。

根据表 4-4 确定空间环境风险引起故障的概率。

表 4-4 空间环境风险概率

空间环境综合效应	结 果
$M\in[0.9,1]$	很少发生，发生概率 $0.1\%\leqslant p<1\%$
$M\in[0.6,0.9)$	偶尔发生，发生概率 $1\%\leqslant p<5\%$
$M\in[0.0,0.6)$	频繁发生，发生概率 $5\%\leqslant p<10\%$

4.1.5 图形规则

图形规则即把参数的变化形态以图形化方式表示，若图形形态发生变化，则可认定为系统出现异常。按照异常出现的形态，可以将其分为脉冲型状态异变、阶梯阶跃型状态异变、关联阶跃型状态异变、带阻阶跃型状态异变、周期渐变型状态异变、单调渐变型状态异变等。通过判别这些形态出现与否来检测异常的规则称为图形规则。

脉冲型状态异变一般表现为遥测数据突发性脉冲瞬间显著偏离正常值，又瞬间（$t\leqslant\tau\leqslant 5t$）恢复正常值的一类现象（图 4-13）。脉冲型故障的特点是发生时间随机、遥测参数异变值瞬间增大并快速恢复原值。此类异常的一般表达形式为

$$F(\tau)=\Phi(\tau)+M(t,\tau)\sigma(\tau)$$

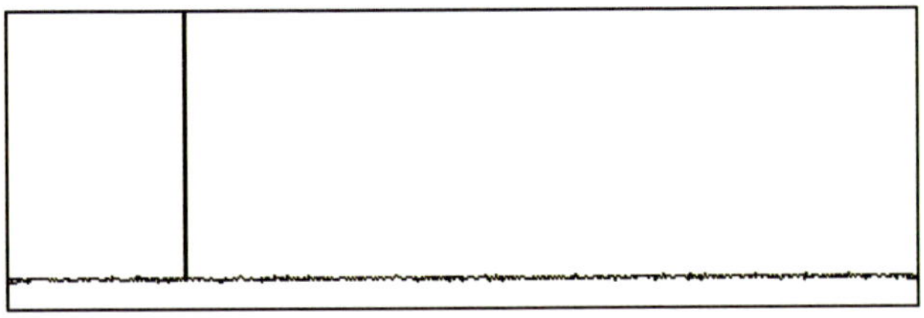
(a)

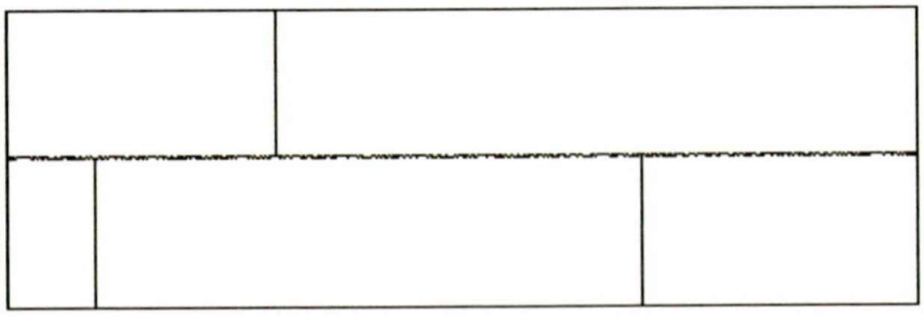
(b)

图 4-13 脉冲型状态异变示意图

阶梯阶跃型状态异变的一个显著特点是值域空间是有限的几个阶跃型离散值(图 4-14),且值域空间的元素之间相互独立,不存在关联,每类异变模式对应的故障样本空间固定,在值域空间内发生阶跃后异常状态将一直保持到故障成功处理,一般不会自行消失。因此,可用遍历值域空间的所有离散值序列来描述此类状态异变,即

$$F(\tau)=\sum_{i=0}^{j}2^{i}B_{i}(\tau)\,(j\leqslant 3)$$

式中:$B_i(\tau)$为帧取位函数,表示取相关状态字的第 i 位,$B_i(\tau)=B_i(U_\tau)\,(i\leqslant 3)$。

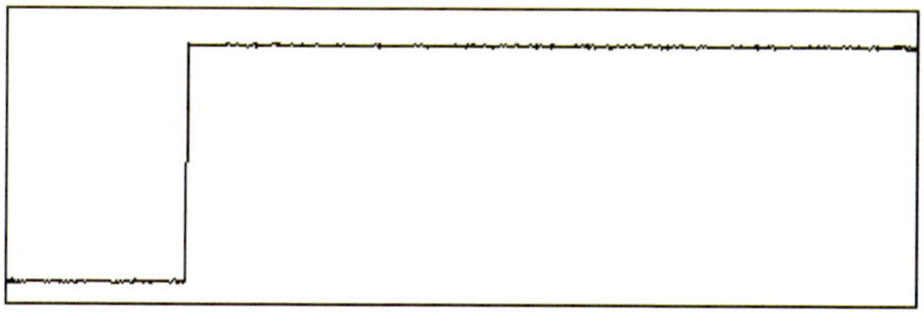

(a)

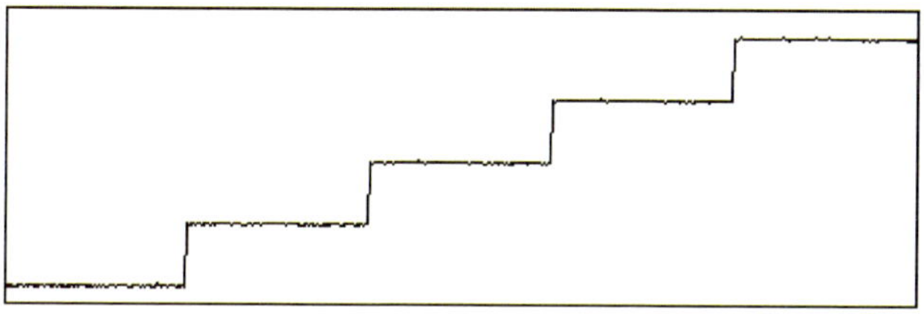

(b)

图 4-14　阶梯阶跃型状态异变示意图

关联阶跃型状态异变遥测值在连续的值域空间中取值。异变发生时由正常值域空间跳变为故障样本空间的任意值,特征参数 $P=\{P_1,P_2,\cdots,P_n\}$ 的某些元素 P_i或 P_j之间存在某些物理、耦合传递关联,即一个或某些特征参数变化会引起其他一些参数的改变,且在值域发生阶跃后其异常状态将一直保持下去,直至故障成功处理。此类异变信号采集多为模拟量,通过校准处理编码后进行下传,遥测接收后用处理公式进行处理,遥测参数正常变化规律有常数稳压值、周期变化或线性变化等。

带阻阶跃型状态异变在连续的值域空间中,异变发生时由正常值域空间跳变为故障样本空间的任意值,且在值域空间内发生阶跃,其异常状态持续一段时间后,在未来时刻将自动回到正常值域。此类异变多由于设备工作环境发生突变,参数变化一般为稳压值或线性变化。可用遥测正常变化规律函数叠加带阻阶跃函数来描述此类异变。

周期渐变型状态异变的遥测参数随周围环境(月球、太阳等)作日、年等周

期性变化,同时由于部件或元器件性能的衰减而线性衰减(图 4-15)。用周期变化函数叠加线性衰减函数描述其变化:

$$\Phi(\tau)=[A\cos d(\omega U_{\tau}+\psi)+C_0](KU_{\tau}+B)$$

式中:$A\cos d(\omega U_{\tau}+\psi)+C_0$ 为周期变化曲线;$KU_{\tau}+B$ 为衰减线性变化,其中 $K<0$。

按年周期性变化的参数本身也在按日周期性变化,只是研究的角度不同而已。此类状态异变往往代表着卫星绕地、绕日作规则变化的部件运行状态,常出现在一些工作部件的表面温度及太阳帆板输出功率的变化等。

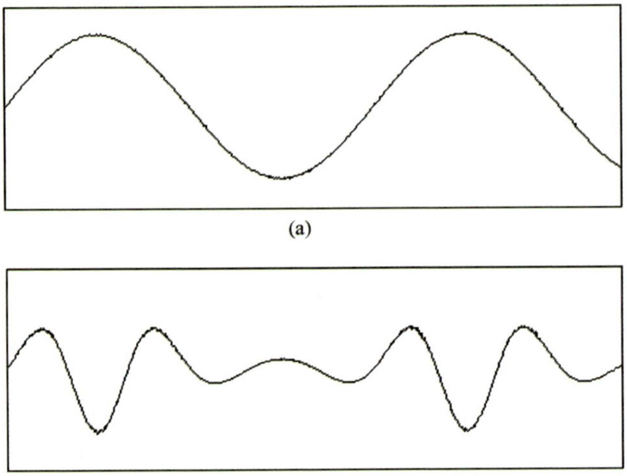

(a)

(b)

图 4-15 周期渐变型状态异变示意图

单调渐变型状态异变参数自身在作线性变化,同时由于部件或元器件性能的变化而作线性衰减(图 4-16)。用线性变化函数附加衰减系数来描述此类状态异变:

$$\Phi(\tau)=K_0(KU_{\tau}+B)$$

式中:K_0为线性衰减系数,常用来表征一些星上部件随在轨运行时间增长而出现的长期规律性的线性衰减。

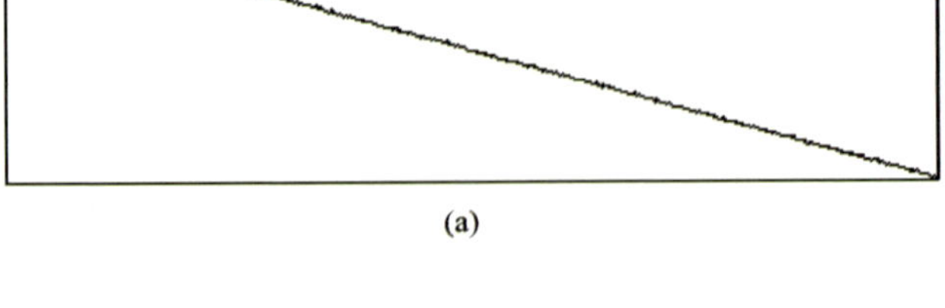

(a)

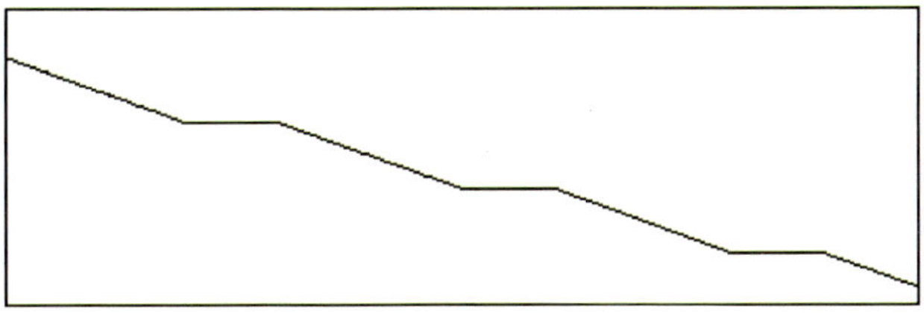

(b)

图 4-16　单调渐变型状态异变示意图

4.2　检测规则的确定

假设卫星部件状态演化和监测的非线性模型为

$$\begin{cases}\dot{x}=f(x,u,v,\eta,t)+w\\y=g(x,u,v,\eta,t)+\nu\end{cases}$$

式中：x 为状态参数，一般为卫星部件的输出参数，当状态量稳定时即说明当前的工况稳定了；y 为测量参数，一般为卫星上传感器的测量值；u 为控制量；v 为环境参数；η 为特征量，一般为该部件的某个子部件的健康程度；w、v 分别为系统噪声和观测噪声。

一般情况下，卫星异常检测设定的门限是针对卫星的遥测参数，而不是针对状态特征，主要原因有两点：一是卫星部件的健康程度一般很难量化；二是卫星部件的故障类型很多。针对以上两点困难，在状态参数 x、控制量 u、环境参数 v 等固定，或对测量参数的影响规律已知时，如果测量参数 y 偏离正常的波动范围，即说明卫星状态异常。当然，具体是什么原因导致的测量参数异常，则需要进一步分析。

对测量参数值设置的门限通常是根据历史数据中找到数值的波动范围，总结出实际参数的变化的上、下界和其对应的条件，得到符合卫星不同运行条件下的门限。测量参数的门限设定的主要评价指标是虚警率和漏警率。虚警是指卫星工作状态正常而此时测量值显示超限。漏警是指此时卫星工作状态已经发生异常而显示测量值没有超限。

4.2.1　基于知识的方法

确定检测规则最直接的方法是根据专家经验或设计知识，从保证卫星在轨正常运行的角度，确定检测门限值。这种方法不需要精确的数学模型，因此不存在模型偏差、未建模行为和未知干扰因素等的影响。

专家系统方法的本质是一组程序，它能借助人类的知识，采用一定的搜索策略，通过推理解决某一特定领域的难题。可以根据系统的先验知识把不同情况下的门限值存入知识库，作为知识进行保存。在不同的情况下，由推理机进行推理得到不同的门限。其不足之处是门限的选择与领域专家有很大关系，存在知识获取的瓶颈问题；同时这种方式获得的门限不是最优的。

专家分析问题时，通常是在考虑卫星工作条件的前提下，按照如下的思路确定门限值：

(1) 模拟量参数是否超限；

(2) 状态量参数是否发生了非预期的变化；

(3) 是否还有其他相关的参数发生了异常；

(4) 异常的参数间是否相互关联；

(5) 参数的变化是否符合以往参数的变化规律；

(6) 当有指令发送时，执行结果是否正确；

(7) 当进行某一测控事件时，其发展变化是否符合规律；

(8) 当判断某些参数异常后，再进一步深入分析故障，分析故障的发生机理、变化趋势，给出处理策略。

模拟专家分析问题的思路，卫星在轨异常检测必须同时考虑工作条件、正常范围、相互关系、变化规律、处理策略等。

以卫星遥控指令型检测规则为例进行说明。卫星在轨运行过程中需要进行轨道维持、姿态调整、仪器切换、业务状态的改变以及故障的处理等工作。这些工作有些通过卫星自主控制完成，有些工作需要由地面发送遥控命令控制完成。如果指令未被正确执行而没有被检查到，则可能会造成严重的后果。遥控指令执行的正确性需要从两个方面来判断：一是遥控指令经过遥控信道后的正确性检查；二是指令执行效果的正确性检查。计算机自动监测指令的执行情况是十分必要的，用于计算机监测指令执行情况的知识就是遥控指令知识。遥控指令知识包括发令条件知识和执行效果知识。例如，指令的发送顺序必须明确，发令顺序就是一种发令条件知识。再如，某加热器加电指令发出后，加热器开关状态发生变化同时相应的温度应该上升，对应的温度参数变化检查标准就是执行效果知识。遥控指令检测规则见表 4-5。

表 4-5 遥控指令检测规则

检测规则	所属分系统	遥控指令	指令功能	判读条件	检测结果
加热器打开状态(S)	热控	A	加热器开关闭合(SW)	继电器闭合(CL)	设备温度上升(TM)

按照表 4-5 规则，形成检测规则如下：

```
if  A == 1 /加热器打开指令发出
 if   CL ==1 /星上接收到指令,加热开关闭合
      if  TM2-TM1 > △/△>0,表示温度开始上升
      solution(“加热器指令执行正常,星上温度上升”)
      else
      solution(“加热器指令执行正常,星上未温度”)
      endif
else
solution(“星上未收到指令”)
endif
endif
```

基于知识的检测规则,其知识的主要来源为系统的设计指标及行业内专家的经验。将指标或经验描述为计算机可识别的语言,即可实现异常检测。如对于卫星工作模式检测,按照设计参数,对相应遥测状态进行判别可完成卫星工作模式判定。如对于卫星工作模式判断,正常情况下其工作模式为03,若要识别目前卫星是否处于正常模式且对具体工作模式进行识别,可以形成如下检测规则:

```
int @TM1 Name "BZx1"
param int high   name "BZ 的序号"
param int low    name "BZ 状态值"
high=(@TM1 & A)>>B          '取 BZ 的序号
low = @TM1 & C              '取 BZ 状态值
'BZ0:星上控制模式
if high=0 then
  if low=2 then
    errormsg "星上控制模式为 1"
else
    if low=5 then
        errormsg "星上控制模式(BZ0)为 2"
    else
        if low=6 then
            message "星上控制模式(BZ0)为 3"
        else
            if low=7 then
                errormsg "星上控制模式(BZ0)为 4"
            else
                if low<>4 then
                    errormsg "星上控制模式(BZ0)变化"
                endif
            endif
```

```
            endif
        endif
    endif
endif
```

基于知识的推理方法存在条件不确定性、无法给出明确的门限等困难，在确定性检测规则的基础上提出了模糊规则。

4.2.2 数据分析方法

一般来说，在状态正常的情况下，系统残差信号近似服从正态分布。换句话说，如果正常情况下的残差为非白噪声，主要原因是系统数学模型与实际系统存在一定的偏差。如果认为模型偏差对残差的影响在是固定的，则去掉这些固定影响因素后，仍然可以将残差序列处理为白噪声。所以，可以利用统计学的方法，如参数均值、方差等对数据进行处理，建立残差序列的近似正态分布模型，并根据正态分布确定检测门限。

下面针对平稳和动态条件下，根据这一原理确定检测门限的方法。需要指出的是，非白噪声的情况实际上是普遍存在的，有时难以给出参数化的残差模型。这时可以采用非参数方法，如核密度估计、SVM 等，确定检测门限。

1. 稳态门限设定

测量噪声与系统噪声一般满足正态分布，在状态量、控制量、环境参数不变，即达到稳态的情况下，可认为测量参数服从正态分布 $N(\mu,\sigma^2)$。工程上常根据 3σ 原则将测量参数的门限设定在 $\mu\pm3\sigma$，此时测量值有 99.73%的概率落到此区域内，落到区域外属于小概率事件，如图 4-17 所示。

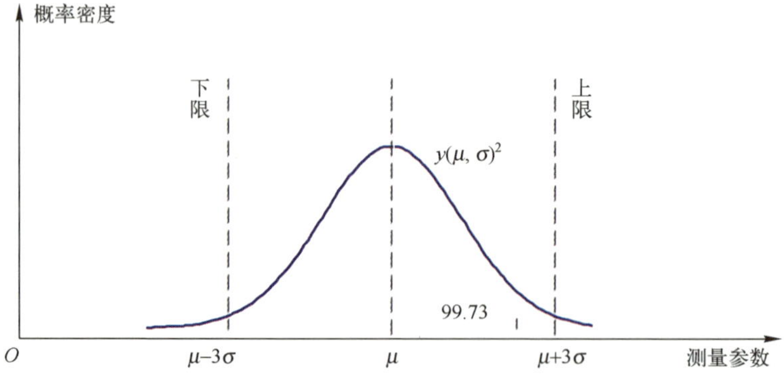

图 4-17 测量数据的正态分布图

卫星大部分情况是工作在其稳定位置，此稳定位置包括多组工况，可以根据历史数据对每一个工况都建立其各个参数的门限。

2. 动态门限设定

卫星运行过程中,由于外部环境的改变或任务需求,要在某个工况下改变控制量,导致测量参数有较大范围的波动,如图 4-18 所示,在 t_1 时刻给系统一个控制量,t_2 时刻卫星系统稳定。t_1 到 t_2 的过程是卫星状态变化的过渡段。

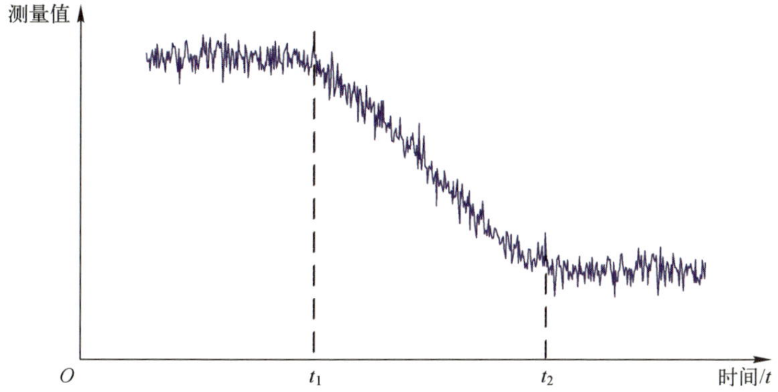

图 4-18　测量参数变化

如果将测量值的报警门限设定所有的测量值都包含在内,如图 4-19 所示的上、下限,这样设置明显是不合理的,原因如下:

(1) 不同控制量与环境因素都会对测量值产生影响,影响的大小各不相同,而此时的上限或下限会选取其中影响最大的,实际应用过程中会依据历史数据该工况下合理的最大值与最小值来确定上限和下限,这明显是不合理的。

(2) 测量值的上、下限间距会很大,测量数据在此范围内较大范围的不合理波动不会被检测出来。

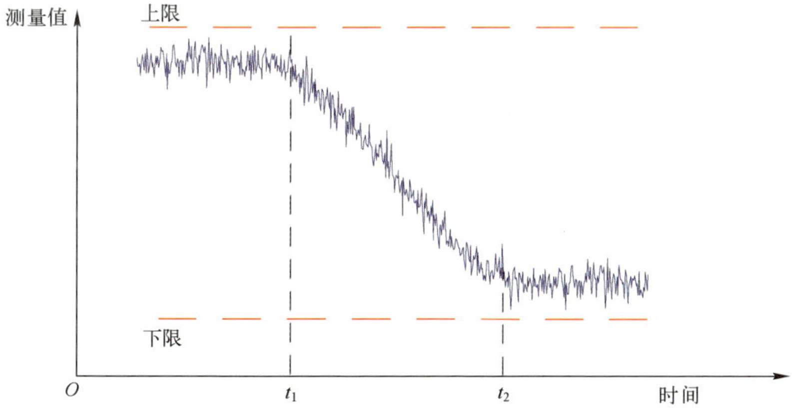

图 4-19　变状态过程中不合理的上、下限

有两种方法来解决这一问题：

一是不考虑变化瞬态过程。由于过渡段很短，假设在状态小范围偏移的情况下测量值波动的方差恒定，则建立的上、下限的形式如图 4-20 所示，卫星在 t_1 时刻发生控制量或环境的改变，y_1 和 y_2 是两个状态测量值的均值，t_1 前的上限与下限由 3σ 原则确定为 $y_1 \pm 3\sigma$，t_1 到 t_2 测量值上限延续上一阶段的上限值，下限值由上述公式得知 t_1 时刻的条件改变量计算得 Δy，下限为 $y_2 - 3\sigma$，t_2 时刻后的上下限为 $y_2 \pm 3\sigma$。

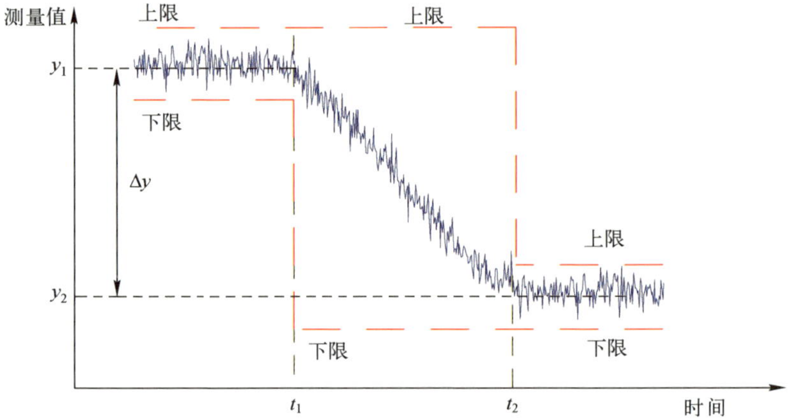

图 4-20　不考虑变化瞬态过程的上、下限

二是考虑变化瞬态过程。如果测量值由于系统惯性而带来的变化的瞬态过程所设的上限与下限相差很大，则上述方法没有实际的意义，或者在控制量和环境因素一直在小范围波动，没有一个稳定的测量值（图 4-21），则需要对瞬态过程中的测量值的门限进行研究。

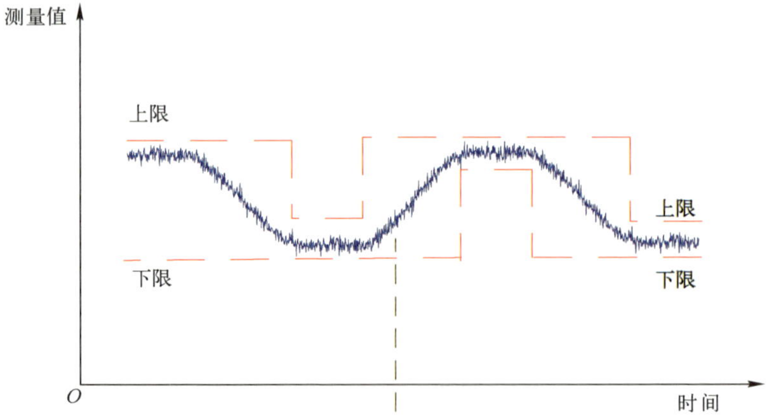

图 4-21　测量值不稳定时门限的设定

解决以上提出的问题的关键是求得卫星数据的变化轨迹，数据的波动是在变化轨迹的上下进行波动，求取数据变化轨迹由公式计算所得。建立的测量图上、下限的形式如图 4-22 所示，这样在非稳态过程也能进行测量值的评估。

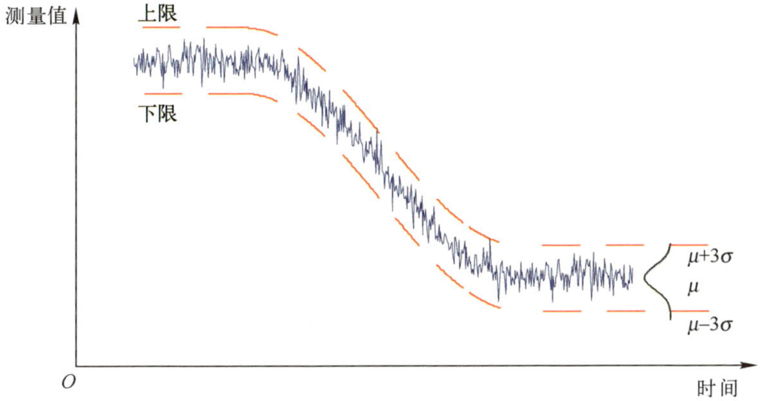

图 4-22　考虑变化瞬态过程的上、下限

4.2.3　示例分析

根据陀螺性能变化的特点，采用统计量分析的方法，计算陀螺电流和温度的均值和方差，对于低轨卫星，将多次遥测数据进行统一的分析，得到的统计规律可以反映陀螺性能参数的变化规律。

根据实际卫星数据，对多组陀螺电机电流和温度进行了统计分析（表 4-6、表 4-7），从分析结果可以看出，陀螺电流和温度都具有稳定的均值和较小的方差。

表 4-6　电机电流统计分析

数据时间	陀螺 1		陀螺 2		陀螺 3	
	均值	方差	均值	方差	均值	方差
2007-10-10	40. 45	0. 2	38. 79	0. 1	40. 02	0. 18
2007-10-11	41. 34	0. 16	38. 63	0. 12	39. 66	0. 16
2007-10-12	41. 10	0. 18	38. 77	0. 10	40. 02	0. 19
2007-10-16	41. 33	0. 17	38. 69	0. 13	39. 96	0. 21

表 4-7　陀螺温度统计分析

数据时间	陀螺 1		陀螺 2		陀螺 3	
	均值	方差	均值	方差	均值	方差
2007-10-10	66.81	0.041	66.2	0.038	65.83	0.045
2007-10-11	66.73	0.043	66.24	0.043	65.81	0.041
2007-10-12	66.88	0.049	66.22	0.039	65.81	0.042
2007-10-16	66.82	0.048	66.24	0.049	65.76	0.036

根据陀螺工作原理看,其电机电流和温度应该变化不大,根据以上的统计分析,可以判断陀螺电机的工作状态。一旦电机出现卡死、摩擦力增加等现象,其电机电流一定会发生变化,当这种变化超出其统计量较大时,就可以判定为出现故障。温度对陀螺精度影响较大,从数据分析可以看出,陀螺温度的控制精度还是比较高的,通过对陀螺温度的监测,可以有效地控制陀螺精度出现较大的偏差。

由于卫星运动的特点,陀螺的测量值在单位时间内的变化率不会特别大,如果出现单位时间的测量值变化量出现异常变化,一种情况为测量野值,那么可以看作噪声干扰;但如果测量野值在一段时间内出现次数发生异常,那么可以认为陀螺出现了比较严重的异常现象。

对于陀螺测量异常值判据建模,分为以下几个步骤:

(1) 陀螺单位时间变化率的统计计算和机理分析;

(2) 根据统计量分析设定异常值门限;

(3) 固定时间段异常值统计量分析;

(4) 根据统计量分析设定异常值门限;

(5) 利用统计量分析判定当前测量值是否为异常值;

(6) 对实测数据进行固定时间段异常状态判断。

值得注意的是,高斯分布中存在一个敏感度极高的参数——方差,拟合残差的方差估计是否准确,直接影响异常值检测的准确性。对于卫星姿态测量量,陀螺测得的角速度一般是由于控制系统产生的,它主要由卫星本体受控状态下姿态变化的角速度决定。因此,它不能够看作一个稳定量。如果单纯用残差确定其检测门限值,则会存在如下两种情况:

(1) 门限过高。由于卫星姿态变化是一个受控过程,其中有相当数据也许是变化较小甚至不变的过程,这样某些过大的变化会整体影响残差的大小,可能会使得门限过高。图 4-23 中绿线为门限过高情况。

(2) 门限过低。同样由于卫星存在大量姿态不变或变化很小的情况,如果将这些情况都算作统计分析的样本,由于平均效应,会产生残差过小,进而产生门限过小的情况,图 4-23 中红线为门限过低情况。

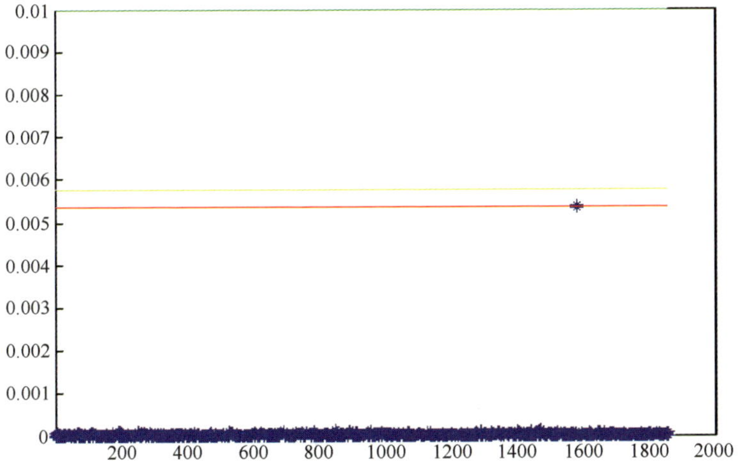

图 4-23　门限过高或过低的例子

针对上述两种可能的情况,在设定门限时采用双门限方法。首先,根据结构控制的特点设定一个固定门限,该门限反映了卫星控制的特点,如姿态角速度转动速率上限;其次,在统计分析时,变化过小的量不进行统计分析,这样可以减小这些量对统计分析的影响。该方法不仅可以应用与陀螺测量的分析,也可以用于其他测量量的分析。

第5章　卫星在轨异常状态检测

异常状态是指卫星脱离正常状态的情况，异常状态检测的目的是确定卫星是否仍处于正常状态。从概念上讲，异常状态检测不要求确定导致卫星状态异常的原因，但有时仍需要对异常状态的类型进行判别。因此，异常状态的检测与分类常常存在某种概念上的重叠，二者所采用的方法也有相似之处，但二者的出发点是不同的。

卫星是一种复杂系统，影响卫星工作状态的因素很多。当卫星出现异常情况时，其诱发因素可能不是一种而是多种因素的综合结果，其表现的状态也可能不是简单的单一形态而是多种形式混杂在一起，形成比较复杂的局面。如何根据遥测数据从复杂的形式中判断卫星状态是否正常，是卫星在轨状态检测与健康评估的根本问题。

基于遥测数据的卫星异常状态检测，可认为是针对遥测数据序列的变点检测问题，其中变点代表卫星状态发生变化的时间点。不同的变点将系统按时间划分为多个不同的状态。异常状态也就是异常模式，反映到遥测数据中是一段有别于正常状态的一维或者多维时间序列。因此，异常状态检测一般分为两步：首先判断该段时间内系统属于何种工作模式，即对系统工作模式进行分类；其次判断该段时间系统状态与对应的正常工作模式下的理想状态的偏离程度有多大，即获取模式异常的程度。

遥测数据是抽样得到的，基于数据的异常状态检测难免会由于数据的随机性而产生错误。在异常状态检测中有两类典型的错误，即虚警和漏警。虚警也称为第一类错误，指在实际状态是正常状态的情况下，由于数据的随机性，测量数据可能超出正常值的范围，导致状态检测错误。漏警也称为第二类错误，此时数据理论上服从异常状态下的分布特性，但仍有一些数据点落在正常状态的范围内，并且在这种情况下根据规则会判断状态正常，也就是说漏报了异常状态。对异常检测问题来说，上述两类错误是不可避免的，只能希望犯错误的概率尽可能小。评价一个异常状态检测方法的优劣，也主要希望发生上述两种错误的概率尽可能小。

本章针对卫星在轨异常状态检测问题的特殊性，介绍目前工程上和学术研究中比较典型的方法，包括基于规则的方法、控制图方法、相似度方法、机器学习方法和状态估计方法。

5.1 基于规则的方法

5.1.1 基本原理

基于规则的推理方法又称为产生式推理。"产生式"一词是由美国数学家波斯特提出的。波斯特根据替换规则提出了计算模型,模型中的每一条规则称为一个产生式。许多专家系统都是用产生式方法来表示知识的,如著名的用于诊断和治疗细菌感染性疾病的 MYCIN 专家系统。

基于规则的推理有明确的前提,得到确定的结果。如果问题领域中的知识与运用知识的方法可以分离,领域知识是经验的、领域知识推理可以表示为一系列相对独立的操作,则可采用基于规则的推理方法解决。与其他方法相比,基于规则的推理方法具有以下优点:

(1) 自然性:产生式表示法的"IF…THEN…"结构,接近于人类思维和会话的形式,易于知识体系结构的形式化和编码,便于知识工程师和领域专家沟通及合作。

(2) 一致性:规则具有统一的结构形式,便于实现产生式的正确性和一致性检查,易于产生式的自动修改和扩充,便于推理机的设计与实现。

(3) 模块性:数据库中的规则与推理机相互独立,数据库的建立、扩充、维护比较容易,规则的扩充和维护对推理过程没有影响。

(4) 完备性:产生式不仅可以表示事实、规则,还可以附加可信度因子来表示具有不确定性的事实和规则,从而使系统进行不精确性推理。

1. 基于规则的推理方法分类

根据推理时所用规则的类型,可将基于规则的推理分为确定性推理和不确定推理两类。

基于规则的确定性推理指推理时所用的规则都是精确的,推出的结论也是确定的,其结果只有"真"和"假"两种,没有其他情况出现。确定性推理是建立在经典逻辑基础上的。经典逻辑推理根据经典逻辑(命题逻辑及一阶谓词逻辑)的逻辑规则进行推理,又称为机械-自动定理证明,主要方法有自然演绎推理、归结演绎推理及与/或形演绎推理。

基于规则的不确定推理是建立在非经典逻辑基础上的一种推理,是对不确定知识的运用与处理。不确定推理从不确定性的证据出发,运用不确定性的知识,最终推出具有一定程度的不确定性却是合理或者近乎合理的结论。基于规则的不确定推理主要包括概率推理和模糊推理两类。

2. 推理控制策略

基于规则的推理过程的效率不仅依赖于所采用的求解方法(如匹配算法、不确定性的传递算法等),而且依赖于推理的控制策略。基于规则的推理的控制策略由推理方向、搜索策略、冲突消解策略等构成。

1) 推理方向

推理方向是推理过程的驱动方式,分为正向(或向前)推理、反向(或向后)推理及混合推理三种。正向推理根据初始的征兆和事实,由系统逐步推出目标,也称为数据驱动推理、前向链推理、模式制导推理及前件推理等,是从原始事实出发,在知识库中找出当前可使用的知识,由提供的事实推断出结论的过程。反向推理以某个假设目标作为出发点进行推理,又称为目标驱动推理、逆向链推理、目标制导推理及后件推理等。反向推理从所做的假设开始,如果所做的假设得到证实,推理就成功地结束;如果假设不能确定或者根据某些证据说明是不成立的,这次推理就失败。可以把正向推理和反向推理结合起来,使其发挥各自的优势,取长补短,这种既有正向推理又有反向推理的推理称为混合推理。混合推理首先根据给定的原始数据或证据正向推理,得出可能成立的诊断结论,然后以这些结论为假设进行反向推理,寻找支持这些假设的事实或证据。

2) 搜索策略

规则搜索是指推理过程中寻找可用知识的过程,即如何确定推理路线,使其付出的代价尽可能少,并且问题又能较快地得到解决。比如,在正向推理中,对已知的初始事实,需要在知识库中寻找可使用的规则,这就存在按何种路线进行寻找的问题。另外,可能存在多种路线都可实现对问题的求解,这就又存在按哪一条路线进行求解以获得较高的运行效率的问题。像这样根据问题的实际情况不断寻找可利用的知识,从而构造一条代价较小的推理路线,使问题得到圆满解决的过程称为搜索。根据是否使用启发式信息,搜索可以分为盲目搜索和启发式搜索;也可以根据问题的表示方式分为状态空间搜索和与或树搜索。状态空间的盲目搜索中包括宽度优先搜索和深度优先搜索,启发式搜索策略包括局部择优搜索和全局择优搜索。

3) 冲突消解策略

在推理过程中,系统要不断使用当前已知事实与知识库中的规则进行匹配,当有多条规则都匹配成功时就会发生冲突。此时需要按一定的策略解决冲突,以便从中挑选一条规则用于当前推理,这一解决冲突的过程称为冲突消解。

所用的解决方法称为冲突消解策略。目前已有多种消解冲突的策略，其基本思想都是对规则进行排序，常用的排序规则有按针对性排序、按已知事实的新鲜度排序、按匹配度排序、按条件个数排序等。

5.1.2 示例分析

以基于规则的故障监测专家系统为例进行说明。基于规则的故障监测专家系统利用专家积累的实践经验，模仿专家分析问题和解决问题的思路，而且能够解释自己的推理过程。基于规则的故障监测专家系统运行过程中，首先确认遥测数据是否正确；然后检测各部件、分系统在不同时段、事件下的遥测参数，驱动专家知识对各分系统、部件进行分析诊断推理；最后对整星状态给出结论。

基于规则的专家系统无论是在理论上还是在工程上应用都很广泛，其缺陷主要是专家知识的局限性和专家知识规则化的困难。专家系统的好坏很大程度上取决于专家知识，因此，要建立基于规则且结合航天器特点的专家系统，首先要解决专家知识的描述问题，研究专家知识的表述规则，实现航天器多层次、多因素的实时异常状态检测。

卫星在轨状态检测规则必须考虑工作条件、正常范围、相互关系、变化规律、处理策略等。为确定卫星遥测参数的变化正常与否，需要考虑下述条件：

（1）外界环境，如受光照、辐射、地磁等多方面的影响；

（2）工作事件，如敏感器干扰保护、轨道位置保持；

（3）某一时间段，如星蚀季节；

（4）地面控制，如地面发送遥控指令进行某项控制；

（5）星上自主控制，如温度自主控制、能源自动调节。

下面以条件检测为例说明工程上常用的做法。条件检测表示遥测参数在特定条件下，判断遥测参数是否超限。根据检测门限获得方式的不同，可以将条件检测知识分为以下四种类型。

1. 管道型知识

管道型知识就是把参数报警上、下限作为管道，可以分时、分条件、分级别设置。例如，温度在光照区、阴影区两种情况下，参数相差很大，需要根据不同工作状态对应不同的上、下限管道进行检测报警。表 5-1 列出了某温度遥测参数的不同状态下的检测门限。

表 5-1 管道型知识示例

卫星代号	参数代号	检测上、下限	
		地影期	阳照期
A	B	−20°～50°	−5°～50°

2. 函数型知识

卫星设计时，某些遥测参数是按一定函数的变化规律变化的。卫星在轨时，当遥测参数超出经验公式给定的范围，即可检测出异常变化。这种检测手段通过函数运算得到，在不同的条件下门限值不同。表 5-2 列出了遥测某温度参数的函数型报警知识。从表 5-2 可以看出，遥测参数超限报警的门限不再固定，而是根据函数 $F(t)$ 的计算结果决定的，经验公式是一个随时间变化的函数，因此门限就是一个随时间变化的管道。这种类型的检测规则门限范围比较小，因此也比较精确。

表 5-2 函数型知识示例

卫星代号	参数代号	检测上、下限	$F(t)$ 为经验函数
A	B	$F(t)^{-}\sim F(t)^{+}$	

3. 变化量知识

计算当前时刻的遥测参数与历史任意时刻的同一遥测参数的变化量，判断当前数据的变化量是否超限。表 5-3 列出了遥测某温度参数的累积变化量报警知识。从表 5-3 可以看出，比对型检测是判断遥测参数的变化量，如果遥测参数以一个比较恒定的速度变化，则不会超限。如果参数的变化量超过了一定的范围，发生突变，即使没有超出设计门限，运用比对型方法也可以很容易地检测出异常。另外，选择不同的时间段也可以判断参数的累积量是否超限，如累计燃料的消耗量，假使一天无法看出，一个月就可以累积到一个比较大的量，由此可以判断出每个月的燃料消耗量是否超限。

表 5-3 变化量知识示例

卫星代号	参数代号	检测条件	$F(B,t)$ 标示参数 B 在 t 时刻的取值
A	B	$\mathrm{Abs}(B-f(B,t))\leqslant\Delta$	

4. 区间关联知识

卫星遥测参数在不同时段内的变化范围不同，如果提取这些时间区间，则相对来说对于遥测参数的超限判断会更加准确。因此，应该将参数正常范围与卫星工作模式、工作状态或工作方式关联，针对不同条件下其参数变化范围的不同,对参数异常进行检测。如表5-4所列,在工作时段3其参数包含了工作时段1及工作时段2,若卫星处于工作时段3则其参数B变化在-0.2~0.2之间,为正常状态,但是若此时不出于工作时段3,则应为异常状态。

表5-4 区间关联知识示例

卫星代号	参数代号	检测条件		
A	B	工作时段1	工作时段2	工作时段3
		-0.001~0.001	-0.04~0.04	-0.2~0.2

5.2 控制图方法

5.2.1 控制图简述

控制图是对过程数据加以测定、记录,并据此对过程进行控制管理的图形,如图5-1所示。控制图包括中心线(CL)、上控制界限(UCL)和下控制界限(LCL),以及按时间顺序近似等间隔抽样的统计量数值序列。

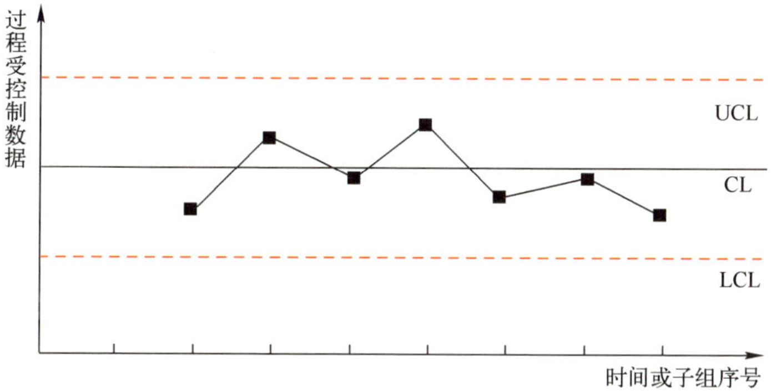

图5-1 控制图的基本组成

由于测量数据是抽样得到的,因此即使系统状态是正常的,统计量数据仍然有可能超过上、下限,导致状态检测错误。比如,将报警线设置为$\mu-3\sigma$和$\mu+3\sigma$,则即使状态正常,仍有0.27%的概率落在报警限之外,这里的0.27%表示报虚警概率,用α表示,如图5-2左侧所示。同理,在系统处于异常状态的情况下,统计量观测值仍有可能落在报警线内,并且根据规则被判断为状态正常,这时发生的错误为漏报,一般用β表示犯错误的概率,如图5-2右侧所示。

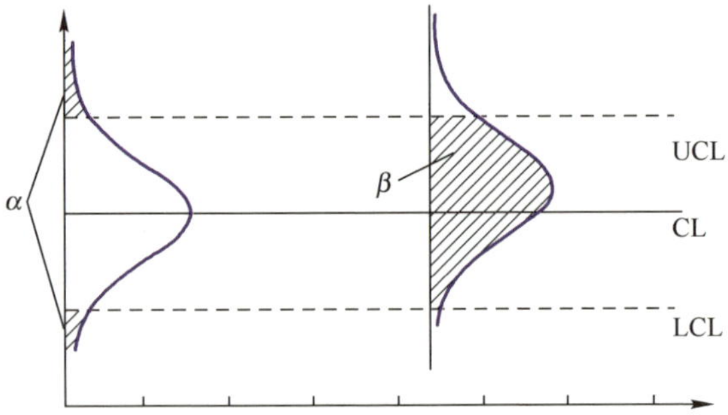

图 5-2　两类错误

在控制图上,中心线是固定的,能够改变的是上、下控制线的间距。间距增大,则 α 减小、β 增大;反之,则 α 增大、β 减小。因此,实际上需要根据这两类错误造成的总损失最小来确定上、下控制界限。

为了评价控制图对异常状态检测的能力,引入运行链长的概念。运行链长有两类:一类是受控状态的运行链长,用 ARL_0 表示;另一类是失控状态的运行链长,用 ARL_1 表示,如图 5-3 所示。受控状态的运行链长是数据状态未发生改变时,从开始应用控制图到发现第一个异常点为止控制图中数据点的个数。失控状态的运行链长是指数据状态开始改变到控制图上第一个点超出界限为止的数据点个数。由两类错误的概率 α 和 β 的定义可知

$$ARL_0 = 1/\alpha, ARL_1 = 1/(1-\beta)$$

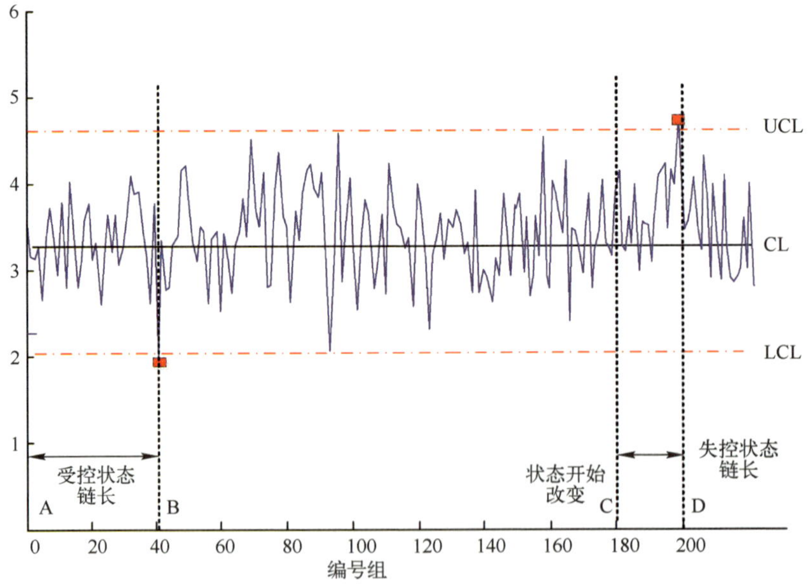

图 5-3　两类链长

两类运行链长的物理意义：ARL_0为过程处于受控状态下，发出一次错误警报所需观测点数的期望值；ARL_1为过程失控状态下，从发生异变到被检测出来所需的观测点数的期望值。可以说，ARL_0反映了控制图的稳定性，ARL_1反映了控制图的灵敏性。通常将失控状态的运行链长称为平均链长，用 ARL 表示，这是目前使用最普遍的衡量静态控制图性能的手段。

5.2.2 休哈特控制图

休哈特控制图要求从过程中以近似等间隔抽取数据。此间隔可以用时间来定义（如每小时）或者用数量来定义（如每批）。这样抽取的数据在过程控制中称为子组。从每一子组得到一个或多个子组特性，如子组平均值$\overline{X}$、子组极差 R 或标准差 s。常规控制图就是给定的子组特性值与子组号对应的一种图形，如图 5-4 所示。它的中心线是所点绘子组特性的基准值。

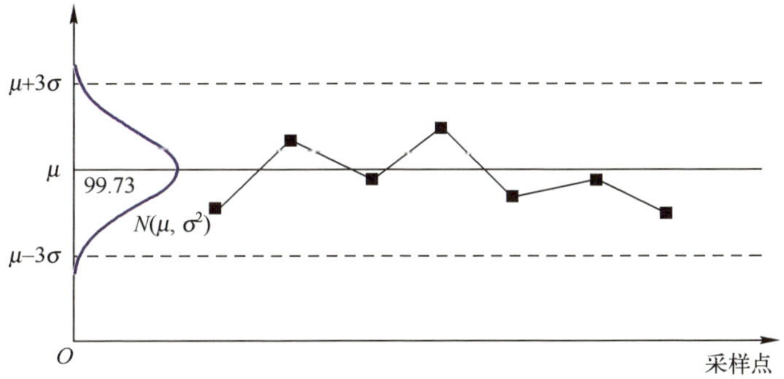

图 5-4 休哈特控制图示例

休哈特控制图主要有计量控制图和计数控制图两种类型。连续观测数据如卫星在轨运行数据，主要涉及计量控制图。常见的计量休哈特控制图主要有三类：平均值($\overline{X}$)图与极差(R)或标准差(s)图；单值(X)图与移动极差(R)图；中位数(Me)图与极差(R)图。

下面以常用的平均值($\overline{X}$)图与极差(R)图为例来说明休哈特控制图的绘制：

(1) 搜集数据，计算平均值($\overline{X}$)和极差(R)；

(2) 计算极差图(R)的 CL、UCL、LCL 并绘制 R 图；

(3) 剔除所有受到已识别的可查明原因影响的子组，然后重新计算并点绘新的平均极差($\overline{R}$)和控制限，根据判异准则，观察判断极差控制图是否处于统计控制状态；

(4) 由于从 R 图中剔除了子组，则也应该将它从($\overline{X}$)控制图中除去，计算$\overline{X}$

图的 CL、UCL、LCL 并作图绘制$\overline{X}$图，根据判异准则，观察判断均值控制图是否处于统计控制状态。

在绘制休哈特控制图时，对标准值未给定和标准值给定两种情况，有不同的处理方式。标准值即为规定的要求或目标值，对于正态分布是其所对应的均值与标准差。标准值未给定时，此时控制图的目的是发现所点绘特性（如$\overline{X}$、R）观测值本身的变差是否显著大于仅由偶然原因造成的变差。这种控制图完全基于子组数据，用来检测非偶然原因造成的变差，检测子组数据的统计特性是否在局部发生了改变。标准值给定时，标准值可以是预期的期望值，或者根据多组先验数据的统计特性，在异常检测过程中用来检验子组数据的统计特性是否相对于正常状态发生变化。

在出厂时，卫星遥测参数一般会有一个标准值，但是由于实际工作环境的影响，其标准值一般通过一段时间内正常遥测参数值的统计得到。

休哈特控制图一般都是成对使用，一个用来描述均值的变化，如均值图、单值图、中位数图；另一个用来数据的波动性，即方差的变化，如极差图，移动极差图、标准差图。对于平均值（$\overline{X}$）图与极差（R）图，其所对应的异常判断见表 5-5。

表 5-5　平均值（$\overline{X}$）图与极差（R）图警告组合及其原因

情　况	平均值图	极差图	判　断
1	告警	未告警	μ 变化
2	未告警	告警	σ 变化
3	告警	告警	σ 变化，μ 变化是否发生应视具体情况而定
4	未告警	未告警	正常

利用控制图判别异常的规则通常有两类，包括点出界和界内点排列分布有规律。为了方便判异，将中心线与上控线、中心线与下控线之间的区域分别等分为三个区域，分别命其为 A 区、B 区、C 区，如图 5-5 所示。

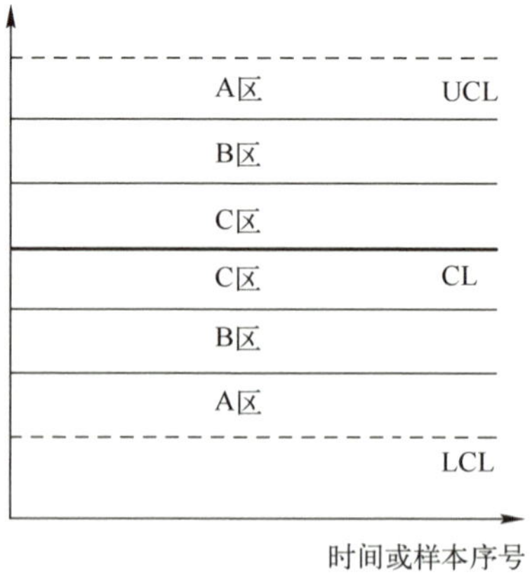

图 5-5　休哈特控制图区域的划分

常用判异准则如下：

（1）测量点出现在 A 区之外；

（2）连续 9 点出现在中心线同侧；

（3）连续 6 点单调递增或递减；

（4）连续 14 点上下交替出现；

(5) 连续 3 点中的 2 点出现在中心线同侧 A 区；
(6) 连续 5 点中的 4 点出现在中心线同侧的 B 区或 A 区中；
(7) 连续 15 个点出现在中心线两侧的 C 区：
(8) 连续 8 点出现在中心线两侧且全部不在 C 区。

5.2.3 累积和控制图

休哈特控制图的缺点是只利用了过程当前数据点的信息，而没有充分利用整个过程的样本信息，故对过程微小波动的监控不够灵敏。1954 年，Page 应用序贯分析原理将一系列样本点的微小信息累积起来，提出累积和控制图，提高对小波动的检测灵敏度。

序贯概率比检验是每次只从待检的一批产品中抽检一个样品，然后根据过去抽检的各样品的测试结果，比较在两种不同假设 H_0、H_1 下出现观测结果的概率，并根据这两种概率的比值（统计上称为 H_1 对 H_0 的似然比）进行判断。如果似然比远大于 1，说明 H_1 成立的可能性大；如果似然比远小于 1，说明 H_0 成立的可能性大。如果两种假设下的概率相差不大，则继续抽检下一个样品，再重复上述过程，直到能明确做出接受 H_0 或 H_1 的假设为止。

设监测的数据 X_i 服从正态分布 $X \sim N(\mu, \sigma^2)$，在累积和控制中对均值 μ 进行监控，希望 μ 稳定在目标值 μ_0 附近。当 μ 由 μ_0 偏移到 μ_1 时，控制图尽快发出报警。S_m 表示 m 个观测值的均值对目标值偏差的累积和，即 $S_m = \sum_{i=1}^{m}(X_i - \mu_0)$，描点 (m, S_m) 即得到累积和的轨迹，如图 5-6 所示。当数据围绕目标值 μ_0 波动时，轨迹应与水平线 0 基本重合，当过程中均值 μ 发生上偏时，轨迹会向上倾斜；反之会向下倾斜。所以可以用点 (m, S_m) 向上或向下变化的趋势作为过程均值发生变化的判断依据。

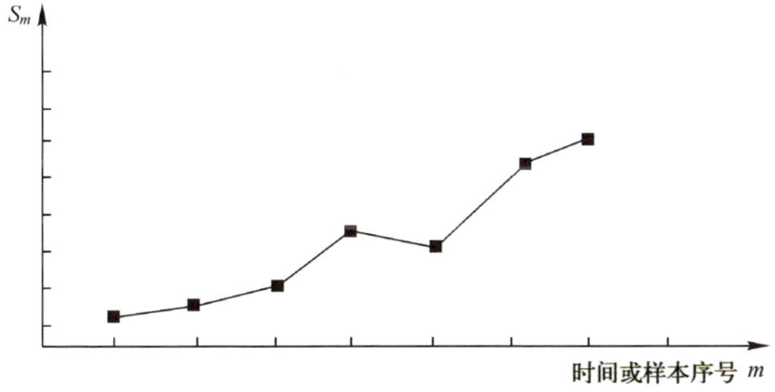

图 5-6　累积和示意图

累积和控制图常用的方法包括 V 型模板法和列表法，其中 V 型模板法是最早使用的，列表法是为了便于计算机编程而进行的改进。目前一般使用列表法。

V 型模板的形状由参数 d 和 θ 决定，如图 5-7 所示，其中 d 为前置距离，表示 V 型模板基点 p 到顶点 o 之间的样本数；θ 为 V 型半角，表示模板两边夹角的一半。

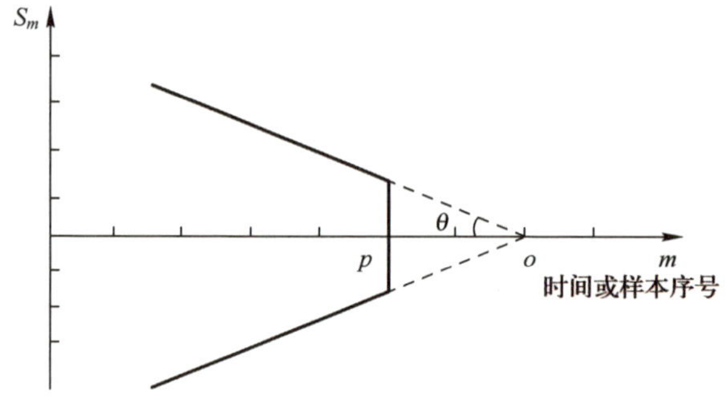

图 5-7　V 型模板示意图

设 δ_X 为样本 X 的标准差，α 和 β 分别为第一类和第二类错误概率，Δ 为可允许的均值偏移量，则 d 和 θ 的计算公式如下：

$$d=\frac{2}{\delta^2}\ln\frac{1-\beta}{\alpha},\quad \theta=\arctan\frac{\Delta}{2A}$$

式中：$\delta=\Delta/\delta_X$；A 为刻度因子，表示纵轴上一个刻度单位相当于横轴上 A 个刻度单位，通常 A 取 $\delta X\sim 2\delta X$ 间的值。

V 型模板的形状也可以用数 H 和 K 决定，H 称为判定距，是 V 型模板上点 p 高度的一半，K 称为参考值，是 V 型模板一侧边界的斜率，由以下公式计算：

$$H=\frac{\Delta}{\delta^2}\ln\frac{1-\beta}{\alpha},\quad K=\frac{\Delta}{2}$$

列表法是对 V 型模板法改造成更适合计算机编程的形式而得到的。在双边控制时，列表法需要计算两个累积和：

$$S_+(m)=\max[0,X_m-K_1+S_+(m-1)]$$
$$S_-(m)=\max[0,K_2-X_m+S_-(m-1)]$$
$$S_-(0)=S_+(0)=0,K=\Delta/2$$

式中：Δ 为可允许的均值偏移量；$K_1=\mu_0+K$；$K_2=\mu_0-K$；$S_+(m)$ 用来发现过程向上偏移；$S_-(m)$ 用来发现过程向下偏移。

将 $S_+(m)$ 与 $S_-(m)$ 与判定距 H 比较，以判别过程的变化趋势：若 $S_+(m)\geqslant H$，则说明过程向上发生了偏移；若 $S_-(m)\geqslant H$，则说明过程向下发生了偏移。

5.2.4 应用示例

选择$-Y$方向蓄电池放电电流数据，采样间隔为1s，如图5-8所示，共7×24×3600个数据点。图5-9是图5-8的观测值的经验分布，可以看出放电电流主要在三个数值上变化。

图5-8 蓄电池放电电流数据

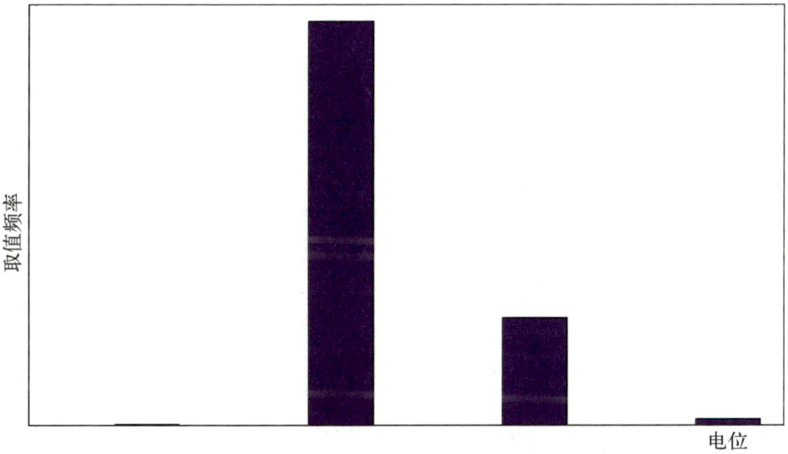

图5-9 经验分布

由图5-8可知，放电电流波动性较大，故单独选择一个点（每隔1s的数据）绘制控制图是不合理的。为此，选择连续60点（1min内的观测数据）的均值作为受控制量，图5-10是连续60点所做的均值图，可知在原始数据做较大波动时，重新分组后的均值仍有较大波动，图5-10中所有点计算的标准差为σ_1，

图 5-11 是 60 个点方差图，可见方差变化是稳定波动的。

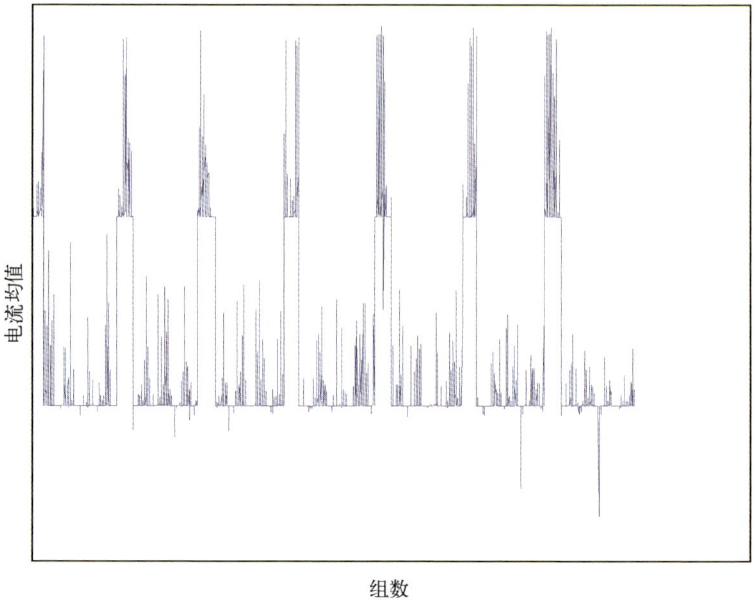

图 5-10　以 60 个采样点为 1 组后均值图

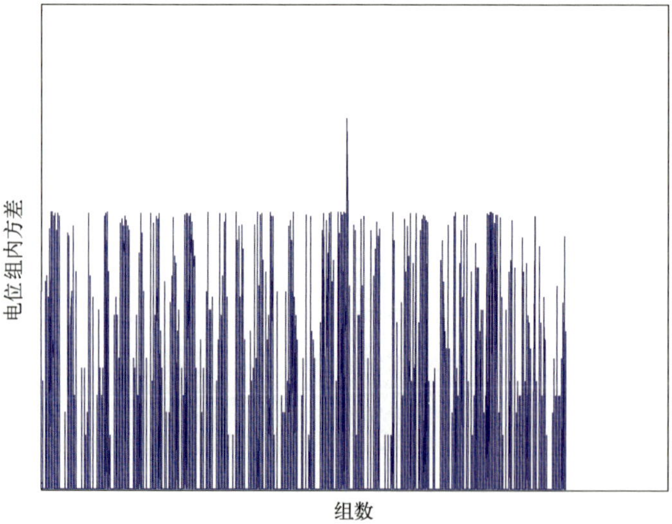

图 5-11　以 60 个采样点为 1 组后方差图

上述$-Y$方向蓄电池放电电流数据为正常数据，下面引入异常数据来说明基于控制图的异常状态检测方法。这里异常数据表现为数据的均值或方差的变化。

1. 均值变化检测

如图 5-12 和图 5-13 所示，对 7 天的数据在第 4 天后整体向上平移了 $0.5\sigma_1$。应用休哈特控制图与累积和控制图对植入异常的数据进行检测，每小时均匀抽取 5 组数据在控制图上作为一个点，控制图上共 7×24 个点。

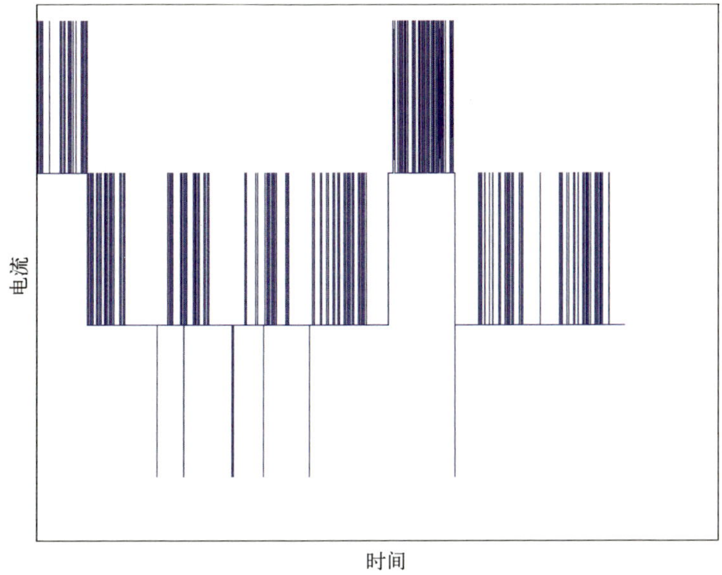

图 5-12　原始数据

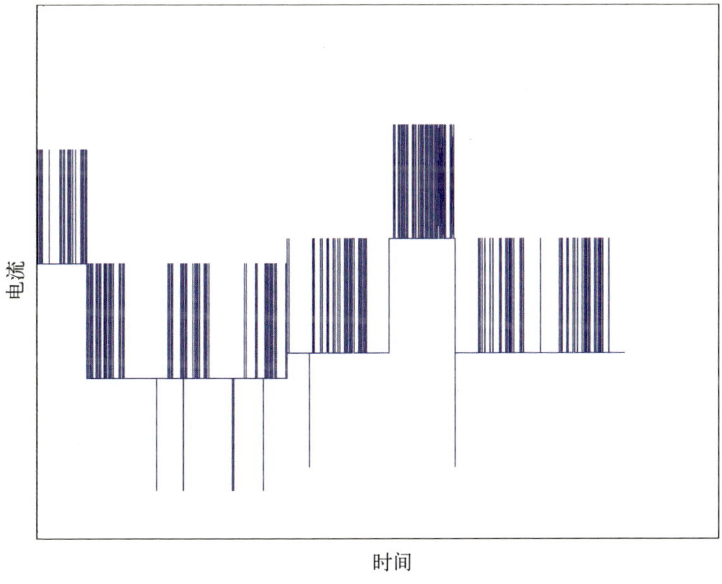

图 5-13　植入异常的数据

图 5-14~图 5-16 为依据前面所述绘制的休哈特控制图的均值-极差控制图,以及累积和控制图。可知休哈特均值控制图在第 110 小时时超限,而极差控制图没有超限,可以判断为数据均值异常。

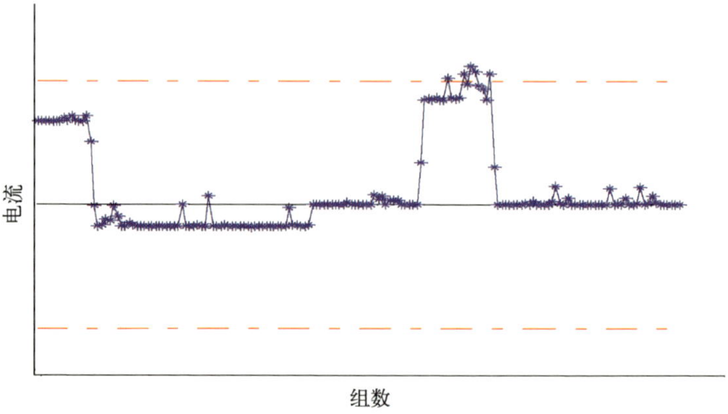

图 5-14　放电电流休哈特均值控制图

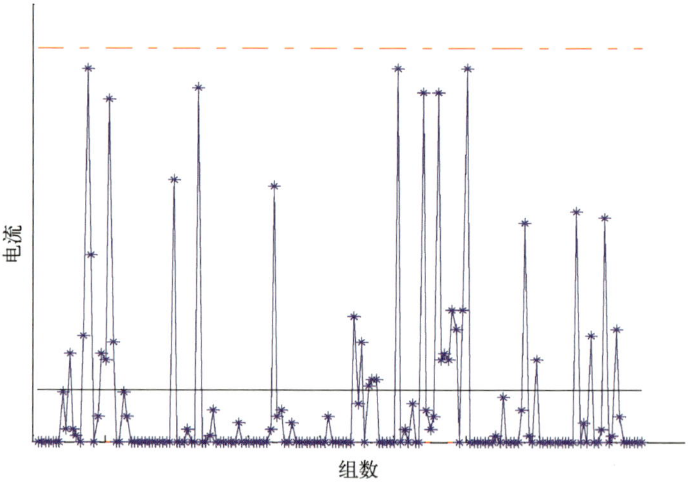

图 5-15　放电电流休哈特极差控制图

2. 方差异常检测

图 5-17 和图 5-18 是对 7 天的数据在第 4 天后的数据混杂一个标准差为 $0.5\sigma_1$ 的白噪声,应用休哈特控制图与累积和控制图对植入异常的数据进行检测,每小时均匀抽取 5 组数据在控制图上作为一个点,控制图上共 7 ×24 个点,

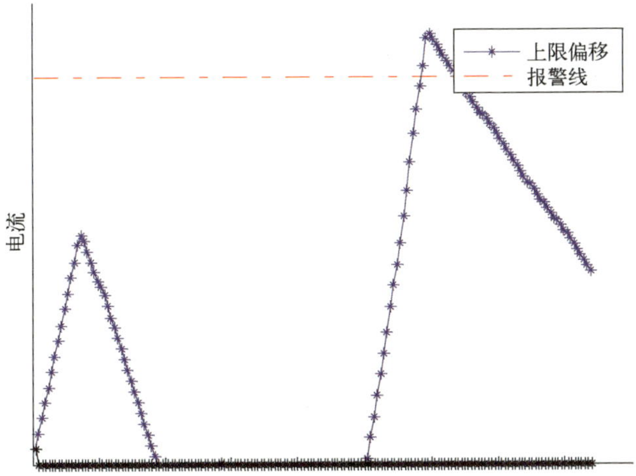

图 5-16　放电电流累积和控制图

绘制的休哈特控制图的均值-极差控制图如图 5-19 和图 5-20 以及累积和控制图如图 5-21 所示。由图可知，休哈特极差控制图超限，而均值控制图没有超限，可以判断为数据方差异常，累积和控制图同样也没有超限。

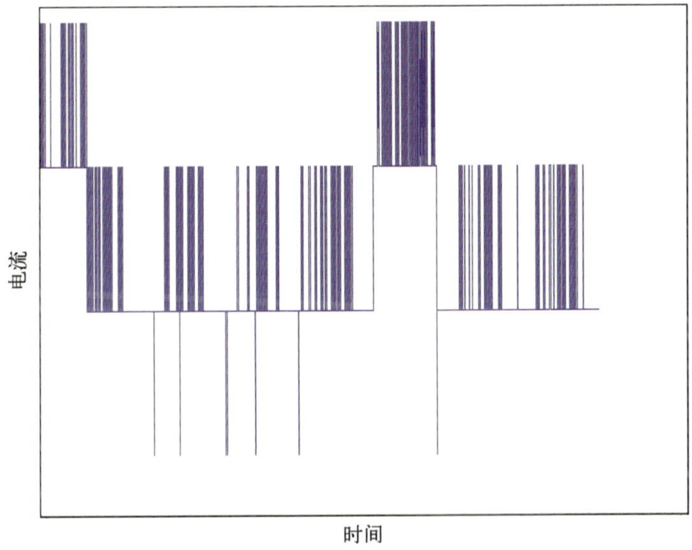

图 5-17　原始数据

对于像这类-Y 方向蓄电池放电电流数据，数值在多个值之间跳动，且符合正态分布的情况，应用休哈特控制图与累积和控制图能够识别出数据的均值和

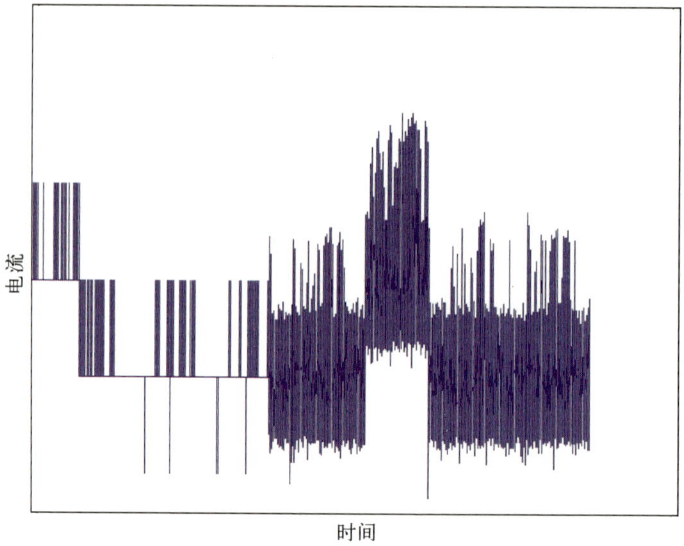

图 5-18 植入异常的数据

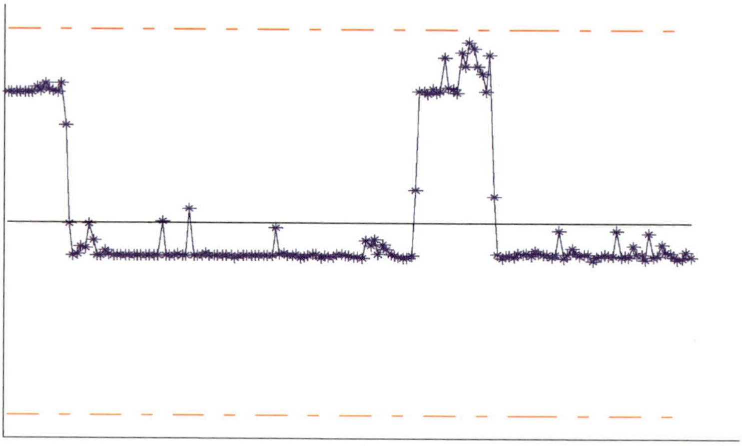

图 5-19 电源放电数据休哈特均值控制图

方差异常。但是,对数值周期性变化的非正态数据,应用控制图需要合理设置其上、下限,并且在正常数据明显偏离其均值时,休哈特控制图的均值图数值会很大,累积和控制图数据曲线变化很大。

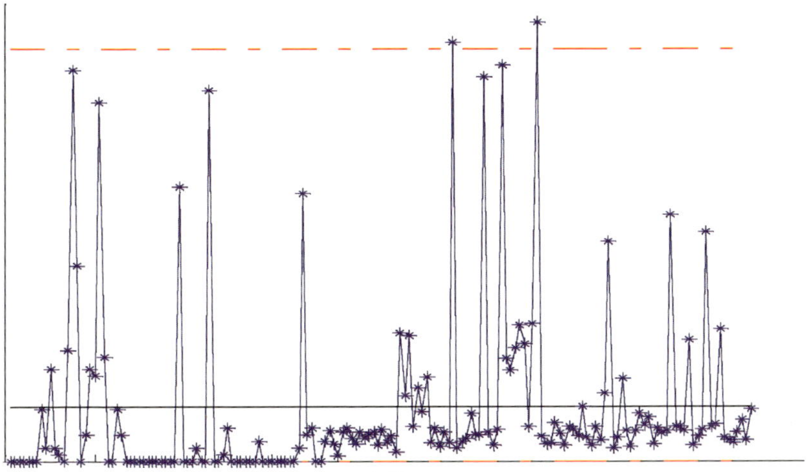

图 5-20　电源放电数据休哈特极差控制图

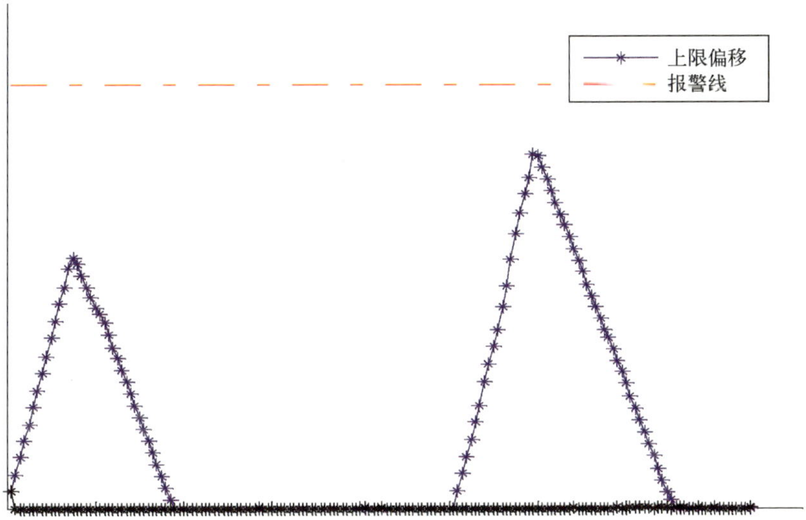

图 5-21　电源放电数据累积和控制图

5.3　相似度方法

基于相似度的异常状态检测方法的核心是度量当前状态与正常状态的相似度,并根据相似度的门限判断当前状态是否异常。另外,通过将当前状态与模板状态进行匹配，相似度方法还可以用来确定状态异变的类型。

根据匹配时所采用的数据是原始数据还是特征数据，相似度分析可分为信号相似度分析和特征相似度分析两类。前者直接计算测点信号与模板信号的相似度，该方法简单直接，但是受原始数据形态、抽样率、缺失、噪声等影响较大。特征相似度分析首先对测点信号提取特征，如采用时频域变换方法、数学形态学方法、分形分析方法等，获得原始信号的特征数据；再将测点信号特征与模板信号的特征进行对比，计算相似度。

基于相似度的异常检测方法的前提是确定相似度的度量方法。相似度计算是否准确合理，是基于相似度的检测方法成功的关键。目前常用的相似度度量包括基于距离的方法、基于相似系数的方法和基于似然比的方法。基于似然比的方法一般涉及比较复杂的概率模型，通过概率模型计算两个序列相似的概率。这里主要介绍基于距离的方法和基于相似系数的方法。

5.3.1 基于距离的方法

关于相似度的计算，现有的方法主要是基于向量距离的，即将测量数据和模板数据视为向量，计算两个向量的距离，距离越近，相似度越大。典型的包括基于欧几里得距离、切比雪夫距离、闵可夫斯基距离、马哈拉诺比斯距离等。

1. 常用的距离定义

设 x、y 是 n 维欧几里得空间的两个点，它们之间的欧几里得距离为

$$d(x,y)=\sqrt{\sum (x_i-y_i)^2}$$

可以看出，当 $n=2$ 时，欧几里得距离就是平面上两个点的距离。用欧几里得距离表示相似度，一般采用以下公式进行转换：

$$\mathrm{sim}(x,y)=\frac{1}{1+d(x,y)}$$

据此定义的相似度意味着，距离越小，相似度越大。

除欧几里得距离外，还有很多其他的距离可用于度量序列相似性。

1) 闵可夫斯基距离

x 和 y 之间的闵可夫斯基(Minkowski)距离(也称明氏距离)为

$$d(q)=\left[\sum |x_i-y_i|^q\right]^{\frac{1}{q}}$$

式中：q 为正整数。特别的，当 $q=1$ 时，称为绝对值距离；当 $q=2$ 时，称为欧几里得距离；当 $q\to\infty$ 时，$d(\infty)=\max\limits_i |x_i-y_i|$ 称为切比雪夫距离。

2）兰氏距离

当序列取正值时，定义 x 和 y 之间的兰氏（Lance&Williams）距离为

$$d(L)=\sum \frac{|x_i - y_i|}{x_i + y_i}$$

兰氏距离与各变量的单位无关，对较大异常值不敏感，故适用于高度偏斜的数据。

3）马哈拉诺比斯距离

x 和 y 之间的哈拉诺比斯（Mahalanobis）距离（简称马氏距离）为

$$d(M)=\sqrt{(x-y)\boldsymbol{S}^{-1}(x-y)^{\mathrm{T}}}$$

式中：$\boldsymbol{S}$ 为样本协方差矩阵。若将 $\boldsymbol{S}$ 换为对角矩阵 $\boldsymbol{D}$，其中 $\boldsymbol{D}$ 的对角线上第 k 个元素为第 k 个时刻参数值的方差，则此时的距离称为标准化欧几里得距离。

4）斜交空间距离

x 和 y 之间的斜交空间距离为

$$d^{*}=\left[\frac{1}{n^2}\sum_{k=1}^{n}\sum_{l=1}^{n}(x_k - y_k)(x_l - y_l)r_{kl}\right]^{\frac{1}{2}}$$

式中：r_{kl}为分量 x_k与分量 y_l间的相关系数。

2. 基于 DTW 的异常检测

传统距离度量方式要求两段序列长度一致，点与点对齐。但在卫星遥测数据中，一种模式虽然会重复出现，但其持续的时间长度并不是完全固定的，因此传统方法就不再适用。为了解决不同长度时间序列之间距离的度量，日本学者 Itakura 提出 DTW 算法，该方法可以不受序列长度的限制。

DTW 通过对时间序列的时间轴进行局部缩放从而使序列的关键点对齐，如图 5-22 所示，DTW 算法在计算相似度时先将红色序列与黑色序列按照虚线进行对齐，使两序列的尖点一一对应，然后计算距离。

DTW 的数学基础是一种基于动态规划（DP）思想的衡量两个时间序列相似度的方法，该方法的最大特点是通过对时间序列的局部缩放，即对映射路径进行动态规划，使相似度计算不受序列长度一致性的限制。DTW 算法的基本思想如下：

假设标准参考模板 $\boldsymbol{R}$ 是一个 M 维向量，每个分量可以是一个数或者是一个更小的向量。

$$\boldsymbol{R}=\{R(1),R(2),\cdots,R(m),\cdots,R(M)\}$$

待测试序列 $\boldsymbol{T}$ 是一个 N 维向量，同样每个分量可以是一个数或者是一个更小的向量，注意 M 不一定等于 N，但是 $\boldsymbol{R}$ 和 $\boldsymbol{T}$ 的每个分量的维数应该相同。

$$\boldsymbol{T}=\{T(1),T(2),\cdots,T(m),\cdots,T(N)\}$$

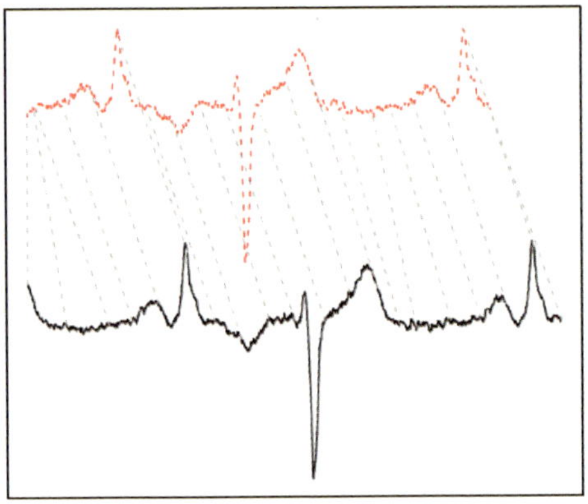

图 5-22　DTW 算法序列映射关系

由于 M 不一定等于 N,现在要计算 $\boldsymbol{R}$ 和 $\boldsymbol{T}$ 的相似度,就不能用传统的欧几里得距离等度量方法。在运用 DTW 前,首先计算 $\boldsymbol{R}$ 的每一个分量和 $\boldsymbol{T}$ 中的每一个分量之间的距离,形成一个 $M\times N$ 的矩阵。距离矩阵的计算通常采用欧几里得距离。现定义路径为规整路径,并用 W 来表示,W 的第 k 个元素是一个二元组,表示为 $w_k=(i,j)_k$,它定义了序列 $\boldsymbol{R}$ 和 $\boldsymbol{T}$ 的映射。即

$$W=w_1,w_2,\cdots,w_k,\cdots,w_K,\max(m,n)\leqslant K<m+n-1$$

路径 W 需要满足三个条件:

(1) 边界条件:$w_1=(1,1)$ 和 $w_K=(m,n)$。即任何一种时间序列各部分的先后次序不可能改变,因此所选的路径必定是从左下角出发,在右上角结束。

(2) 连续性:如果 $w_{k-1}=(a',b')$,则路径的下一个点 $w_k=(a,b)$ 满足 $a-a'\leqslant 1$ 和 $b-b'\leqslant 1$ 。即不可能跨过某个点匹配,只能和自己相邻的点对齐。这样可以保证 $\boldsymbol{R}$ 和 $\boldsymbol{T}$ 中的每个坐标都在 W 中出现。

(3) 单调性:如果 $w_{k-1}=(a',b')$,那么对于路径的下一个点 $w_k=(a,b)$ 满足 $a-a'\geqslant 0$ 和 $b-b'\geqslant 0$ 。这限制 W 上面的点必须是随着时间单调进行的。

结合连续性和单调性约束,每一个格点的路径就只有三个方向。例如,如果路径已经通过了格点(i,j),那么下一个通过的格点只可能是$(i+1,j)$、$(i,j+1)$或者$(i+1,j+1)$三种情况之一。因此,如下公式所述,可以定义 DTW 路径为在所有可能的路径中,使累积距离和最小的路径,该累积距离就是 DTW 距离。

$$\mathrm{DTW}(R,T)=g(i,j)=\min(\gamma_1,\gamma_2,\gamma_3)$$

$$\begin{cases}\gamma_1=g(i,j-1)+d(i,j)\\ \gamma_2=g(i-1,j-1)+k\cdot d(i,j)\\ \gamma_3=g(i-1,j)+d(i,j)\end{cases}$$

下面通过仿真示例说明 DTW 方法。图中蓝色信号曲线为标准正弦信号叠

加方差为 0.01 的白噪声，图 5-23 中橙色信号 ref 为标准正弦信号，两信号的 DTW 距离为 1.003，图 5-24 中橙色信号 ref 为叠加缓变量的正弦信号与测试信号的 DTW 距离为 1.441。通过对比可以看到，即使信号中含有噪声，也能将不同信号的微小差异度量出来，也就是说 DTW 算法具有一定的抗噪能力。从图 5-25 和图 5-26 中可以看到，不同形式的信号与蓝色测试信号之间的距离不一样，信号形态与测试信号越相似，DTW 距离越小，因此可以通过 DTW 算法识别含噪声信号的模式。

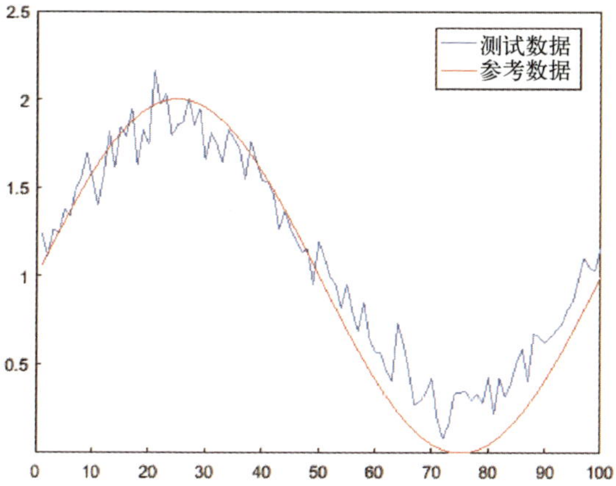

图 5-23　含噪声信号与标准信号计算结果

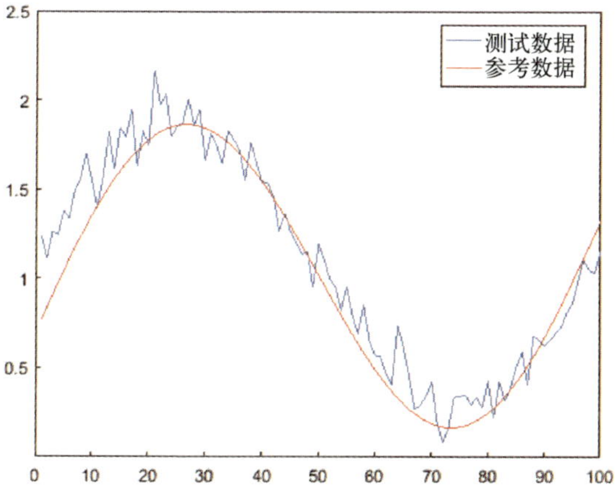

图 5-24　含噪声信号与变形信号 1 计算结果

DTW 算法的特点是能自动寻找两信号之间最优映射关系，实现对长度不一致的信号进行相似度匹配，图 5-27 和图 5-28 中蓝色信号是标准正弦信号在三处进行局部缩小后的变形信号，图 5-27 中橙色信号为标准正弦信号，

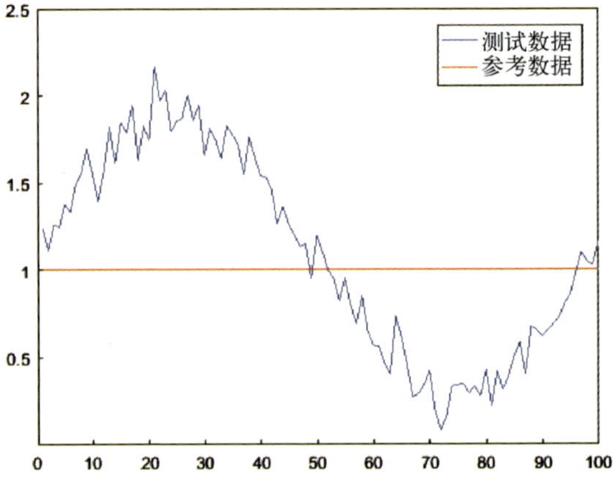

图 5-25　含噪声信号与稳定信号计算结果

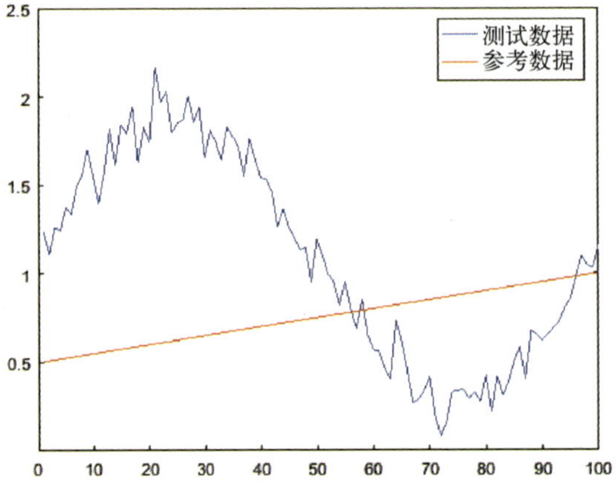

图 5-26　含噪声信号与单增信号计算结果

图 5-28 中橙色信号为叠加趋势项的正弦信号,通过 DTW 距离的计算发现,变形信号与标准信号的 DTW 距离为 0.443,而与叠加趋势项后的正弦信号之间 DTW 距离为 1.261,因此变形信号与标准正弦信号更为相似。这就证明了 DTW 算法能识别检测变形信号的模式。

根据这一异常模式检测思想,提出基于 DTW 的异常检测算法:

(1) 数据预处理,包括重排序、剔除野值、降噪等。

(2)根据遥测数据对应的对象,设定模式提取规则,从遥测数据中提取所有工作模式。例如蓄电池分为充电模式、放电模式、满电模式三种模式,对蓄电池电量遥测数据设定模式提取规则:电量增加为充电模式;电量迅速下降为放电模式、电量平稳且电压等于满电电压则为满电模式。

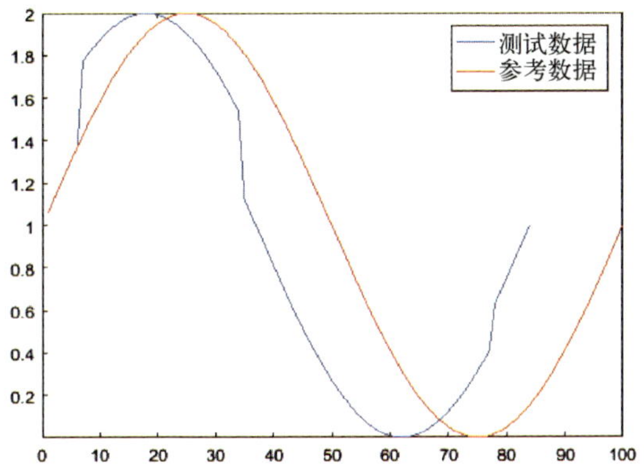

图 5-27　变形信号与标准信号计算结果

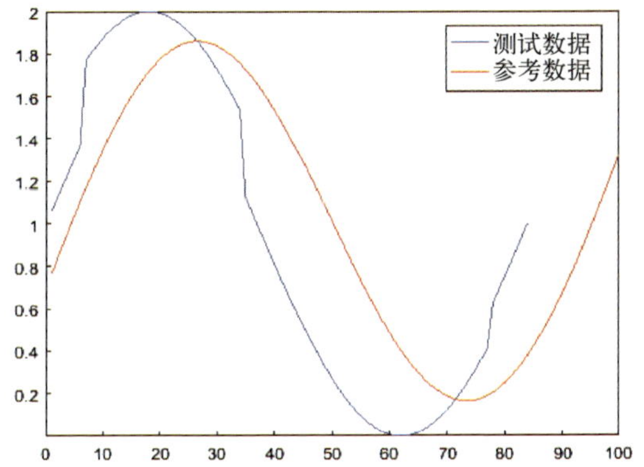

图 5-28　变形信号与变形信号 2 计算结果

(3) 按照设定的提取规则对正常状态的遥测数据进行模式划分,并对划分出来的子序列$\{x\}_i,\cdots,\{y\}_j,\cdots,\{z\}_k,\cdots$按工作模式归类,构成工作模式集合$\{X_1,X_2,\cdots,X_i,\cdots\}$。

(4) 对每一个工作模式子集 X_i,计算子集内所有已知为正常状态的子序列之间的相似度,构成标准模式选择矩阵 C_i。

(5) 计算矩阵 C_i中各列的方差,选择方差最小的列对应的子序列 $x_{i,l}$作为工作模式 X_i的标准序列,即标准工作模式。并根据矩阵中该列的均值和方差按照一定原则设定异常检测门限 r_i。

(6) 将待检测数据按步骤(2)中设定的划分标准划分子序列,并归类。

(7) 计算划分的子序列与对应工作模式的标准工作模式之间的 DTW 距离作为其相似度,相似度大于所设定门限的判断为异常状态。

3. 应用示例

卫星运行过程中,电源系统中蓄电池的工作状态可分为充电状态、放电状态和满电状态。图 5-29 为某高轨卫星蓄电池的重点遥测数据,可以看到由于卫星平稳地绕地球工作,光照条件及荷载的周期和形式相对固定,因此蓄电池的三种工作状态具有较好的重复性。从如图 5-29 所示的该段数据自相关函数可以看到延时为 500 单位时间的自相关性最好,此时自相关系数大于 0.8,即为强相关,说明周期性较好。

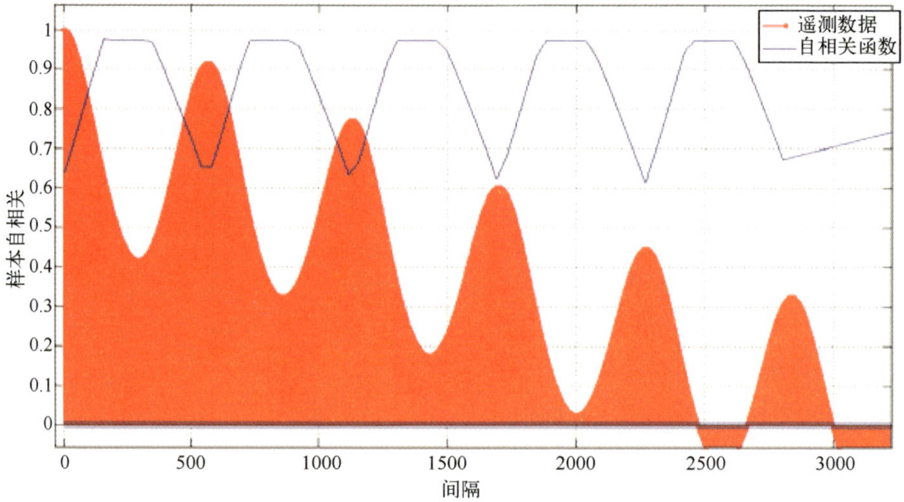

图 5-29 蓄电池电量及其自相关函数

分析该星的电池组充电电流和电池组电压,如图 5-30 所示,正常状态下 5 次充放电过程基本一致,其中充电过程见图中 $C_1 \sim C_5$ 框,可以看到虽然充电电流形式类似,但 C_2 段充电过程持续时间要短于其他 4 次充电过程,因此传统的计算相似度方法不再适用,而本节提到的 DTW 异常检测方法则不受限制。因此采用 DTW 距离对蓄电池工作状态进行检测。

卫星电源系统电池充电异常模式检测过程如下:

(1) 取出 30 段电池充电过程的电池电量数据,计算两两之间的 DTW 距离。

(2) 选择与其他充电过程 DTW 距离构成的数列中方差最小的充电过程作为标准充电过程。

(3) 计算标准充电过程与数据中全部 160 次充电过程的 DTW 距离。

(4) 取前 50 次正常充电过程的 DTW 距离,按 3σ 准则计算异常模式检测门限。

(5) 检测 DTW 距离大于门限的点,作为异常充电模式。

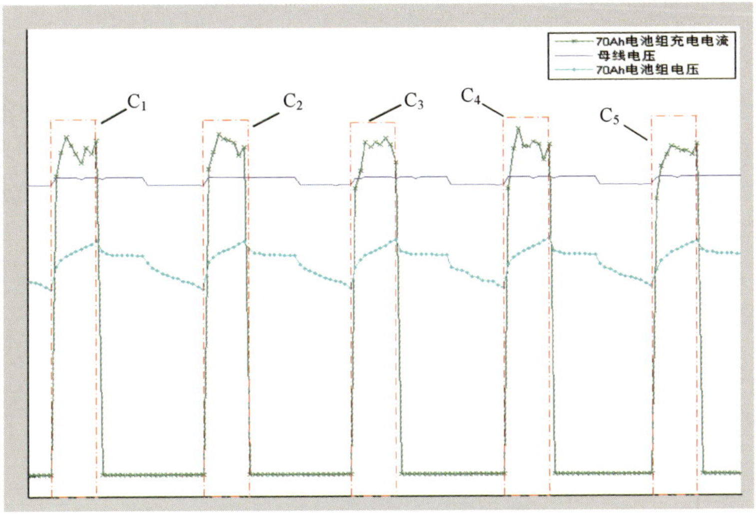

图 5-30　电源异常遥测数据

由图 5-31 的检测结果可以看到,由 DTW 异常模式检测法能在第 113 次充电过程将异常情况检出,该次充电正是发生异常后第一次充电过程。由图 5-32 传统门限检测法检测结果可以看到,由于其门限过低,只能在第 117 次充放电过程中检测出异常,而此时蓄电池处于深度放电状态,对电池带来很大损害,减少了蓄电池的使用寿命。

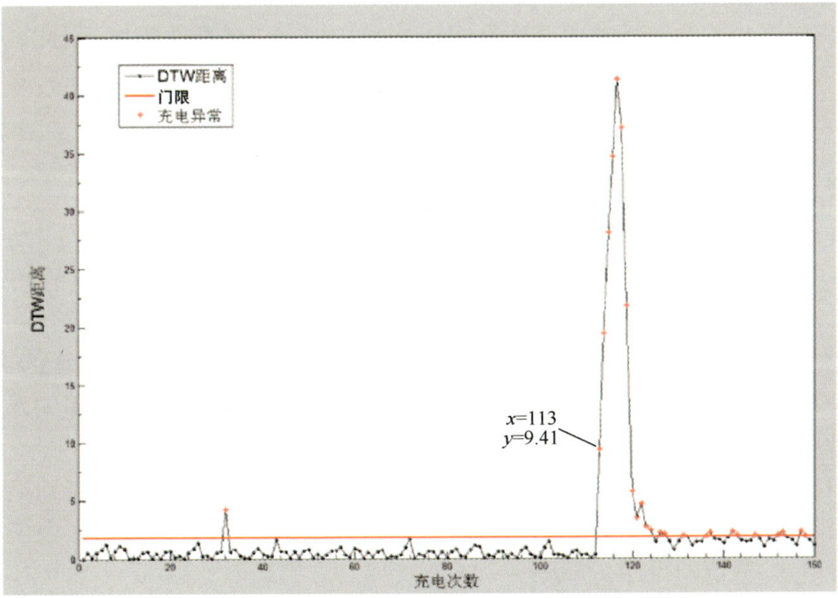

图 5-31　DTW 法异常模式检测结果

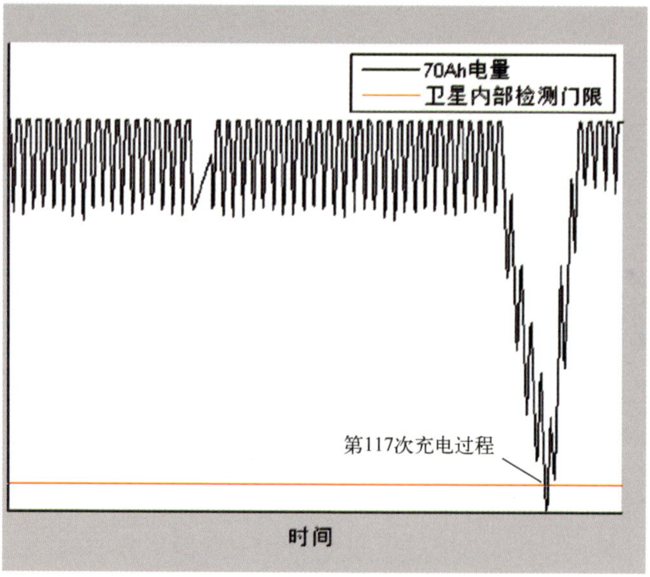

图 5-32　传统门限法检测结果

5.3.2 相似系数方法

聚类分析中常用的相似系数有相关系数和夹角余弦两种。

1. 相关系数

皮尔逊相关系数反映两个变量线性“变大或变小”的相关程度，因此可用于表征两个定距变量间联系的紧密程度。对于两个时间序列信号 x 和 y，其相关系数定义为

$$r(x,y)=\frac{n\sum x_iy_i-\sum x_i\sum y_i}{\sqrt{n\sum x_i^2-\left(\sum x_i\right)^2}\sqrt{n\sum y_i^2-\left(\sum y_i\right)^2}}$$

$r(x,y)$ 取值介于 $[-1,1]$ 之间，其绝对值越大，表示两个序列的相似性越好。

在度量相似度时，皮尔逊相关系数并不是最好的选择，也不是最坏的选择，只是因为其容易理解，在早期研究中经常被提起。使用皮尔逊线性相关系数必须假设数据是成对取得，并且数据至少在逻辑范畴内是等间距的。

利用按大小排列后的数值的序号计算皮尔逊线性相关系数，就得到斯皮尔曼秩相关系数。斯皮尔曼相关度的计算舍弃了真实的数值，但保留了数值的本质特性——数值的排序。

2. 余弦相似度

余弦相似度定义为两个向量之间的夹角的余弦,即

$$T(x,y)=\frac{\sqrt{\sum x_i y_i}}{\sqrt{\sum x_i^2 \sum y_i^2}}$$

在三角系数中,角的余弦值是在[-1, 1]之间的,0°角的余弦值是1,180°的余弦值是-1。相比距离度量,余弦相似度更加注重两个向量在方向上的差异而非距离或长度。该数值越大,说明夹角越大,两点相距就越远,相似度就越小。在数学表达中,如果对两个项的属性进行了数据中心化,计算出来的余弦相似度和皮尔逊相关系数是一样的,所以相关系数也是数据中心化后的余弦相似度。

借助三维坐标系可以看出欧几里得距离和余弦相似度的区别,如图5-33所示。从图上可以看出,距离度量的是空间各点间的绝对距离,与各个点所在的位置坐标(个体特征维度的数值)直接相关;而余弦相似度衡量的是空间向量的夹角,更加体现的是在方向上的差异,而不是位置。如果保持A点的位置不变,B点朝原方向远离坐标轴原点,这时余弦相似度是保持不变的,因此夹角不变,而A、B两点的距离显然在发生改变,这就是欧几里得距离和余弦相似度的不同之处。

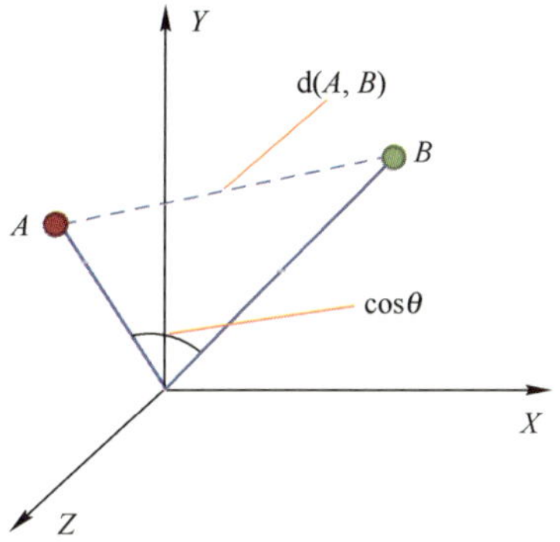

图5-33　欧几里得距离与余弦相似度

5.3.3　不同相似性度量的评价

使用内在方法对应用各种相似度的聚类质量进行评估,以评价各种相似度度量。内在方法通过分析类的分离情况和类的紧凑情况来评估聚类。一般情况下,内在方法利用数据集的子序列之间的相似性度量。轮廓系数就是这种度量。例如,对于包含n个子序列的序列集合$X=\{X_1,X_2,\cdots,X_n\}$,经过聚类分析之后X被聚合为k个类$M_1,M_2,\cdots,M_k$。对于每个子序列X_i,计算X_i与X_i所属的类的其他对象之间的平均距离$a(X_i)$。类似的,计算X_i到不属于X_i的所属类的最小平均距离$b(X_i)$。假设X_i属于M_j类,则

$$a(X_i)=\frac{\sum\limits_{X_k\in M_j,X_i\neq X_k}\text{dist}(X_i,X_k)}{|M_j|-1}$$

而

$$b(X_i)=\min_{C_l:1\leqslant l\leqslant k,l\neq j}\left\{\frac{\sum\limits_{X_k\in M_l}\operatorname{dist}(X_i,X_k)}{|M_l|}\right\}$$

子序列 X_i 的轮廓系数定义为

$$s(X_i)=\frac{b(X_i)-a(X_i)}{\max\{a(X_i),b(X_i)\}}$$

轮廓系数的值在 $-1\sim1$ 之间。$a(X_i)$ 的值反映 X_i 所属的类的紧凑性，$a(X_i)$ 值越小，其所属的类越紧凑。$b(X_i)$ 的值反映 X_i 与其他类的分离程度，$b(X_i)$ 的值越大，X_i 与其他类越分离。因此，当 X_i 的轮廓系数值接近 1 时，包含 X_i 的类是紧凑的，并且 X_i 远离其他类，这是一种很理想的情况。然而，当轮廓系数的值为负时（此时 $b(X_i)<a(X_i)$），这意味着在此种聚类方式中，X_i 与其他类对象的距离比与自己同类对象的距离更近，这是很糟糕的一种情况，应该避免。

为了度量聚类中的类的拟合性，可以计算类中所有子序列的轮廓系数的平均值。为了度量聚类的质量，可以使用数据集中所有子序列的轮廓系数的平均值。

以某卫星一年的温度数据为例，使用不同的相似性度量进行聚类。经过分析该参数受卫星位置和太阳位置变换的影响，再呈现年变化规律。图 5-34 为原始序列分段并标准化之后的 365 个子序列。图 5-35 为几种度量方式的聚类结果。

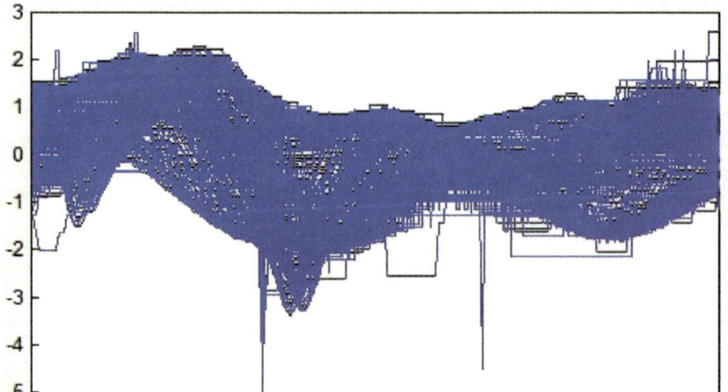

图 5-34　原始序列分段并标准化的子序列集合

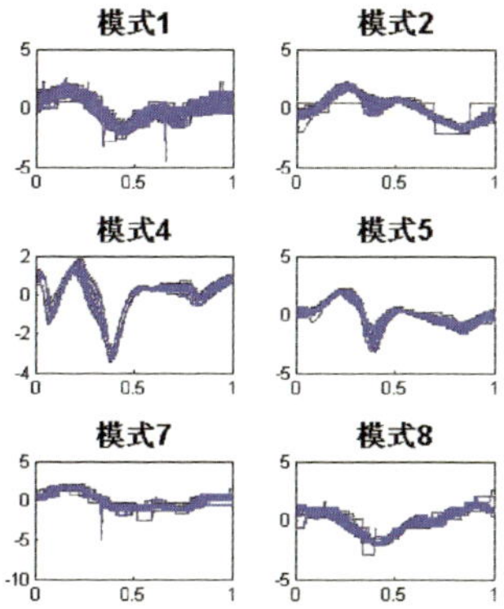

(a) 闵可夫斯基距离聚类结果

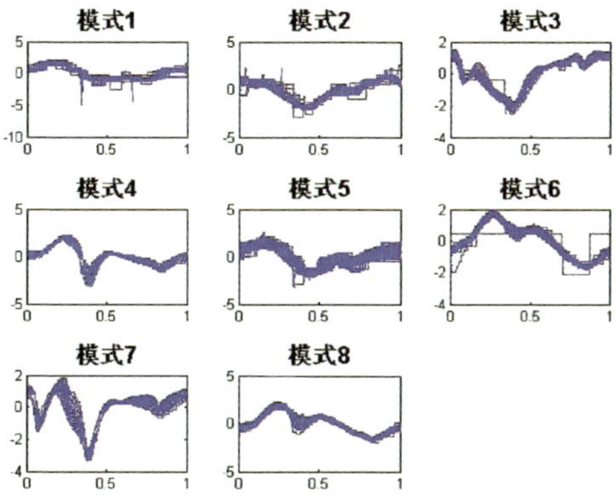

(b) 兰氏距离聚类结果

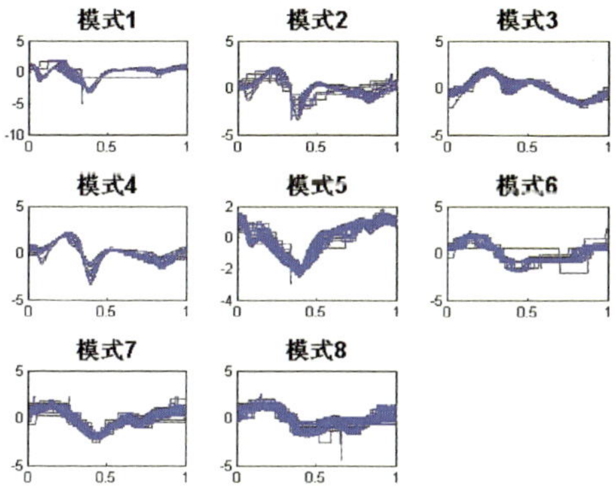

(c) 马哈拉诺比斯距离聚类结果

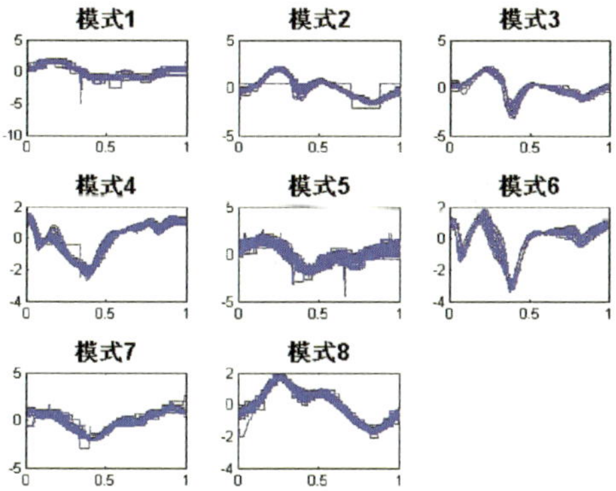

(d) 斜交空间距离聚类结果

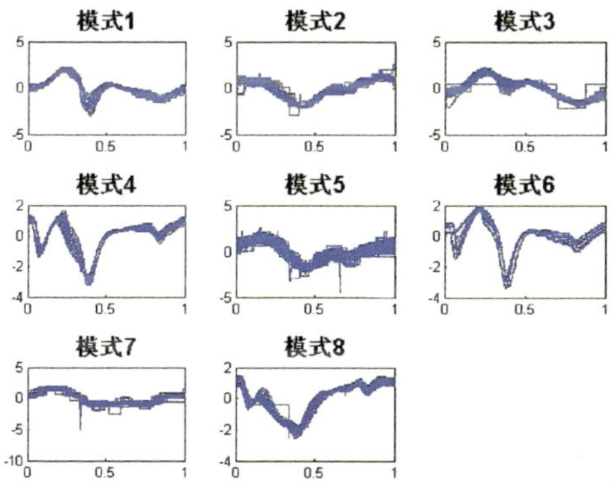

(e) 夹角余弦聚类结果

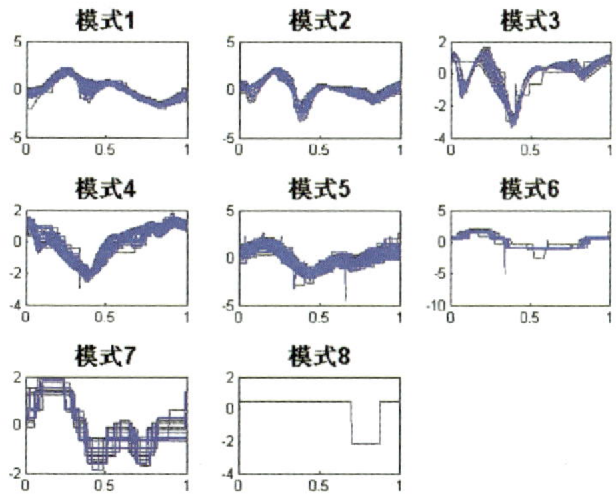

(f) 相关系数聚类结果

图 5-35 基于不同相似性度量标准的聚类结果

对几种不同相似性度量进行聚类的结果进行质量评估，评估结果见表5-6。

表5-6 基于轮廓系数的聚类质量评估

	明氏距离	兰氏距离	马氏距离	斜交距离	夹角余弦	相关系数
轮廓系数	0.418	0.3168	0.3514	0.3601	0.4162	0.4897

5.4 机器学习方法

数据驱动的状态检测的一类重要方法是机器学习方法，目前也有大量文献。但是，卫星在轨状态检测有其特殊性，如正常与异常样本不平衡、数据量大且数据维数高等，导致工程上缺乏比较成功的案例。根据学习过程中数据样本的类标签是否已知，机器学习方法可分为有监督和无监督两类。下面简单介绍采用这两类方法进行异常状态检测的基本过程。

5.4.1 有监督方法

有监督学习也称分类问题，是利用类标签已知的数据样本进行学习获得一个分类函数模型（也称为分类器），然后使用该模型确定待标签数据的类别。

基于有监督机器学习方法的分类一般分为两步，即分类模型构建和分类模型应用。根据分类的原理和方法，现有的分类算法可以归纳为如下几类：

（1）基于结构的分类算法：通过分析对象的结构信息实现分类，它首先把对象拆分为若干基元，使用基元和基元之间的结构关系描述对象，而结构关系可以使用图或者字符串形式，模式判别可以运用句法或者文法分析。

（2）基于统计学的分类算法：分类方法中理论最为完善、方法最为众多的一类分类算法。如基于概率密度和后验概率的贝叶斯方法、基于判别域界面构建的判别式方法、K邻近方法等。

（3）神经网络分类算法：模拟神经计算来实现分类。神经网络是一种无模型的学习方法，即通过学习例子获得结构，然后实施模型推广。神经网络方法的特点在于简单方便、抗噪声强而且扩展性好。但是，这类方法需要大量样本案例，并且可解释性差，泛化性能较弱。

（4）基于模糊判别的分类算法：运用模糊数学理论实现分类。由于实际对象的类别往往并不明确，因此，采用模糊性来描述事物和现象往往更加合理。

这类分类方法的性能取决于对象类别的模糊隶属度函数的构建。

（5）支持向量机分类算法：支持向量机以结构风险最小化为准则，即同时考虑最小化经验风险与置信范围，较好地解决了欠学习和过学习问题。与基于神经网络的分类器相比，这种方法具有较完备的数学理论，泛化性能较好。

5.4.2 无监督方法

无监督方法中数据不需要有标签，不需要事先给出正常和异常状态的信息，算法能够自动对输入的遥测数据进行分类，并利用所构造的分类模型检测新序列的类别。

1. 聚类分析

聚类分析是一种常用的无监督学习方法，通过聚类将数据对象分成若干个类，使得同一个类内的数据具有较高的相似性，不同类内的数据具有较高的差异性。Berkhin、Liao、Jain 等对时序数据聚类方法的研究现状进行了总结。Han 和 Kamber 将主要的聚类算法划分成如下几类：

（1）划分方法：给定 n 个数据对象以及要生成的类数目 $k(k \leqslant n)$，算法将 n 个数据划分到 k 个类中。传统的硬聚类算法，每个数据对象只能属于一个簇；对于软聚类（模糊聚类）算法，一个数据对象可以同时属于多个簇。典型的划分类算法有 k-means 和 k-median。

（2）层次方法：可以分为凝聚和分裂两种结构。凝聚就是自底向上，初始时每个数据对象单独成簇，然后合并最为相似的两个簇直到合并成了一个簇或是到达终止条件，如 AGENES 算法。分裂就是自上向下，初始化时所有数据对象在一个簇，每次迭代分裂成更小的簇，直到每个数据成为一个簇或是达到终止条件，如 DIANA 算法。

在实际应用中，相较于分裂的层次聚类方法，凝聚的层次聚类得到更多的研究和应用。凝聚层次聚类方法可分为单连锁、全连锁和质心连锁。单连锁又称最邻近方法，这种方法使用数据的相似度矩阵和距离矩阵，定义类间距离为两类之间数据的最小距离。单连锁也可以用于分裂式聚类，用来分开最近邻距离最远的两个类。该方法不考虑类的结构。全连锁又称最远邻方法，同样从相似度矩阵或距离矩阵出发，但定义距离为两类之间的最大距离。跟单连锁类似，也不考虑类的结构，倾向于找到一些紧凑的分类。质心连锁不同于前面的方法，它从距离矩阵和原始数据出发，一般定义距离为平方欧几里得距离，此距离为个体与类的重心（所有成员的原始数据均值）之间的距离或是类重心之间的距离。

(3)基于密度的方法:传统聚类算法大多利用对象之间的距离进行聚类,其倾向于发现球状的类。而基于密度的聚类算法是通过数据密度(单位区域内数据点或对象的数目)来聚类的,只要邻域中的密度超过某个门限,就继续聚类,直至密度边缘。这样可以有效地过滤"噪声"数据,发现任意形状的类。该方法将簇视为数据空间被低密度区域分隔开的高密度区域对象。相比于基于距离(欧几里得距离、曼哈顿距离)计算相似度的聚类算法,基于密度聚类的优点就是可以发现任意形状的簇。常用算法有 DBSCAN 算法、OPTICS 算法、DENCLUE 算法等。

(4) 基于网格的方法:基于网格的聚类将空间划分为有限的单元,这些单元表示网格,聚类操作在网格上进行。基于网格的聚类算法的运算时间不受数据对象数目影响,仅依赖于量化空间中每一维上的单元数目,因此处理数据较快。典型的基于网格的聚类算法有 STING 算法、WaveClusters 算法、CLIQUE 算法等。

基于网格的聚类算法通常与其他方法相结合,特别是与基于密度的聚类方法相结合。很多基于网格的聚类算法也是基于密度的,使用网格单元内数据的统计信息进行压缩表达,再基于这些统计信息判断高密度单元,然后将相连的高密度单元识别为类。因此,很多学者都指出他们的算法是同时基于网格和密度的。

(5) 基于模型的方法:基于模型的聚类方法往往假设数据是根据某种概率分布生成的,然后根据概率分布计算观测数据的似然函数值进行分类。主要有统计学方法和神经网络方法。

2. 自组织映射

自组织映射(SOM)是一种无监督的模式分类算法,可以自动寻找输入数据之间的相似程度并对其分类,把类似的输入数据在网络上就近分配位置,并保持其拓扑结构不改变。通过对输入样本点的反复学习,SOM 最终连接的权值空间分布密度逐渐趋向于输入样本点的概率分布,即通过神经元之间的连接权值向量的空间分布体现输入样本点的统计特征,是一种对输入样本数据有条件的给予反应的智能网络。

SOM 的基本原理是,当某类模式输入时,输出层某节点得到最大刺激而获胜,获胜节点周围的节点因侧向作用也受到刺激。这时网络进行一次学习操作,获胜节点及周围节点的连接权值向量朝输入模式的方向做相应的修正。当输入模式类别发生变化时,二维平面上的获胜节点也从原来节点转移到其他节点。这样,网络通过自组织方式用大量样本数据来调整其连接权值,最后使得网络输出层特征图能够反映样本数据的分布情况。

SOM 的拓扑结构如图 5-36 所示，由输入层和输出层（竞争层）组成。SOM 的拓扑结构不包括隐含层。输入层为一维，由 N 个神经元组成；竞争层由 M 个输出神经元组成，竞争层可以是一维、二维或多维，其中二维竞争层为矩阵结构，应用最为广泛。输入层与竞争层各神经元之间实现全连接，竞争层之间实行侧向连接。网络根据其学习规则，对输入模式进行自动分类，即在无监督情况下，通过对输入模式的自组织，学习、抽取各个输入模式的特征，在竞争层将分类结果表示出来。

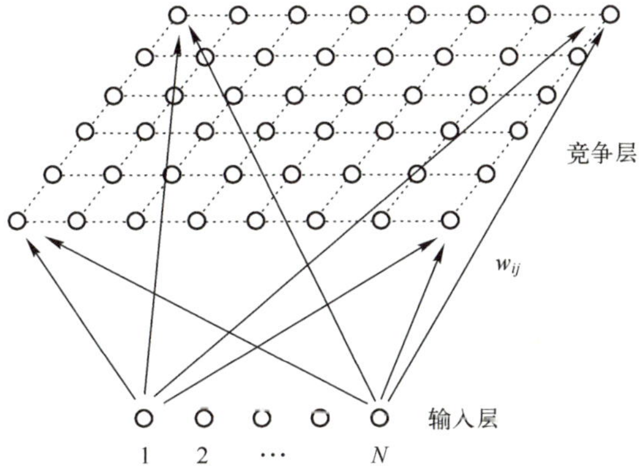

图 5-36　SOM 拓扑结构

自组织的过程包括以下四个主要方面：

（1）初始化：所有连接权重都用小的随机值进行初始化。

（2）竞争：对于每种输入模式，神经元计算它们各自的判别函数值，为竞争提供基础。具有最小判别函数值的特定神经元被宣布为胜利者。

（3）合作：获胜的神经元决定了兴奋神经元拓扑邻域的空间位置，从而为相邻神经元之间的合作提供了基础。

（4）适应：受激神经元通过适当调整相关的连接权重，减少与输入模式相关的判别函数值，使得获胜的神经元对相似输入模式的后续应用的响应增强。

设输入数据为 N 维向量 $\boldsymbol{X}=(x_1,x_2,\cdots,x_N)^{\mathrm{T}}$，竞争层的第 j 个神经元与输入数据向量 $\boldsymbol{X}$ 的第 i 个分量 x_i 的连接权重为 w_{ij}。SOM 神经网络学习训练算法的流程如下：

（1）初始化网络：设置输入层和竞争层之间权值的初值（可以随机设置）。用较小的数值对输入神经元连接到输出神经元的连接权值进行赋值。选择一个神经元集合 S_j，S_j 表示 j 个“邻近的神经元”。$t=0$ 时刻的神经元 j 的“近邻神经元”的集合用 $S_j(0)$ 表示，所以 t 时刻的“近邻神经元”用 $S_j(t)$ 表示。$S_j(t)$ 的区域面积会随着训练时间的增加而不断缩小。

（2）计算欧几里得距离：在竞争层，计算所有神经元的权值和输入数据向量 $\boldsymbol{X}$ 的欧几里得距离。竞争层的第 j 个神经元与输入数据向量的欧几里得距离为

$$d_j = \|X - W_j\| = \sqrt{\sum_{i=1}^{m} (x_i(t) - w_{ij}(t))^2}$$

式中：w_{ij}为输入层的第 i 个神经元与竞争层的第 j 个神经元之间神经元权值向量。通过学习训练，得到一个最小距离权重的神经元，标记为胜出神经元，记做 j^*，同时确定了一个单元 k，此单元对所有的 j 都满足 $d_k = \min(d_j)$ 训练，得到了相邻神经元的集合。

（3）神经元权值训练学习：按照下式更新输出的 j^* 神经元和它"相邻神经元"权值，即

$$\Delta w_{ij} = w_{ij}(t+1) - w_{ij}(t) = \eta(t) \cdot T_{i,I(x)}(t) \cdot (x_i(t) - w_{ij}(t))$$

式中：η、$T_{i,I(x)}$ 分别体现了神经元权值学习合作和适应过程，而对权重向量的调整以使其最接近输入向量则体现了神经元学习的竞争过程。

$T_{i,I(x)}$ 描述一组兴奋神经元内存在横向的相互作用，设 S_{ij} 为神经元 i 和 j 之间的距离，其定义为

$$T_{i,I(x)}(t) = \exp\left(-\frac{S_{i,I(x)}^2}{2\sigma(t)^2}\right)$$

σ 随着时间推移而减少，经常采用的是指数型衰减 $\sigma(t) = \sigma_0 \exp(-t/\tau_0)$。

（4）计算输出 o_k：

$$o_k = f(\min \| X - W_j \|)$$

式中：$f(\cdot)$为 0~1 之间的非线性函数。

（5）判断最后的网络训练结果是否符合要求：如果达到要求，算法就结束；如果不符合要求，就返回（2），继续新一轮的学习。

5.4.3 示例分析

1. 模糊聚类分析

取某星数据处理后得到的数据如图 5-37 所示，可以看到因为春秋两次地影，数据在这两次出现"零偏—动偏—零偏"模式的切换。

首先对原始数据按 10^6s 为窗宽、2.5×10^5s 为步长进行滑动窗处理，将原始数据分为多个数据段，求得 PHJ 数据的分形维数和均方根作为特征量；然后在这些特征量的基础上对原始数据进行模糊聚类分析。

将每段数据的分形维数和均方根作为模糊聚类方法的输入，这里的模糊聚类算法选择 fuzzy-cmeans，可以得到一个粗略的分类结果，如图 5-38 所示。

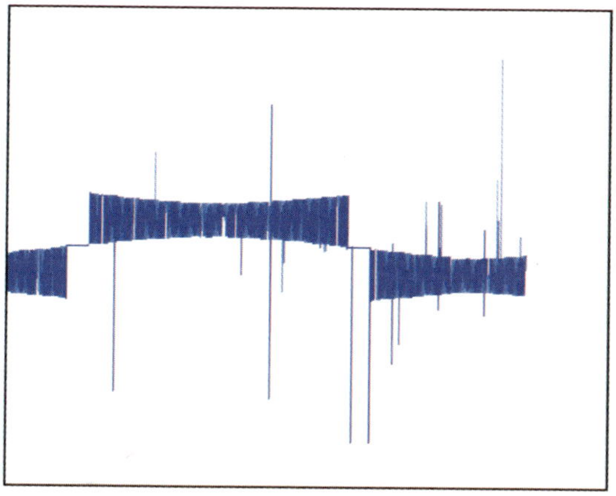

图 5-37 PHJ 数据 2011 年时域图

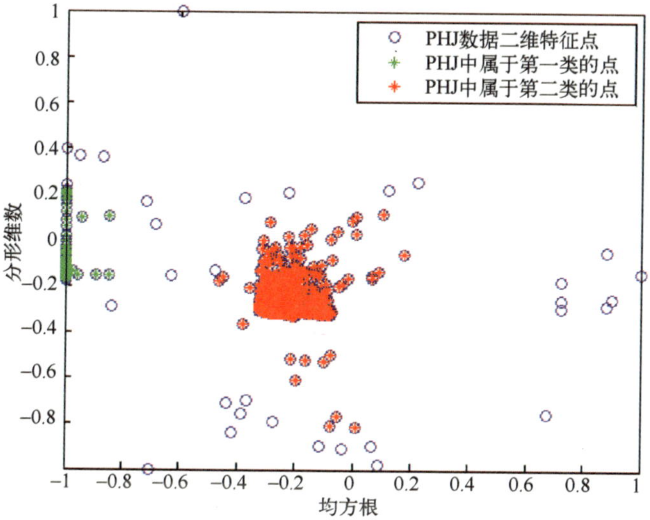

图 5-38 PHJ 数据 2011 年模糊聚类二位成果图

通过模糊聚类得到了每一数据段所属类型及其隶属度，可以认为这里的隶属度是广义相似度。图 5-39 是按照隶属度，属于第一类的数据段分布图。

聚类分析也可以使用高维度特征参数。比如，采用分形维度、均方根、均值作为特征参数，图 5-40 是模糊聚类的粗略分类结果。

图 5-41 是按照隶属度，属于第一类的数据段分布图。

图 5-42 中黄色、红色、绿色分别表示对应数据段所属分类，可以看出 PHJ 数据的“零偏—动偏—零偏”的模式切换，被精确地区分出来。

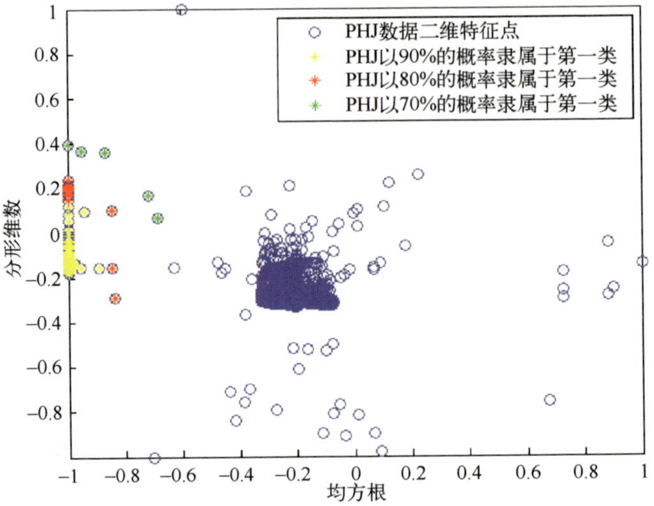

图 5-39　PHJ 数据 2011 年模糊聚类第一类相似度图

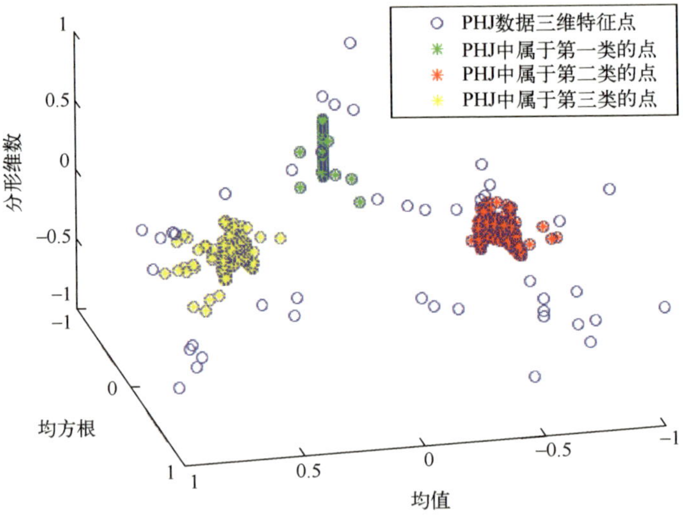

图 5-40　PHJ 数据 2011 年模糊聚类三维成果图

在所得到的隶属度中，有的数据段与反意类的相似度都不高，这样的数据段被认为是零级异变，也就是说，这种方法可以有效地将零级异变检测出来。

图 5-43 是被检测出来的异变点，红色点是被模糊聚类区分出来的零级异变点，蓝色曲线是原始数据。

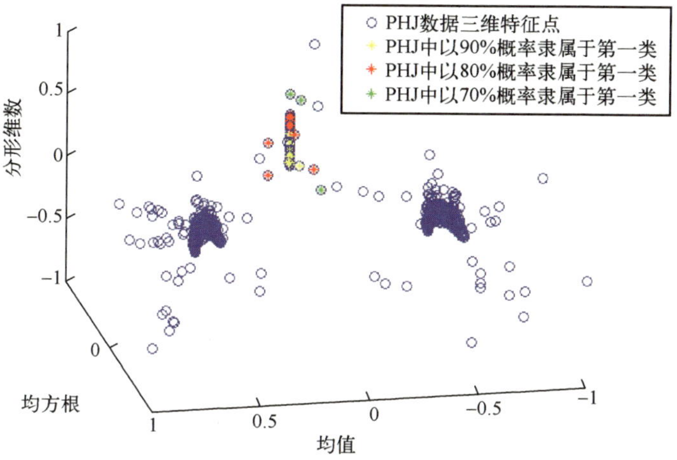

图 5-41　PHJ 数据 2011 年模糊聚类第一类相似度图(三维)

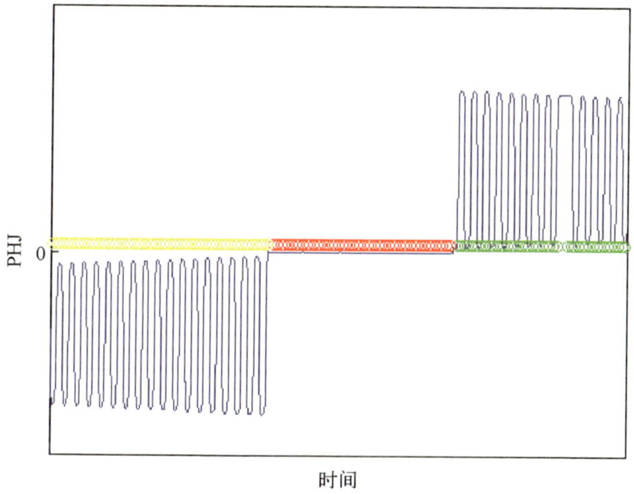

图 5-42　模糊聚类结果与实际数据比较

2. 自组织映射

采用卫星反作用轮电动机电流实测数据训练 SOM 神经网络，并利用不同时段的实测数据检查 SOM 神经网络的聚类分析能力，检测数据是否存在异变。首先选取标准异常样本进行学习，学习结束后查看分类情况，对每一类别(神经元)中数据点个数所占比例进行标记；其次将待检测卫星样本数据输入到 SOM 神经网络中，若输出层的输出神经元的位置与标准学习分类后的神经元位置不同，存在明显比例差异，说明待检的卫星样本数据发生了相应的异常；然后对比例差异明显的神经元进行标记，提取出该位置数据。

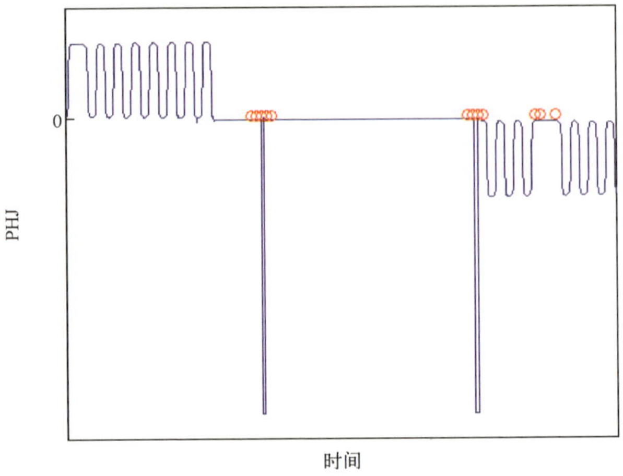

图 5-43　零级异变点与实际数据比较

通过 SOM 自组织映射神经网络，对不同数据进行分类，并进行分类结果的统计描述，检验网络是否能够通过聚类分析正确检测出卫星数据异变特征。如图 5-44 所示数据，应用 SOM 进行分类计算的结果如图 5-45 和图 5-46 所示。

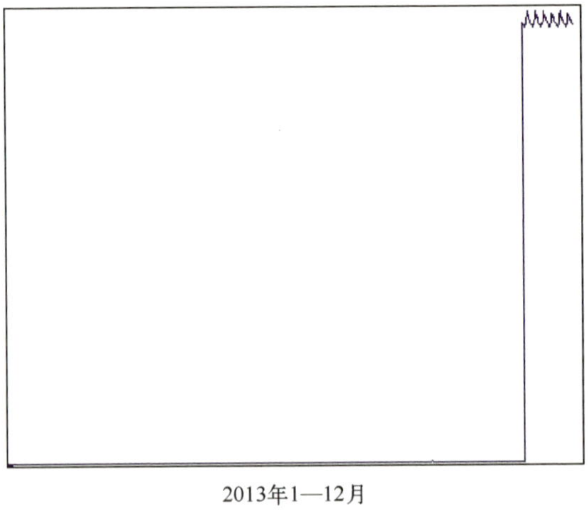

图 5-44　反作用轮电动机电流

由图 5-45 可知，竞争层的神经元有 3×2=6 个。在图 5-46 中，蓝色表示神经元，红色的线条表示神经元之间的连接，每个菱形中的颜色代表神经元之间的距离远近，从黑色到黄色，颜色越浅表明神经元之间距离越近。从图 5-46 可以看出，神经元 1、2、3、4 之间距离很近，神经元 4 与神经元 5 之间距离很远，这个通过接下来的分析就会体现此种神经元之间的距离远近分配是十分合理的。图 5-47～图 5-49 中蓝色的神经元代表获胜的神经元。

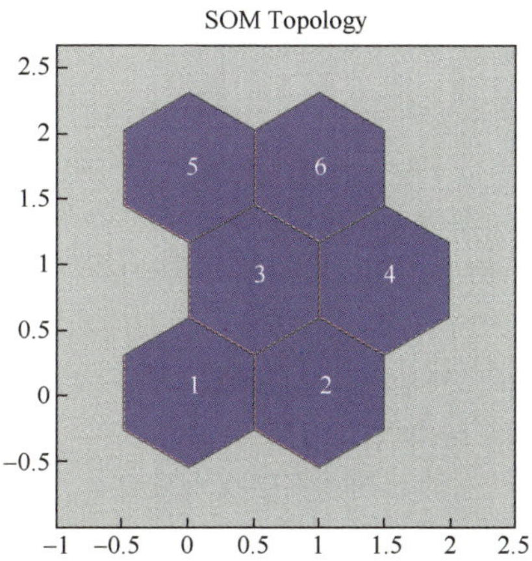

图 5-45 SOM 网络拓扑学

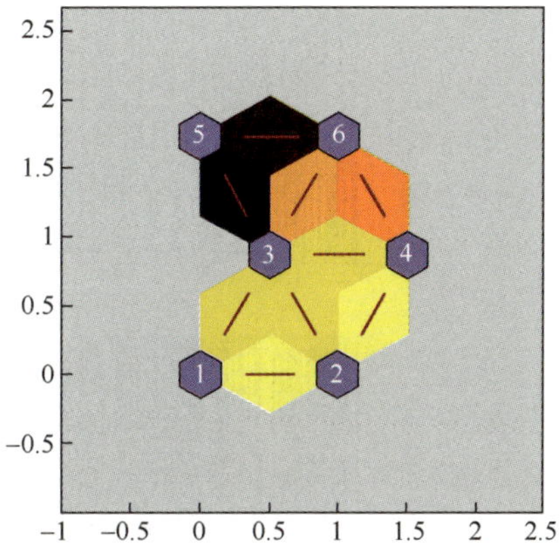

图 5-46 临近神经元之间的距离情况

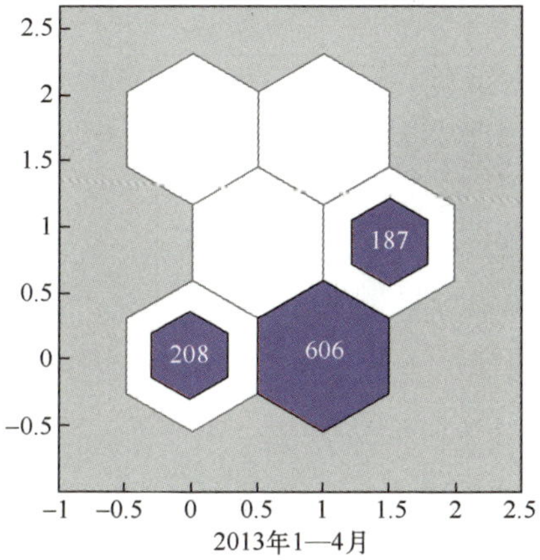

图 5-47 每个神经元的分类情况

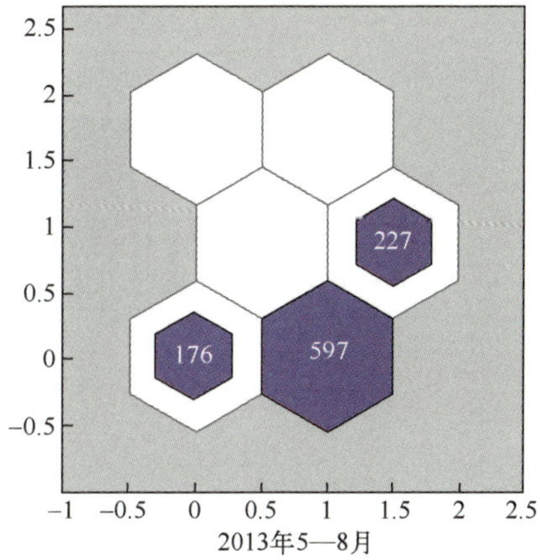

图 5-48 每个神经元的分类情况

从图 5-47～图 5-49 可以看出存在 6 个神经元，编号分别为 1、2、3、4、5、6，其中编号为 1、2、4、5 是竞争胜利的神经元，神经元里面的数值表示的是每个神经元中样本数据的个数。下面对分类模式结果以及统计结果做进一步分析，在时域上把每个数据分类的结果按照纵坐标为模式 1～6，横坐标为时间，绘制分类模式结果如图 5-50 和图 5-51 所示。

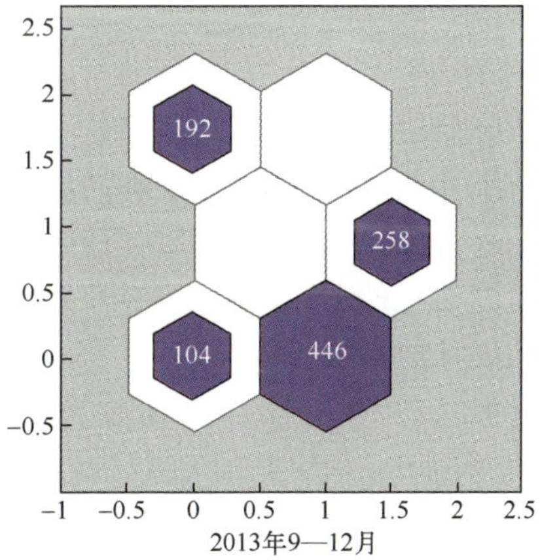

图 5-49 每个神经元的分类情况

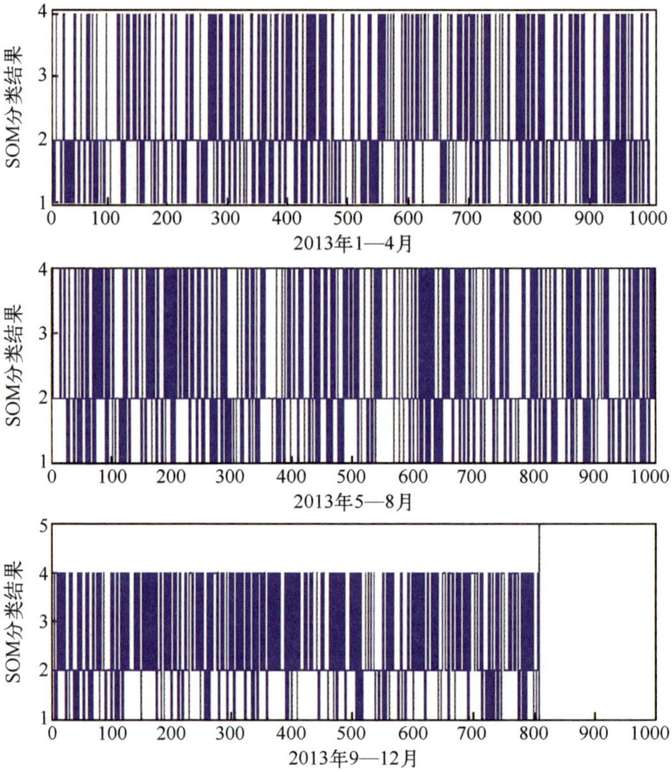

图 5-50　每个神经元的时域上分类情况

从图 5-50 与图 5-51 局部放大结果可以看出,每一个样本数据都通过 SOM 神经网络分类后被标识了竞争胜利的神经元编号,其中反作用轮 C 电动机电流(IK7)在 2013 年 9—12 月的数据中,从第 810 个样本点至第 1000 个样本点的样本数据经过 SOM 分类后所属的竞争胜利的神经元均为同一个即为神经元 5,与 2013 年 1—4 月和 5—8 月的分类结果差异明显(神经元 5 中并不存在样本点)。为观察每个竞争胜利的神经元所划分得到的样本数量,下面将对分类结果进行统计,纵坐标为竞争胜利的神经元内样本点数量的百分数,横坐标为神经元编号,如图 5-52 所示。

由图 5-52 可以看出,2013 年 1—4 月与 5—8 月的数据在竞争胜利的神经元上的统计结果相近似,但是 9—12 月的数据的统计结果与 1—8 月的统计结果差异明显,9—12 月的实测数据中有接近 20%的样本点的数据分类到了神经元 5 中,而在 1—8 月中的实测数据无分配到神经元 5 中的样本点数据。由此可知 2013 年 9—12 月中的数据的变化趋势分布规律存在异变现象。并结合图 5-46 临近神经元之间的距离情况可知,神经元 5 中的数据样本数据值的大

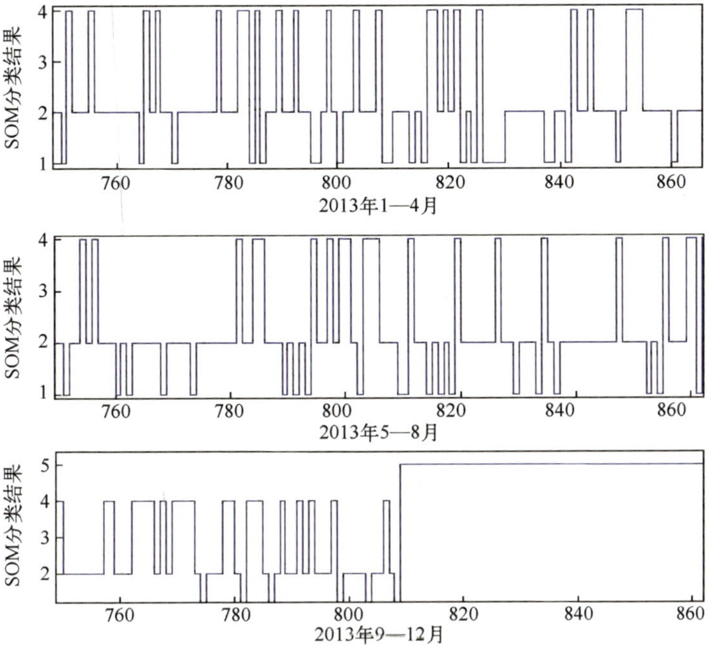

图 5-51 每个神经元分类时域上分类结果局部放大

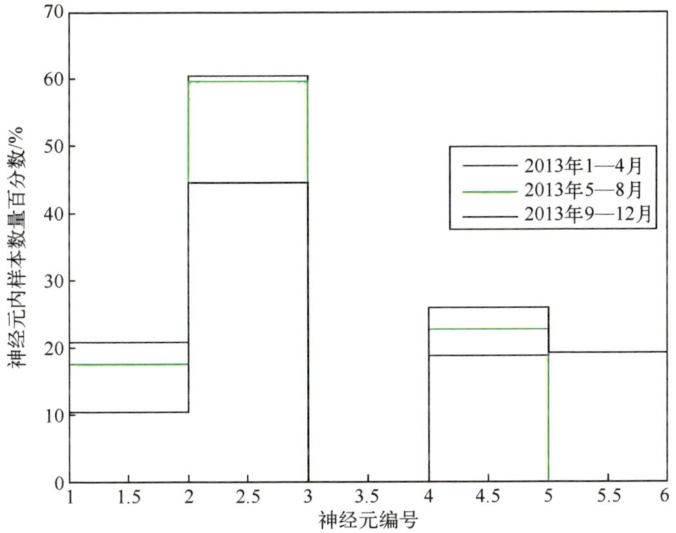

图 5-52 分类结果统计百分数

小要远大于其他样本数据的值,因此需要把编号为 5 的神经元位置上的数据提取出来进一步分析,就会发现出问题的数据处于 2013 年 9—12 月实测数据中的第810样本点至1000个样本点之间。对比图5-44实测数据2013年1—12月的时域图可知,分析结果是正确的,确实在幅值上存在异变情况的发生,并且所提取出来产生异变的大致位置是正确的。

由上述分析可知,通过对数据的SOM聚类分析,并研究其分类模式的统计结果,可以用来检测数据的异变,并可以定位到数据异变的大致位置,通过神经元之间距离远近的分析以及样本点在神经元上分布特征,可以判断出异变情况是属于幅值异变还是频率异变。

由于卫星数据量大且冗余较多,先进行SOM聚类分析,定位卫星数据异变的大致位置,进行粗略检测是十分有必要的,并且可以为监督型的神经网络选取合适的学习样本数据。SOM神经网络模型属于无监督型神经网络学习算法,它具有良好的分类能力,但是其分类精度通常难以达到期望的要求。通过数值积分、数值微分和瞬时频率的分析以及监督型GRNN拟合算法的加入,有助于提高精度。检测精度效果较单一检测算法要更加明显,检测速度也较单一检测算法更加迅速且更有针对性。

需要注意的是,SOM程序执行时,每次执行后的结果不一样,原因是每次的激发神经元可能不一样,但无论激活哪个神经元,最后的分类结果是不会改变的。

5.5 状态估计方法

可以采用参数和非参数方法,前者建立遥测数据的曲线拟合模型、微分/差分方程模型、自回归滑动平均模型、状态空间模型等,描述遥测数据(在外加控制盒系统噪声影响下)随时间变化的规律,并采用等价方程与等价空间、检测滤波器/观测器、参数辨识等方法生成残差,通过评估残差来检测异常。实际上,这类参数化方法一般需要关于过程异常或异常分量的解析模型。非参数方法不需要建立遥测数据的参数化模型,而是根据历史数据并与当前观测之比较,来预测状态、生成残差、评估残差的大小,在此基础上检测异常状态。本节介绍非参数状态估计方法,以及基于序贯概率比检验的状态异常检测方法。其中,利用多元状态估计技术(MSET),根据在轨实测数据,估计卫星(或其部件)状态,获取状态估计的误差(也称为残差);采用SPRT方法,检测残差是否异常(过大或过小),在此基础上确定卫星(或其部件)是否异常。图5-53为基于实测数据的卫星(或其部件)状态检测流程。

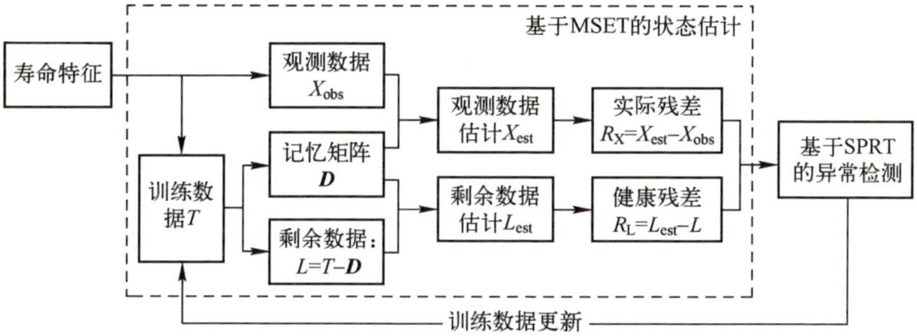

图 5-53 基于 MSET&SPRT 的状态检测

5.5.1 多元状态估计技术

1. 基本原理

设获得某部件截止到时刻 t_m 的 n 维在轨实测数据，将数据表示成矩阵形式，其中任意时刻特征参数的观测数据构成列向量，则得到 $n\times m$ 阶观测矩阵，即

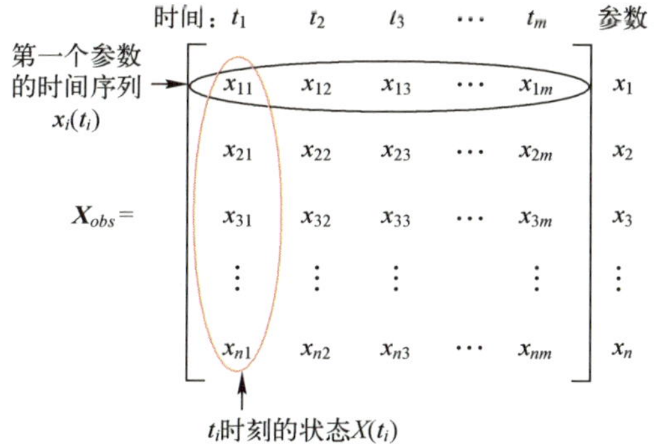

式中：n 为特征参数的个数，即观测向量的维数；m 为观测的时刻点个数。

以 x_{ji}表示参数 j 在时刻 t_i 的观测值，则各特征参数在时刻 t_i 的观测值构成的观测向量为

$$\boldsymbol{X}(t_i)=[x_{1i},x_{2i},\cdots,x_{ni}]^{\mathrm{T}}$$

除观测数据外，进一步设可以获得该型号部件正常运行状态下的所有历史数据，记为 $\boldsymbol{T}$，称为训练数据，即 $\boldsymbol{T}$ 涵盖产品正常运行时特征参数取值的动态范围(注意，不要求获得部件正常状态下特征参数的所有取值)。从训练数据 $\boldsymbol{T}$ 中选取特征参数的若干典型取值，得到的矩阵称为记忆矩阵，记为 $\boldsymbol{D}$。没有被选择进入记忆矩阵的训练数据称为剩余训练数据，记为 $\boldsymbol{L}$，则 $\boldsymbol{T}=\boldsymbol{D}\cup\boldsymbol{L}$。

采用记忆矩阵中的观测值的线性加权作为产品状态的估计，记为 $\boldsymbol{X}_{\mathrm{est}}$，即 $\boldsymbol{X}_{\mathrm{est}}=\boldsymbol{D}\cdot\boldsymbol{W}$，$\boldsymbol{W}$ 为权重向量，其值通过最小化估计误差向量 $\boldsymbol{\varepsilon}$ 来获得。

定义状态估计误差 $\boldsymbol{\varepsilon}=\boldsymbol{X}_{\text{obs}}-\boldsymbol{X}_{\text{est}}$，其中 $\boldsymbol{X}_{\text{obs}}$ 为观测值，最小化 $\boldsymbol{\varepsilon}$ 意味着误差向量的长度最短，即

$$\min_{W}\|\boldsymbol{\varepsilon}\|=\min_{W}\|\boldsymbol{X}_{\text{obs}}-\boldsymbol{X}_{\text{est}}\|$$

解之，可得权重向量的最小二乘估计为

$$\boldsymbol{W}=(\boldsymbol{D}^{\text{T}}\cdot\boldsymbol{D})^{-1}\cdot(\boldsymbol{D}^{\text{T}}\cdot\boldsymbol{X}_{\text{obs}})$$

利用如上获得的权重向量 $\boldsymbol{W}$ 得到状态估计为

$$\boldsymbol{X}_{\text{est}}=\boldsymbol{D}\cdot(\boldsymbol{D}^{\text{T}}\cdot\boldsymbol{D})^{-1}\cdot(\boldsymbol{D}^{\text{T}}\cdot\boldsymbol{X}_{\text{obs}})$$

估计值的残差为

$$\begin{aligned}\boldsymbol{R}_X&=\boldsymbol{X}_{\text{est}}-\boldsymbol{X}_{\text{obs}}\\&=(\boldsymbol{D}\cdot(\boldsymbol{D}^{\text{T}}\cdot\boldsymbol{D})^{-1}\cdot\boldsymbol{D}^{\text{T}}-\boldsymbol{I})\cdot\boldsymbol{X}_{\text{obs}}\end{aligned}$$

$\boldsymbol{R}_X$称为实际残差。

将上述估计过程应用于剩余训练数据，得到的估计为

$$\boldsymbol{L}_{\text{est}}=\boldsymbol{D}\cdot(\boldsymbol{D}^{\text{T}}\cdot\boldsymbol{D})^{-1}\cdot(\boldsymbol{D}^{\text{T}}\cdot\boldsymbol{L})$$

同理，得到剩余训练数据的残差为

$$\boldsymbol{R}_L=\boldsymbol{L}_{\text{est}}-\boldsymbol{L}$$

$\boldsymbol{R}_{\text{L}}$称为健康残差。

2. 算法实现

在基于 MSET 的状态估计过程中，需要解决一系列涉及算法实现的问题。

首先，MSET 实施过程中以健康运行状态数据作为训练数据，但是在利用这些数据进行状态估计前，需要首先对数据进行归一化，以便所有参数取值具有相同的尺度。归一化的目的是避免尺度效应。因为 MSET 估计量的计算使用的相似算子是基于向量的欧几里得范数，因此算法倾向于大尺度的参数，也就是说，大尺度取值的参数具有更好的估计，这样的估计结果不能正确地反映其他参数的值。对于分量为 $x_1,x_2,\cdots$的向量 $\boldsymbol{x}$，其欧几里得范数定义为

$$\|x\|=\sqrt{x_1^2+x_2^2+\cdots}$$

因此，需要输入规范化的参数取值以保证 MSET 的精度。对于周期数据一般将其归一化到[0,1]范围内，对一般数据则归一化为 0 均值、标准差为 1 的随机数。

基于 MSET 的状态估计要求获得的训练数据涵盖产品正常状态下的特征参数取值的动态范围，但在实际应用中，某些产品缺乏历史数据，只能获得产品迄今为止的状态观测值，而这些观测值未必能够覆盖要求的动态范围。因此，在只有观测数据的情况下，需要解决训练数据 T 的选取和更新问题。前者可考虑以部分观测数据以及利用这些观测数据生成的拟观测值（如基于模型的抽样）作为训练数据。训练数据的更新可以采用两种方式：一是根据检测结果，将健康状态加入

到训练数据中；二是可以采取移动窗口方式，即在每次获得监测数据后，将观测矩阵的后 K 列作为训练数据 T，这样选择的 T 有助于监测产品异常趋势。

选定训练数据之后，记忆矩阵的构造是决定算法性能的关键。从残差最小的角度来说，记忆矩阵中状态数越多，则实际残差就越小。但是，记忆矩阵中的状态数不能没有限制。首先，记忆矩阵的选取关系到剩余训练数据 L 的容量，剩余训练数据又会影响健康残差（健康总体）的构造；为了得到较高精度的健康总体的估计，记忆矩阵中状态数不能太大。此外，记忆矩阵的数据过多，还会导致过拟合问题。综合各种因素，采用下面的方式构造记忆矩阵：首先人为规定记忆矩阵规模（一般不超过训练数据量的 50%），然后选取监测参数的极值状态，最后对训练数据中的列向量求解欧几里得范数后按等间隔抽样方式，选择记忆矩阵中的其他状态。极值状态，即一个状态向量中的某个分量的取值是所有状态向量中该分量取值的极大值或极小值。

在权值向量估计过程中，要求 $\boldsymbol{D}^{\mathrm{T}}\cdot\boldsymbol{D}$ 是可逆的，这在实际应用时一般是难以满足的。例如，当记忆矩阵 $\boldsymbol{D}$ 中状态个数（$\boldsymbol{D}$ 的列数）小于状态参数个数（$\boldsymbol{D}$ 的行数）时，$\boldsymbol{D}^{\mathrm{T}}\cdot\boldsymbol{D}$ 不是满秩的；而为了保证状态估计的精度，又需要尽量多的观测样本。为解决 $\boldsymbol{D}^{\mathrm{T}}\cdot\boldsymbol{D}$ 矩阵的可逆问题，实际使用 MSET 方法时常用非线性算子“$\otimes$”代替向量乘积“$\bullet$”，此时权重向量为

$$\boldsymbol{W}=(\boldsymbol{D}^{\mathrm{T}}\otimes\boldsymbol{D})^{-1}\cdot(\boldsymbol{D}^{\mathrm{T}}\otimes\boldsymbol{X}_{\mathrm{obs}})$$

状态估计为

$$\boldsymbol{X}_{\mathrm{est}}=\boldsymbol{D}\cdot(\boldsymbol{D}^{\mathrm{T}}\otimes\boldsymbol{D})^{-1}\cdot(\boldsymbol{D}^{\mathrm{T}}\otimes\boldsymbol{X}_{\mathrm{obs}})$$

健康状态估计为

$$\boldsymbol{L}_{\mathrm{est}}=\boldsymbol{D}\cdot(\boldsymbol{D}^{\mathrm{T}}\otimes\boldsymbol{D})^{-1}\cdot(\boldsymbol{D}^{\mathrm{T}}\otimes\boldsymbol{L})$$

在实际中，常使用欧几里得距离算子和城市距离算子两种非线性算子，分别定义如下：

$$x\otimes y=\sqrt{\sum_{m=1}^{k}(x_m-y_m)^2},x\otimes y=\sum_{m=1}^{M}|x_m-y_m|$$

需要指出的是，非线性算子的作用不仅仅是为了保证可逆性，更重要的是它将输入数据空间映射到称作特征空间的另外一个空间，并通过这种方式揭示新状态与存储在记忆矩阵中的状态之间的相似性，这里 $\boldsymbol{K}=\boldsymbol{D}^{\mathrm{T}}\otimes\boldsymbol{D}$ 称为相似性矩阵，$K_{ij}=\boldsymbol{X}_i^{\mathrm{T}}\otimes X_j$。这时，高斯核函数、厄米特核函数是比较常见的。

此外，MSET 算法中，权重向量是通过最小二乘估计得到的。众所周知，最小二乘估计不是稳健的估计，即它容易受“坏”数据的影响。为了保证 MSET 估计的稳定性和精度，可在经典 MSET 基础上进行吉洪诺夫（Tikhonov）正则化，即权重向量 $\boldsymbol{W}_\lambda$ 是如下极小化问题的解：

$$\min_{W}\{\ \|\boldsymbol{K}\boldsymbol{W}_{\lambda}-(\boldsymbol{D}\otimes\boldsymbol{X}_{\text{obs}})\|^{2}+\lambda\ \|\boldsymbol{L}\boldsymbol{W}_{\lambda}\|^{2}\}$$

式中：λ 为正则化参数；$\boldsymbol{L}$ 为适当定义的正则化矩阵，它控制解的光滑性。

求解该问题得到的最佳估计为

$$\boldsymbol{X}_{\text{est}}=\boldsymbol{D}\cdot\boldsymbol{W}_{\lambda}=\boldsymbol{D}\cdot(\boldsymbol{K}+\lambda\boldsymbol{I})^{-1}\boldsymbol{K}(\boldsymbol{X}_{\text{obs}})$$

式中：$\boldsymbol{K}(\boldsymbol{X}_{\text{obs}})$ 是一个列向量，它的第 i 个分量为

$$(\boldsymbol{K}(\boldsymbol{X}_{\text{obs}}))_{i}\equiv\boldsymbol{K}(\boldsymbol{X}_{\text{obs}},\boldsymbol{X}_{i})=\boldsymbol{X}_{\text{obs}}^{\mathrm{T}}\otimes\boldsymbol{X}_{i}$$

为了进一步提高 MSET 的精度，相关文献还提出将 MSET 与 SVM 结合的解决办法，因其实现过程比较复杂，且无法在理论上证实，此处不再赘述。

5.5.2 序贯概率比检验

1. 基本原理

假设

$$H_{0}:\theta=\theta_{0}\qquad H_{1}:\theta=\lambda\theta_{0}\triangleq\theta_{1}(\lambda>1)$$

记 $\boldsymbol{Y}_{n}=(Y_{1},\cdots,Y_{n})$ 为样本数据，做似然函数

$$L(\boldsymbol{Y}_{n};H_{i})=\prod_{i=1}^{n}f(y_{i}\mid H_{i})$$

式中：$f(y_{i}|H_{i})$ 为 H_{i} 下 Y_{i} 的分布密度函数。

定义似然比

$$\Lambda(\boldsymbol{Y}_{n})=\frac{L(\boldsymbol{Y}_{n};H_{1})}{L(\boldsymbol{Y}_{n};H_{0})}$$

对 H_0 与 H_1 的判决通过比较 $\Lambda(\boldsymbol{Y}_{n})$ 和一个上限值 B 以及一个下限值 A 得到，即得到如下决策规则：

(1) 如果 $\Lambda(\boldsymbol{Y}_{n})\geqslant B$，则接受 H_1；

(2) 如果 $\Lambda(\boldsymbol{Y}_{n})\leqslant A$，则接受 H_0；

(3) 如果 $A<\Lambda(\boldsymbol{Y}_{n})<B$，则不做决定，继续观测，并重复上述步骤。

在给定虚警率 α 和漏警率 β 的情况下，上限值 B 和下限值 A 定义为

$$A\approx\frac{\beta}{1-\alpha},B\approx\frac{1-\beta}{\alpha}$$

基于 SPRT 的状态检测过程如图 5-54 所示。

2. 异常检测

基于 SPRT 的异常检测的输入数据为健康残差和实际残差，检验的基本思想是考查二者是否来自同一总体，若是，则产品处于正常状态；否则，出现异常。下面针对正态总体和非参数两种情形给出 SPRT 的实现过程。下面的检验方法

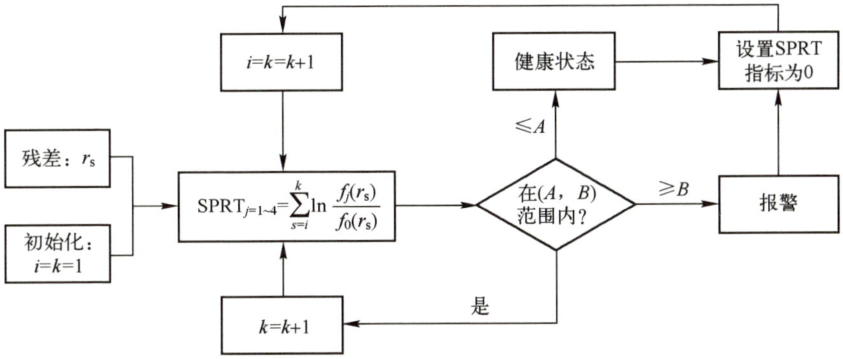

图 5-54　基于 SPRT 的状态检测过程

针对一维标量,对于多维观测向量的检测,一种方式是引入权重向量将多维向量变成一维向量,另一种方式是对各个特征参数分别进行检测。

在传统的 MSET&SPRT 方法中,假设残差服从正态分布。零假设描述产品的健康状态,即均值为 0、标准差为 σ。4 个备选假设来描述产品的退化状态:

(1) 均值漂移到 $+M$,标准差为 σ;

(2) 均值漂移到 $-M$,标准差为 σ;

(3) 均值为 0,标准差为 $V\sigma$;

(4) 均值为 0,标准差为 σ/V。

其中,参数 M 和 V 是进行检验前确定的扰动参数,需要根据具体系统及其行为具体分析。此外,在实施 SPRT 前,首先获得健康残差的均值,并用健康残差减去该均值获得零假设;观测数据的残差作为输入,进行 SPRT 检验前需要减去健康残差的均值。

基于 SPRT 的监测方案优于传统的临界值检测法,它可以提前预警出现的异常。例如,当检测数据呈现出某种递增或递减的趋势时,似然比是递增或递减的,从而在观测值超过临界值之前,就可能出现超出检测门限 A 或 B 的情况。

5.5.3　应用示例

以 NASA 蓄电池试验数据为例说明基于 MSET 的状态估计和基于 SPRT 的异常检测原理。图 5-55 为某蓄电池内阻 R_e(Series_1) 和 R_{ct}(Series_0) 的试验数据,共 278 个数据点。

为验证算法的有效性,选择前 100 个作为训练数据(认为它们代表的是健康状态下蓄电池内阻的典型取值),选取其中的 20% 构造记忆矩阵,并且不更新。图 5-56 为健康残差，图 5-57 为观测数据残差，图 5-58 为报警检测（对应于残差均值超出±0.005，或者标准差超过 3σ 或低于 $\sigma/3$）和危险检测（对应于残差均值超出±0.01，标准差超过 5σ 或低于 $\sigma/5$）的结果，其中取值 1 表示正常状态，0 表示难以确定的状态，-1 表示报警，-2 表示危险。图 5-59 为对过大均值的报警检测的 SPRT 指数，图 5-60 为对过大均值的危险检测的 SPRT 指数，图 5-61 为滑动窗口等于 50 时，对过大均值的危险检测的 SPRT 指数。由图 5-62 可以看出，即使在没有超出门限的情况下，SPRT 也认为是异常状态，其原因在于 SPRT 指数的累积——在其前一个数据接近异常值的情况下，若当前数据也具有较大的偏差，则可能意味着异常。

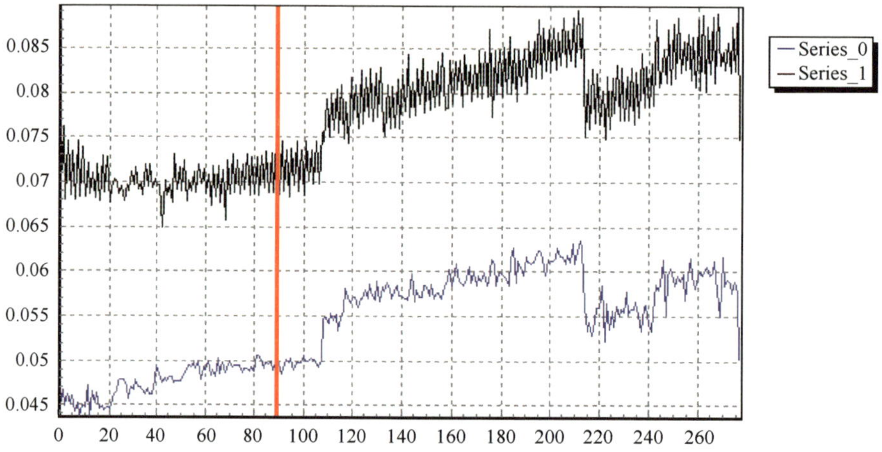

图 5-55 某蓄电池试验数据

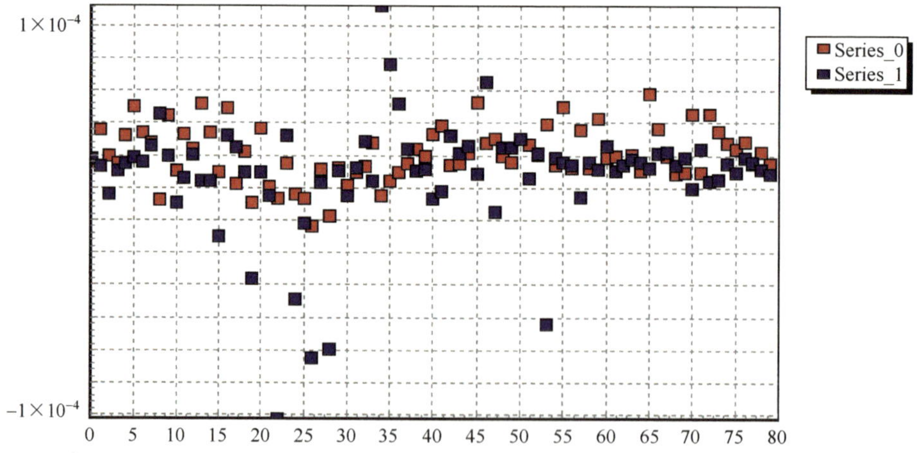

图 5-56 健康数据残差

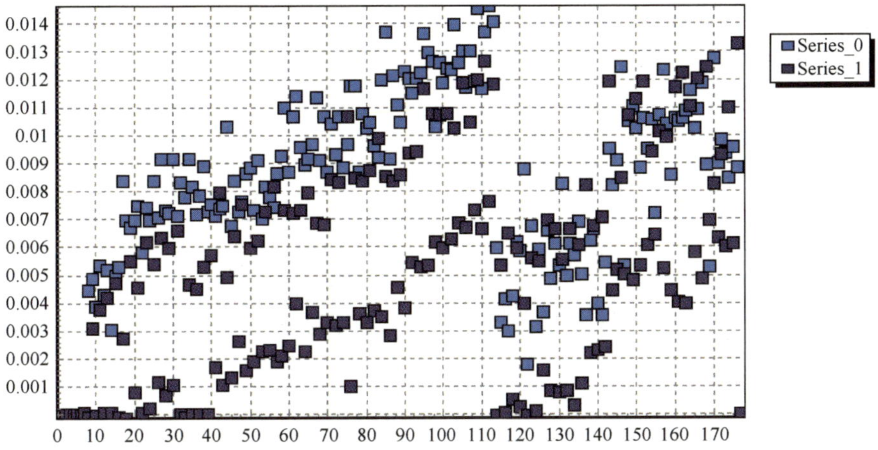

图 5-57　观测数据残差

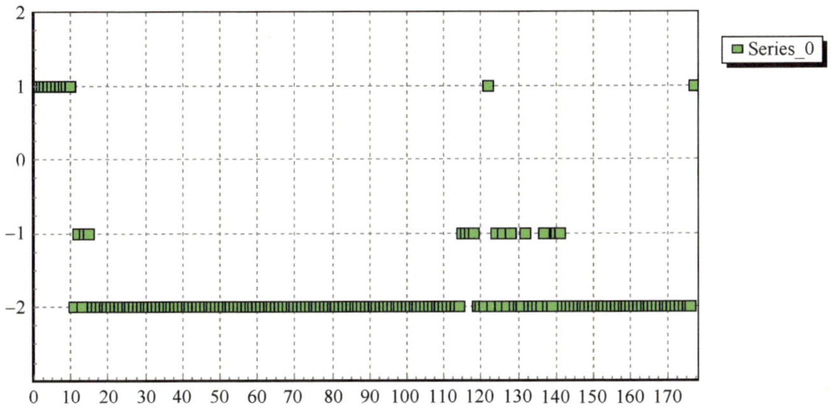

图 5-58　检测结果(均值异常)

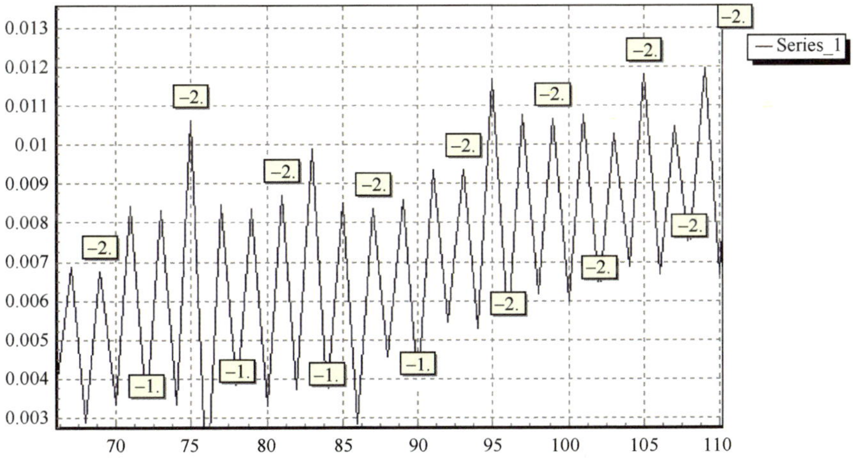

图 5-59　检测结果(均值异常局部)

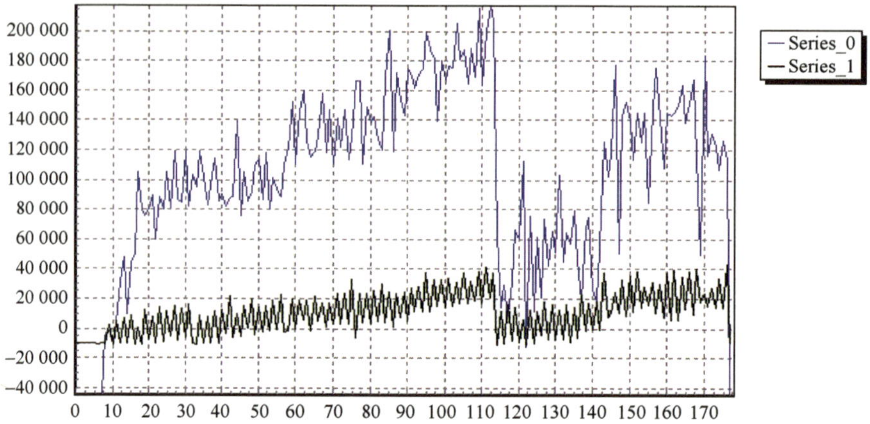

图 5-60　报警检测过大数据取值的 SPRT 指数

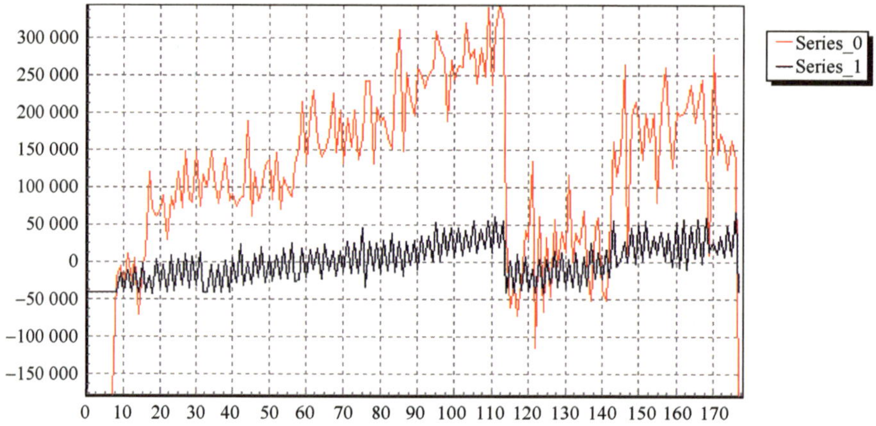

图 5-61　危险检测过大数据取值的 SPRT 指数

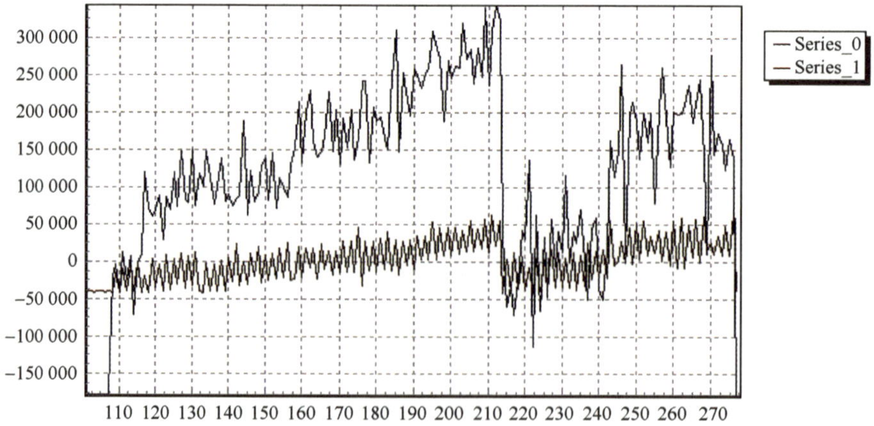

图 5-62　危险检测过大数据取值的 SPRT 指数(滑动窗 = 50)

第6章　卫星在轨状态预测

状态预测是卫星在轨健康管理的重要内容,通过状态预测可以掌握卫星状态的变化规律,包括异常状态的变化趋势。航天地面测控系统可以根据预测结果采取必要的措施,阻断状态异常变化,避免异常演变为故障,轻微故障演变为严重故障,或延缓状态异常变化,以便创造异常处置的时间;地面应用系统可以利用预测结果调整卫星载荷使用计划,避免不合理使用卫星。

本章介绍基于单一模型、基于组合模型以及基于综合模型的卫星状态预测方法,以及模型参数辨识与修正方法,并通过示例进行说明。需要指出的是,与一般的动态数据建模问题相比,卫星遥测数据的数据量极大、变化模式非常复杂,目前还缺乏普遍适用的建模与预测方法。

6.1　单一模型预测

目前在卫星遥测数据建模方面,比较广泛使用的是一些经典的预测模型,如多项式外推模型、时间序列模型(如自回归(AR)模型或自回归-滑动平均(ARMA)模型)、支持向量机回归模型、灰色模型(如GM(1,1)模型)、神经网络模型等。这些模型在描述一些典型的遥测参数,如母线电压、太阳电池阵输出功率、温度、电流、压力等,在较短时间内的变化规律,预测其在较短时间内的状态方面,表现出了较好的性能。本节简单介绍这些单一模型及其在卫星在轨状态预测中的应用。

6.1.1　时间序列模型

时间序列分析是统计学的一个分支,其基本思想是过去的变化规律会持续到未来,即未来是过去的延伸。时间序列分析需要首先分析时间序列的特性(如平稳性、趋势性、周期性、随机性等),然后选择合适的模型形式。由于实际中大多数时间序列是不平稳的,因此在时间序列建模时,一般首先对非平稳序列进行平稳化处理;其次确定模型阶数;然后利用数理统计方法估计模型参数,并检验模型的适用性;最后利用所获得的时间序列模型进行预测。

时间序列$\{x_t\}$可以认为是白噪声激励的线性滤波器的输出，表示为

$$x_t = a_t + \theta_1 a_{t-1} + \theta_2 a_{t-2} + \cdots = a_t + \sum_{j=1}^{\infty} \theta_j a_{t-j}$$

式中：a_t为白噪声过程。

为了表示方便，定义后向移位算子B，即$Bx_t = x_{t-1}$，则上式可以表示为

$$x_t = \pi(B) a_t$$

式中

$$\pi(B) = 1 + \sum_{j=1}^{\infty} \theta_j B^j = \sum_{j=0}^{\infty} \theta_j B^j$$

在满足条件$\pi(\lambda) = \sum_{j=0}^{\infty} \theta_j \lambda^j \neq 0(|\lambda| \leqslant 1)$的情况下，$\pi(B)$有逆算子，即

$$\varphi(B) = \pi^{-1}(B) = \sum_{j=0}^{\infty} \phi_j B^j$$

于是，$\{x_t\}$又可以表示为

$$\varphi(B) x_t = a_t$$

即

$$x_t = \phi_1 x_{t-1} + \phi_2 x_{t-2} + \cdots + a_t = a_t + \sum_{j=1}^{\infty} \phi_j x_{t-j}$$

目前，常用的平稳时间序列模型有自回归模型（AR）、滑动平均模型（MR）、自回归-滑动平均（ARMA）模型三类。取$\pi(B) = 1$，$\varphi(B) = \sum_{j=0}^{p} \phi_j B^j$，则

$$x_t = \phi_1 x_{t-1} + \phi_2 x_{t-2} + \cdots + \phi_p x_{t-p} + a_t$$

上式即为AR过程。由于其中包含有p个加权系数，因此称为p阶自回归模型AR(p)。

取$\pi(B) = \sum_{j=0}^{q} \theta_j B^j$，$\varphi(B) = 1$，则

$$x_t = a_t + \theta_1 a_{t-1} + \theta_2 a_{t-2} + \cdots + \theta_q a_{t-q}$$

上式即为MA过程。因为其中包含有q个加权系数，所以称为q阶滑动平均模型MA(q)。

同时，取

$$\varphi(B) = \sum_{j=0}^{p} \phi_j B^j, \ \pi(B) = \sum_{j=0}^{q} \theta_j B^j$$

则

$$x_t - \phi_1 x_{t-1} - \phi_2 x_{t-2} - \cdots - \phi_p x_{t-p} = a_t - \theta_1 a_{t-1} - \theta_2 a_{t-2} - \cdots - \theta_q a_{t-q}$$

上式即为ARMA过程。它包含p阶自回归模型和q阶滑动平均模型，记为ARMA(p,q)模型。

以上三种模型均是针对平稳时间序列的。对包含季节性或带有趋势项的非平稳时间序列，需要用采用改进的 ARMA 模型或其他非平稳时间序列建模方法。比如，采用季节差分消除季节性或剔除趋势项，可以使某些非平稳时间序列平稳化，然后用 ARMA 模型拟合平稳化的序列，可以得到 ARIMA 模型。

为了验证所创建的时间序列模型是否有效，主要看它提取的信息是否充分，一个好的拟合模型应该能够提取观察值序列中的几乎所有的样本相关信息，因此拟合残差项中不再包含任何相关信息，此时残差序列应该为白噪声序列，这样的模型称为有效模型。如果残差序列为非白噪声序列，就意味着残差序列中还残留着其他信息未被提取，说明拟合效果不够有效，需要选择其他阶次的模型，重新拟合。

利用所建立的时间序列，任意未来时刻 $t+l(l>1)$ 的值可以表示成它之前时刻数据的线性函数。对于 AR(p)模型，这一预测公式为

$$\begin{aligned}\hat{x}_t(l) &= \sum_{i=1}^{p} W_i x_{t+(l-i)} \\ &= a_1 x_{t+(l-1)} + a_2 x_{t+(l-2)} + \cdots + a_p x_{t+(l-p)} (l > 1)\end{aligned}$$

由上式可见，只有 $\hat{x}_t(1)$ 完全使用已知的时序数据得到，其他后续时刻的数据预测都要用到前面时刻的预测结果，这就能有效地综合利用预测结果。当预测步数 l 大于模型阶数 p 时，$\hat{x}_t(l)$ 及之后的预测数据所用的历史数据全部是已得到的预测数据。

取某电动机电流遥测数据并将该数据通过 AR 模型进行预测，预测范围取 8 个采样点步长。遥测数据如图 6-1 所示。

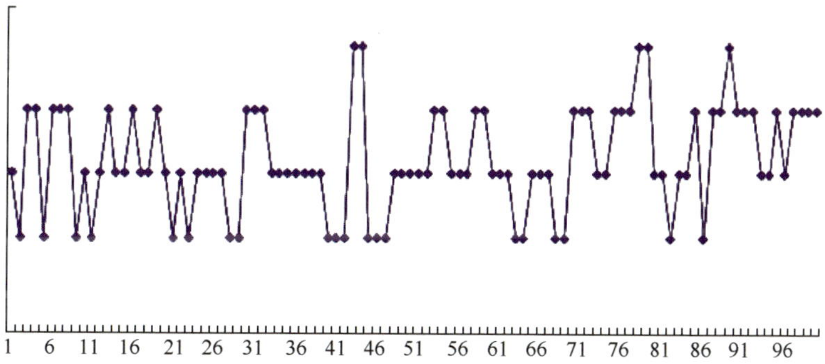

图 6-1　电动机电流遥测数据

将图 6-1 中的数据作为输入，选择 AR 模型且其阶次设为 8，预测步长为 8，预测结果如图 6-2 所示。从结果来看，对于平稳的遥测数据，AR 模型具有较好

的预测效果。

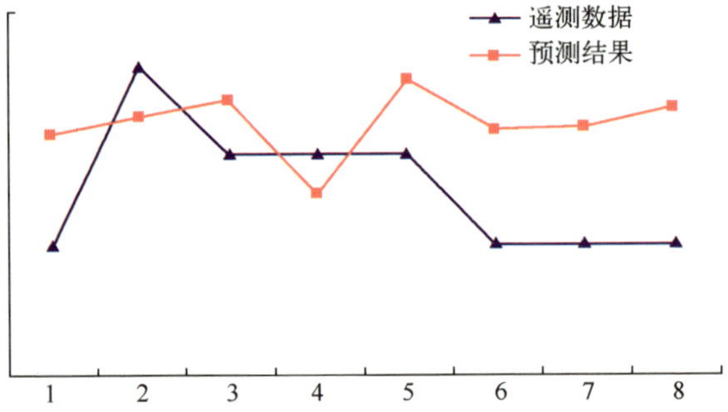

图 6-2　AR 模型预测结果折线图

6.1.2　支持向量机回归模型

支持向量机(SVM)建立在统计学的 VC 维理论和结构风险最小化原则基础之上的,有效避免了维数灾难,并且具有结构简单、学习速度快、全局最优、泛化性好的特点,能较好地解决小样本、非线性、高维数和局部极小等问题。

支持向量机是针对分类问题提出的,通过引入新的损失函数,可以将其推广到回归问题,即建立支持向量机回归(SVR)模型。对回归问题,Vapnik 提出了如下所示的 ε 不敏感损失函数:

$$L_\varepsilon(y,f(x))=\begin{cases}0 & (|y-f(x)|\leqslant\varepsilon)\\ |y-f(x)|-\varepsilon & (\text{其他})\end{cases}$$

若 $f(x)$ 为线性模型,即 $f(\boldsymbol{x},\boldsymbol{\omega})=\boldsymbol{\omega x}+b$,假设所有训练样本都可以在精度 ε 下无误差的用此线性函数拟合,考虑允许拟合误差存在的情况,引入松弛因子 $\xi_i\geqslant0$ 和 $\xi_i^*\geqslant0$。对于给定的训练样本 $(\boldsymbol{x}_i,y_i)$,$\boldsymbol{x}_i\in R^d$,标准 ε 不敏感支持向量回归为

$$\min\frac{1}{2}\boldsymbol{w}^{\mathrm{T}}\boldsymbol{w}+C\sum_{i=1}^{n}(\xi_i+\xi_i^*)$$

$$\text{s. t}\quad\begin{cases}\boldsymbol{w}\boldsymbol{x}_i+b_i-y_i\leqslant\varepsilon+\xi_i^*\\ -\boldsymbol{w}\boldsymbol{x}_i-b_i+y_i\leqslant\varepsilon+\xi_i\\ \xi_i,\xi_i^*\geqslant0\end{cases}$$

式中:C 是预先给定的,用于控制模型复杂度和逼近误差的折中,C 越大,对数据的拟合程度越高;ε 用于控制回归逼近误差管道的大小,从而控制支持向量的个数和泛化能力,其值越大,支持向量越少,精度也越低。

当样本数据不符合线性模型时,可将原数据集通过一个非线性映射 φ 映射

到高维特征空间,然后在这个高维特征空间中进行线性回归。此时需要求解如下最优化问题:

$$\max \sum_{i=1}^{n} y_i(\alpha_i - \alpha_i^*) - \frac{1}{2}\sum_{i,j=1}^{n}(\alpha_i^* - \alpha_i)(\alpha_j^* - \alpha_j)\varphi(\boldsymbol{x}_i)^{\mathrm{T}}\varphi(\boldsymbol{x}_j) - \varepsilon\sum_{i=1}^{n}(\alpha_i + \alpha_i^*)$$

约束条件为

$$\text{s. t.} \quad \sum_{i=1}^{n}(\alpha_i - \alpha_i^*) = 0 \ (\alpha_i, \alpha_i^* \in [0, C])$$

式中:$K(\boldsymbol{x}_i, \boldsymbol{x}_j) = (\varphi(\boldsymbol{x}_i) \cdot \varphi(\boldsymbol{x}_j)) = \varphi(\boldsymbol{x}_i)^{\mathrm{T}}\varphi(\boldsymbol{x}_j)$为核函数,常用的多项式核函数、径向基核函数等。核函数的引入使得函数回归绕过特征空间,不需要显式地知道非线性映射函数φ的表达形式,直接在输入空间上求取ω和b。确定合适的核函数是支持向量机建模中最重要的内容之一。

根据 Karush-Kuhn-Tucker 定理,可得ε不敏感支持向量机回归函数为

$$f(\boldsymbol{x}) = \sum_{i=1}^{n}(\alpha_i - \alpha_i^*)K(\boldsymbol{x}_i, \boldsymbol{x}) + b$$

利用遥测数据对支持向量机回归预测算法进行实验,其结果如图 6-3 所示,其中图 6-3(a)为遥测参数的实测值和一步预测值,图 6-3(b)为对应的预测误差。可以看出,对于大部分遥测参数而言,采用支持向量机方法均能得到较好的预测结果,但是支持向量机对于大样本的训练速度非常慢,不适合于实时性要求高的应用场合。

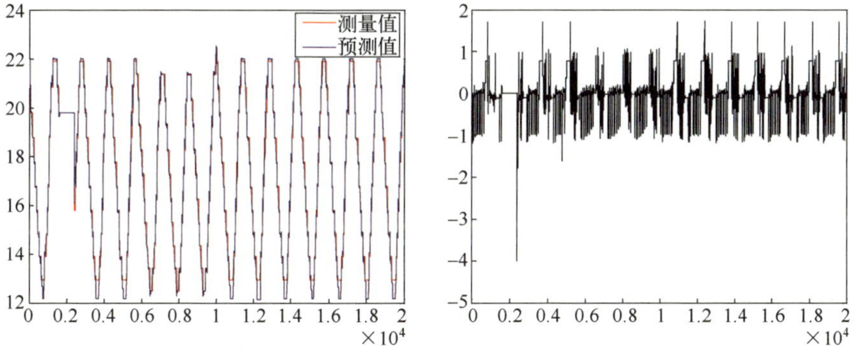

(a) 拟合情况　　(b) 拟合误差

图 6-3　支持向量机预测图

对多组遥测数据进行实验发现,大多数情况下选取径向基函数作为核函数是合适的。为了控制模型复杂程度,惩罚因子C应取值偏小,但是为了使模型的经验误差不要过大,C的取值又不能太小,实验确定其范围为$1 \sim 10^5$。每个遥测数据子空间至少存在一个合适的C使得支持向量机回归的泛化能力最好。

当 C 超过一定值时，支持向量机回归的复杂度达到了数据子空间允许的最大值，此时经验风险和泛化能力几乎不再变化。损失函数中的参数 ε 控制回归逼近误差管道的大小，达到控制支持向量的个数和泛化能力的目的，其值越大，支持向量越少，精度就越低。为了在拟合精度和泛化能力之间寻求平衡，实验验证 ε 的取值范围一般为 $10^{-4} \sim 10^{-1}$。

6.1.3 灰色模型

灰色预测算法是指由于历史数据的不全面和不充分，或某些变量尚不清楚和不确定，使预测处于一种半明半暗的状态。随着数据逐步积累，一些不确定的因素逐步明确，其预测将逐渐由暗变明。

GM(1,1)模型是目前最为常用的灰色预测模型，它通过一个变量的一阶微分方程来揭示序列的发展规律。设原始时间序列数据为

$$x^0 = \{x^0(1), x^0(2), \cdots, x^0(n)\}$$

对其做一次累加生成运算，即令

$$x^1(k) = \sum_{i=1}^{k} x^0(i) \quad (k = 1, 2, \cdots, n)$$

从而可以得到新的生成数列 $x^1 = \{x^1(1), x^1(2), \cdots, x^1(n)\}$，$x^1$ 一般近似服从指数规律，因此满足如下灰色预测的微分方程 GM(1,1)，其白化形式为

$$\frac{\mathrm{d}x^1}{\mathrm{d}t} + ax^1 = b$$

式中：a、b 为辨识参数。

传统的预测建模方法限于差分方程和离散模型，它们反映的是事物发展的阶段性的短过程。灰色系统建立的 GM(n,N)模型(n 为微分方程的阶数，N 为变量的个数)是时间连续模型，可以揭示事物发展的连续的长过程，便于描述系统中动态变化的本质特征。

对 GM(1,1)模型的改进主要包括以下两个方面：

(1) 基于仿真信息的模型白化。针对 GM(1,1)模型不适于长期预测和稳定性较低的问题，在模型中加入物理模型的仿真信息，不仅能提高 GM(1,1)模型对故障预测中随机因素的抗干扰能力，而且能提高 GM(1,1)模型对系统故障演化过程的跟踪能力。

(2) 基于多特征参数的预测融合。在状态预测中，采用多个特征参数可保证演化信息的完整性，提高预测结果的准确度和可靠性。因此，对多个特征参数采用多个 GM(1,1)模型进行预测，并通过特征参数的权值对预测结果进行融合，可有效解决 GM(1,1)模型缺乏对多特征参数的统一考虑的问题。

采用 Y 帆板电压数据进行分析，将数据分为 50 组、每组 10 个数据，建立

GM(1,1)模型进行测试。单步预测以及步长为5的预测效果如图6-4和图6-5所示。

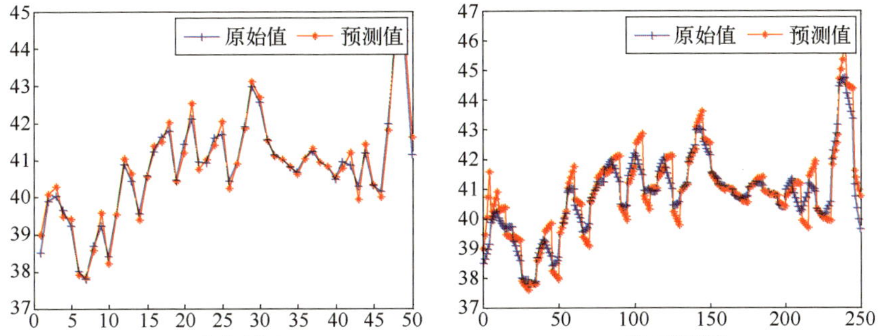

(a) 单步预测　　(b) 5步预测

图6-4　-Y帆板电压数据灰色预测效果

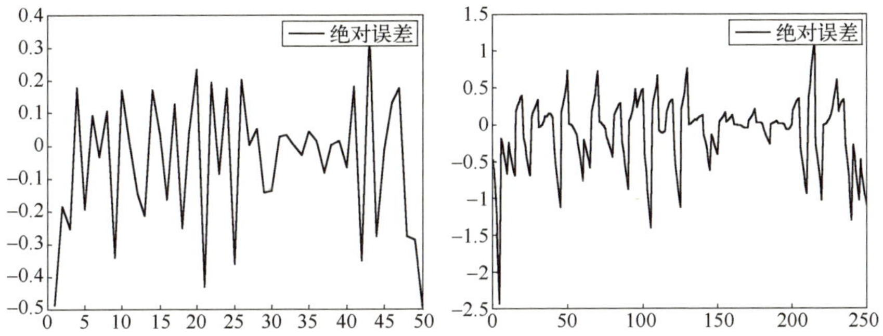

(a) 单步预测误差　　(b) 5步预测误差

图6-5　-Y帆板电压数据灰色预测绝对误差

通过对比可以发现，对非平稳数据进行GM(1,1)预测时，在单步预测情况下，预测效果处于可接受范围；随着预测步长增大，预测绝对误差增大较快，因此对周期性较弱数据采用灰色预测方法进行预测时其质量有较为明显的下降。

进一步研究可以发现，如果遥测数据中存在变化较慢且在若干离散时刻跳变的数据，则利用灰色理论预测方法的预测结果较差，因此数据的平稳性对灰色预测效果有着重要的影响。

6.1.4　神经网络模型

神经网络是借鉴人类大脑和神经系统存储、处理信息的某些特性而抽象出来的一种数学模型，属非线性建模方法，具有自组织、自适应、自学习和容错性好等特性。与经典的统计方法相比，它具有强大的非线性拟合能力，又不以特定的分布为前提,能逐步掌握自变量与因变量间的内在联系,在处理背景知识不清、因果关系不明、信息中含有噪声时具有独到的优势,已成为处理复杂模式的有力工具。

在状态预测中所采用的神经网络模型,主要是径向基函数(RBF)神经网络。RBF 神经网络一种具有单隐层的三层前馈网络,层间为完全连接,如图 6-6 所示,RBF 神经网络结构简单、训练简捷、具有良好的泛化能力。已经广泛应用于许多领域,特别是在函数逼近和模式分类的实际应用中。

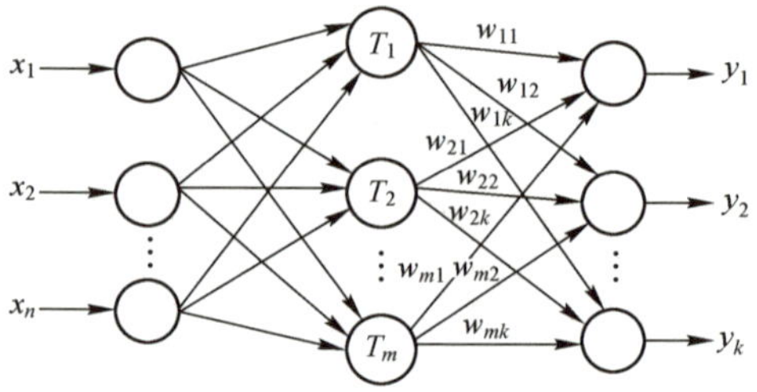

图 6-6　RBF 网络

输入层直接由信号源节点构成,其作用只是接受输入信号并将其传递到隐含层(该层神经元传递函数为线性函数,即连接输入层与隐含层的权值固定为1);隐含层是 RBF 网络中最重要的一层,其单元数由所求解的问题的具体情况而定,该层神经元的传递函数是一种局部分布的对中心点径向对称衰减的非负非线性函数(径向基函数);而第三层输出层只实现对隐含层节点非线性基函数输出的线性组合(其连接权值可调),从而得到最后的结果。RBF 神经网络各层之间的映射关系如下:

(1) 输入层到隐含层的非线性映射。设向量 $\boldsymbol{x}$ 为网络输入向量,为 R 维,向量 $\boldsymbol{y}$ 为输出向量,为 L 维,RBF 神经网络隐含节点 i 的输出一般采用高斯基函数:

$$f_i(x)=\exp\left(\frac{\|\boldsymbol{x}-\boldsymbol{c}_i\|^2}{-2\sigma_i^2}\right)\quad(i=1,2,\cdots,q)$$

式中:f_i 为隐含层节点 i 的输出,是隐含层节点 i 的标准化常数,通常取 1;q 为隐含层节点的数目;$\boldsymbol{x}$ 为输入样本,$\boldsymbol{x}=(x_1,x_2,\cdots,x_R)^{\mathrm{T}}$;$\boldsymbol{c}_i$ 为隐含层节点 i 的中心向量,$\boldsymbol{c}_i=(c_{i1},c_{i2},\cdots,c_{iR})^{\mathrm{T}}$,它是一个列向量,与输入样本 $\boldsymbol{x}$ 的维数相同。

高斯函数的优点是形式简单、径向对称、光滑性好(任意阶导数均存在)、表示简单且解析性好,因而便于进行理论分析。c_i 和 $\boldsymbol{\sigma}_i$ 为高斯函数的中心向量和带宽,是影响 RBF 网络性能的重要参数。

(2) 隐含层至输出层之间的线性映射。隐含层到输出层之间的 $f_i(\boldsymbol{x})\rightarrow y_k$ 的线性映射为

$$y_k=\sum_{i=1}^{q}w_{ki}f_i-\theta_k\quad(k=1,2,\cdots,L)$$

式中：f_i为隐含节点 i 的输出；y_k为输出层节点 k 的输出；w_{ki}为从隐含层到输出层之间的连接权值；θ_k为输出层的门限；q 为隐含层的节点数。

基于卫星遥测数据短期预测的要求，结合 RBF 神经网络模型，对卫星遥测数据进行短期预测，图 6-7～图 6-9 分别为用 RBF 神经网络方法的估计输出以及估计误差和估计误差百分比。从图中可以看出，RBF 神经网络在变化不是很剧烈的数据序列有较好的预测效果，但对有尖角或波动较大的数据序列预测效果不是很理想。

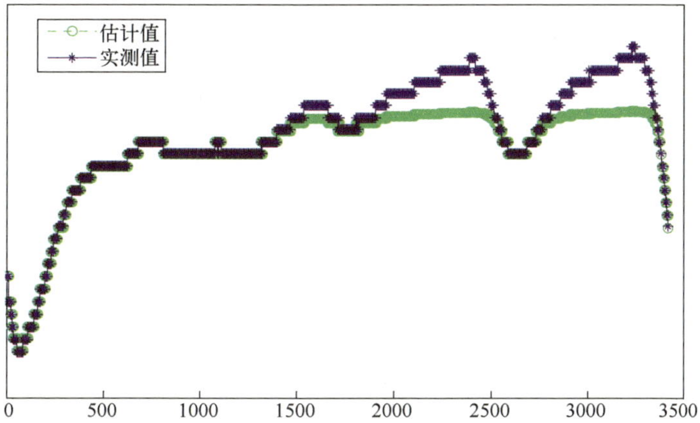

图 6-7　RBF 神经网络的预测结果

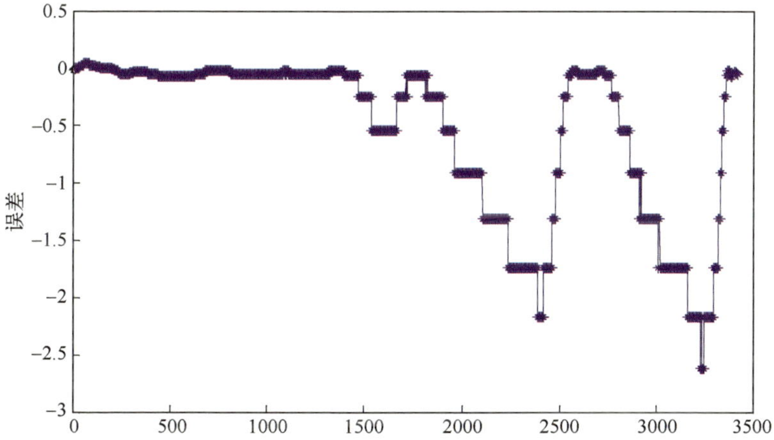

图 6-8　RBF 神经网络的估计误差

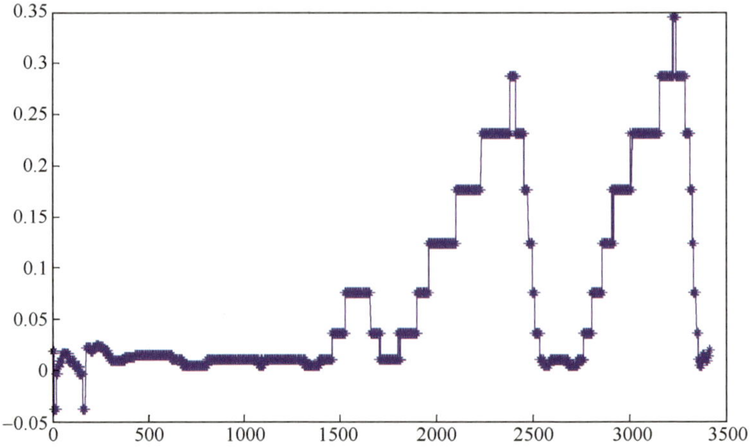

图 6-9　神经网络的估计误差百分比

6.2　组合模型预测

已经证明,多种预测模型的组合在一定条件下能更有效地发挥模型的拟合能力,提高预测精度。组合模型预测的基本思想:选取适当的权重将几种预测模型的预测结果进行适当加权组合,以便综合各模型组分的预测性能,获得更高精度的预测结果。

记 $y_{it}(i=1,2,\cdots,k;\ t=1,2,\cdots,n)$ 表示第 i 种预测方法在 t 时刻的预测值,则 k 种预测方法得到的结果为

$$\hat{y}_t(t)=\sum_{i=1}^{k}A_i y_{it}\quad(t=1,2,\cdots,n)$$

式中:A_i 为第 i 种预测方法的权系数,$\sum_{i=1}^{k}A_i=1$。

6.2.1　熵权法组合预测

传统的组合预测方法一般直接改善某种单一误差指标,如平均绝对误差(MAE)、均方误差(MSE)、平均绝对百分比误差(MAPE)、均方百分比误差(MSPE)等。本节引入熵权评价方法,能够使这些误差指标得到不同程度的改善。

熵是一种不确定性的定量化度量。熵的概念最初来源于热力学,后来发展到统计力学、信息论等学科。熵的基本性质包括:

(1) 非负性:$H_n(p_1,p_2,\cdots,p_n)\geqslant 0$。

（2）可加性：对于相互独立的状态，其熵的和等于和的熵。

（3）极值性：当状态为等概率时，即 $p_i=1/n$ 时熵值最大，因此有

$$H_n(p_1,p_2,\cdots,p_n)\leqslant H_n(1/n,\ 1/n,\cdots,\ 1/n)=\ln n$$

（4）凸性：$H_n(p_1,p_2,\cdots,p_n)$是一个关于所有变量对称的凸函数。

下面考虑组合预测中熵权的确定。设有 m 种预测方法对 n 种指标进行评价，得到评价矩阵为

$$\boldsymbol{X}=\begin{bmatrix} x_{11} & x_{12} & \cdots & x_{1n} \\ x_{21} & x_{22} & \cdots & x_{2n} \\ \vdots & \vdots & & \vdots \\ x_{m1} & x_{m2} & \cdots & x_{mn} \end{bmatrix}$$

式中：x_{ij}为预测方法 i 用指标 j 进行评价得到的估计值。

x_j^* 为评价指标 j 的理想值，x_j^* 的大小因评价指标特性的不同而异，对于收益性指标，值越大越好；而对于损失性指标，值越小越好。

评价指标的估计值 x_{ij}与理想值 x_j^* 的接近度为

$$D_{ij}=\begin{cases} \dfrac{x_{ij}}{x_j^*} & (x_j^*=\max(x_{ij})) \\ \dfrac{x_j^*}{x_{ij}} & (x_j^*=\min(x_{ij})) \end{cases}$$

$$d_{ij}=\frac{D_{ij}}{\sum\limits_{j=1}^{n}\sum\limits_{i=1}^{m}D_{ij}},\ d_j=\sum_{i=1}^{m}d_{ij}$$

第 i 个指标的熵为

$$e(d_j)=\frac{1}{\ln m}\sum_{i=1}^{m}\frac{d_{ij}}{d_j}\ln\frac{d_{ij}}{d_j}$$

第 i 个指标的熵权定义为

$$\theta_j=\frac{1}{n-E}[1-e(d_j)]$$

由此得到的指标熵权，计算出每个单个预测方法的权重，并进行归一化，得到单个方法在组合预测方法中的权重。

通过熵权的大小可以反映不同指标在决策中所起的作用的大小，某个指标的熵值较小，熵权较大时，说明该指标向决策者提供了较多有用的信息。这样就得到了基于熵权的评价指标权向量 $\boldsymbol{W}=(w_1,w_2,\cdots,w_n)$。

熵权法是利用各评价因子提供的有效信息量的多少来反映各评价因子在竞争意义上的相对激烈程度。评价因子的观察值分布离散程度越大，该因子对总体评价的影响程度越大，从而使得熵权法更加客观。

6.2.2 局部加权最小二乘法变权重组合预测

假设对预测数据,有 m 种预测方法 $f_1,\cdots,f_m$,则 m 个模型的组合预测模型为

$$f_t=g_1(t)f_1(t)+g_2(t)f_2(t)+\cdots+g_m(t)f_m(t)\quad(t=1,2,\cdots,N)$$

变系数回归模型为

$$\begin{cases}Y(1)=f(1)+\varepsilon_1=g_1(1)f_1(1)+g_2(1)f_2(1)+\cdots+g_m(1)f_m(1)+\varepsilon_1\\ Y(2)=f(2)+\varepsilon_2=g_1(2)f_1(2)+g_2(2)f_2(2)+\cdots+g_m(2)f_m(2)+\varepsilon_2\\ \qquad\vdots\\ Y(N)=f(N)+\varepsilon_N=g_1(N)f_1(N)+g_2(N)f_2(N)+\cdots+g_m(N)f_m(N)+\varepsilon_N\end{cases}$$

式中:$Y(1),Y(2),\cdots,Y(N)$ 为预测序列在 $t=1,2,\cdots,N$ 的真实值;$\varepsilon_1,\cdots,\varepsilon_N$ 为组合预测模型在 $t=1,2,\cdots,N$ 的预测误差,并假设 ε_t 相互独立且均服从 $\mathrm{N}(0,\delta^2)$。

根据加权最小二乘法,t_0时刻的权重可由以下约束计算:

$$\min\sum_{i=1}^{N}w_i(t_0)\ \{Y(t)-g_1(t_0)f_1(t)-g_2(t_0)f_2(t)\cdots-g_m(t_0)f_m(t)\}^2$$

将变系数回归模型写成矩阵形式:

$$\boldsymbol{F}=\begin{bmatrix}f_1(1) & f_2(1) & \cdots & f_m(1)\\ f_1(2) & f_2(2) & \cdots & f_m(2)\\ \vdots & \vdots & & \vdots\\ f_1(N) & f_2(N) & \cdots & f_m(N)\end{bmatrix},\ \boldsymbol{Y}=\begin{bmatrix}Y(1)\\ Y(2)\\ \vdots\\ Y(N)\end{bmatrix}$$

$$\boldsymbol{W}(t_0)=\mathrm{diag}[w_1(t_0)\quad w_2(t_0)\quad\cdots\quad w_N(t_0)]$$

t_0时刻的权重可用矩阵表示为

$$G(t_0)=(\hat{g}_1(t_0),\hat{g}_2(t_0),\cdots,\hat{g}_N(t_0))=[\boldsymbol{F}^{\mathrm{T}}W(t_0)F]^{-1}\boldsymbol{F}^{\mathrm{T}}W(t_0)Y$$

则 m 个模型的组合预测值为

$$f(t_0)=\hat{g}_1(t_0)\hat{f}_1(t_0)+\hat{g}_2(t_0)\hat{f}_2(t_0)+\cdots+\hat{g}_m(t_0)\hat{f}_m(t_0)$$

$w_i(t_0)$权函数一般取单减非负函数,可以按照经验选择:

$$w_i(t_0)=\begin{cases}\exp(-\lambda\,|i-t_0|)\,(\lambda>0)\\ \lambda^{i-t_0}(0<\lambda<1)\end{cases}$$

式中:λ 为光滑参数。

采用交叉验证(Cross-Validation,CV)法,定义

$$\mathrm{CV}(\lambda)=\sum_{i=1}^{N}[Y(i)-Y_{(i)}(\lambda)]^2$$

式中:$Y_{(i)}(\lambda)$为给定 λ 值的情况下,去掉第 i 组观测值后,基于其他 $N-1$ 组观测值用上述方法所求得的 Y_i的估计值。

选择 λ，使得：

$$CV(\lambda_0)=\min\{CV(\lambda)\}$$

则 λ_0 是所需的光滑参数估计值。

对最小二乘变权重组合预测算法进行了仿真实验，见图 6-10（各曲线所表示的意义与熵权法中的意义相同），其中图 6-10(a)为不同算法及组合算法的预测结果，图 6-10(b)为实测值与组合预测值的比较图，其差值在图 6-10(c)中给出。

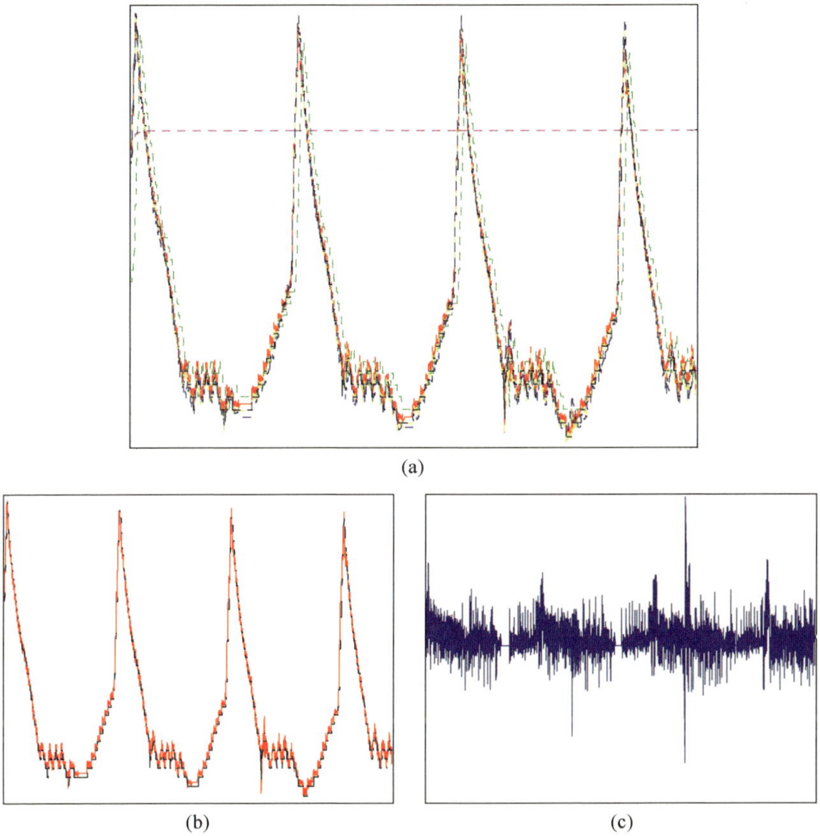

图 6-10　A 星 TN4 采用不同预测算法及组合预测的结果

基于局部加权最小二乘法的变权重组合预测是根据数据间的关联性计算权函数，即时间序列上各点对预测点处预测值的贡献大小，然后由最小二乘法计算各单项预测方法的权重，从而实现组合预测。其不足是：权函数的计算基于时间序列上各点之间数据的关联性，当数据波动较大时，可能会对预测结果造成一定的影响。另外，参数的计算也非常耗时，导致整个组合预测算法的时间较长。

6.3 综合模型预测

组合模型预测利用多种模型分别对遥测数据序列建立模型，并组合各个模型组分的预测结果。综合模型也是使用多种模型对遥测数据序列建模和预测，与组合模型预测不同的是，综合模型建模过程中，使用不同的模型描述遥测数据序列的不同成分或不同特征，再将这些部分通过适当的途径综合在一起，构成一个单一的完整模型，进行预测。由于卫星长期在轨运行过程中，收集到大量的遥测数据，而且受空间环境等因素的影响，遥测数据的变化规律非常复杂，简单模型难以对数据的所有变化特征进行描述。综合建模方法就是为了解决这一问题而提出的。

6.3.1 简单混合模型

简单混合模型实际上是一种分解思想，即将原始数据分解为不同类型时间序列之和（或之积），然后利用不同的模型拟合不同部分，最后将这些部分的模型简单合并，构成原始数据的预测模型。典型的简单混合模型是时间序列分析中的分解模型，即将序列分解为趋势项、周期项、随机项，并对不同的项分别采用回归分析、ARMA 等建立模型。

下面通过 ARMA 时间序列模型与神经网路模型混合建模，进一步介绍简单混合模型预测的过程。ARMA-ANN 混合模型预测算法描述如下。

对时间序列 $X=(x_1,x_2,\cdots,x_n)$，t 为当前时刻，对其进行混合动态 l 步预测。初始时刻 $k=t$，$j=1$（j 为预测循环次数），N 为预测数据个数。

（1）根据样本数据的特点进行平稳化和预处理。设处理后数据序列为 $\{\hat{X}\}$，即训练数据。

（2）模型识别，即模型结构的确定。根据转速数据序列的自相关系数（ACF）和偏相关系数（PACF）的性质和 AIC 准则去估计自回归阶数 p 和移动平均阶数 m。

（3）依据最小二乘法进行模型参数估计，确定当前时刻的观测值与历史时刻观测值和白噪声序列的关系。

（4）利用训练数据 $\{\hat{X}\}$ 检验模型是否达到精度，若满足，即得到合理的 ARMA 模型，从而得到静态多步预测误差 etrain(t)（ANN 的训练数据），转步骤（5）；否则，转步骤（2）。

(5) 将历史数据 $\hat{x}_{k+1-p},\hat{x}_{k+2-p},\cdots,\hat{x}_k$ 代入预测方程,得到 $k+1$ 时刻预测数据 $\hat{x}_{k+1}$。

(6) 若 $k+1-p<l$,则 $k=k+1$,将预测数据加入序列,转步骤(3),重新估计参数;否则转步骤(7)。

(7) 若 $jl<N$,转步骤(8);否则,得到预测结果 $\hat{Y}_L(t)$,转步骤(9)。

(8) 将实际观测值代替之前的 l 步预测值,作为时间序列,转步骤(3),进行第 $j=j+1$ 次循环的 l 步预测。

(9) 用步骤(4)的 etrain(t)来训练 ANN 模型,由步骤(7)中 ARMA 得到的预测结果 $\hat{Y}_L(t)$,得到预测残差 $Y_E(t)$,作为 ANN 的时间序列数据,同步骤(5)、(6)、(7)、(8),得到非线性部分的预测结果 $\hat{Y}_E(t)$。

(10) 由 $\hat{Y}_L(t)$ 和 $\hat{Y}_E(t)$,即得到混合模型的预测结果 $\hat{Y}_t=\hat{Y}_L(t)+\hat{Y}_E(t)$,结束。

根据上述方法对卫星遥测数据进行故障预测。图 6-11 为原始遥测数据和根据 3σ 准则剔除野点后的遥测数据。

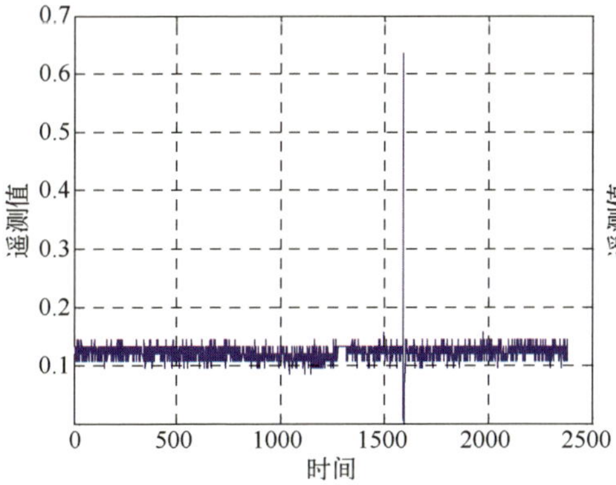

(a) 原始数据

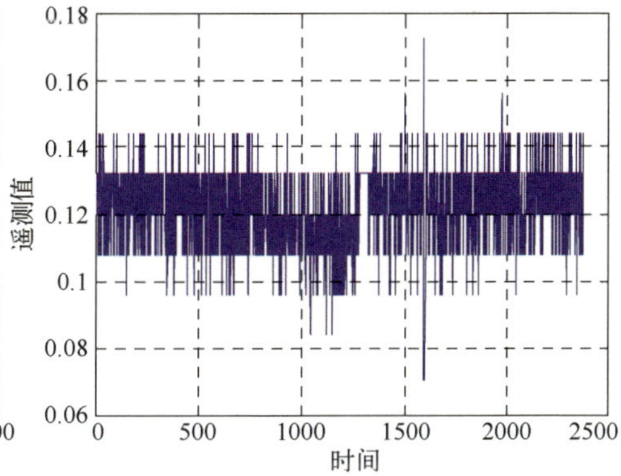

(b) 数据野点提出

图 6-11 原始遥测数据

对上述遥测数据,根据时间序列以及时间序列与神经网络混合模型进行故障预测。预测结果如图 6-12 所示。

根据上述方针结果可以看出,基于时间序列的故障预测结果基本能够预测遥测数据的变换趋势,预测结果误差相对较小。同时也可以看出,预测结果都比原遥测数据小。根据上述故障预测误差,建立神经网络模型,采用混合预测结果如图 6-13 所示。

根据上述预测结果可以看出,采用时间序列与神经网络混合模型的预测结

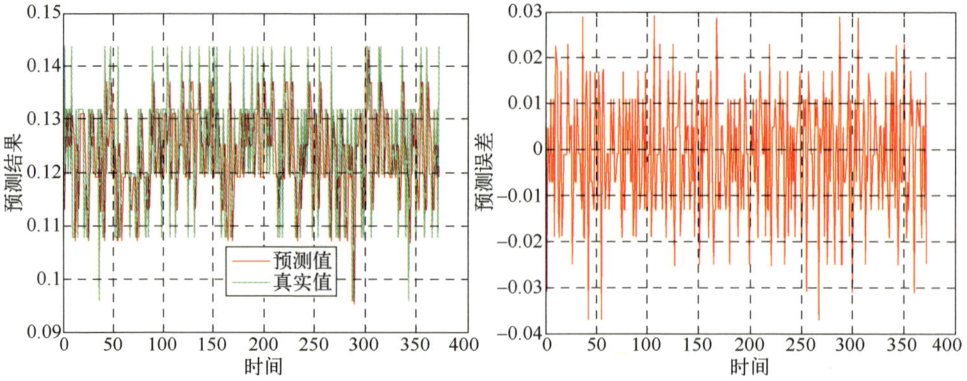

(a) 基于时间序列的故障预测结果　　(b) 基于时间序列的故障预测误差

图 6-12　基于时间序列的预测结果和预测误差

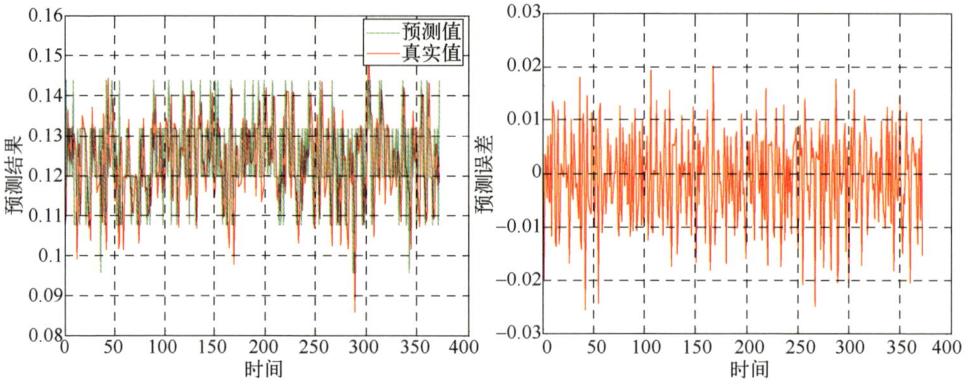

(a) 基于时间序列与神经网络的故障预测结果　　(b) 基于时间序列与神经网络的故障预测误差

图 6-13　时间序列与神经网络混合预测结果和预测误差

果能够很好地预测遥测数据的变换趋势。在数据变化点处,预测结果都大于遥测数据,能够对遥测数据的变化起到提前警示结果。

6.3.2　复杂演化模型

下面介绍一种将序列分段拟合和分段序列演化相结合的综合模型预测方法,其中综合利用相关向量机模型、马尔可夫过程模型、阶梯函数拟合模型等,描述遥测数据的不同部分,构成综合的遥测数据演化过程模型,并进行预测。

本节所述综合模型建模过程:首先,对于剔除野点的卫星在轨遥测数据,依据一定的规则将其划分为时间上相连但不交的分段序列,并计算各分段序列的汇总特征数据,包括均值和标准差等,并对各分段序列按时间和数值进行标准化,定义于区间[0,1]上、取值服从标准正态分布的标准化分段序列;其次,对所获得的标准化分段序列,根据序列的距离或相似性度量,采用聚类分析方法将相互接近或相似的标准化分段序列归为一类,由此形成标准化分段序列的变化模式,并以标准化分段序列所对应的变化模式作为上述分段序列的变化模式;再次,利用上述各变化模式中对应的标准化分段序列,采用函数逼近方法建立各模式下的形式化模型,描述该模式对应的标准化分段序列中的标准化数据在[0,1]上的变化规律;最后,利用上述各分段序列的模式、时间长度及汇总特征数据,以各分段序列的序号为索引变量,建立卫星遥测数据模式演化过程模型,并描述各分段序列的模式、时间长度及汇总特征数据随其序号的变化。

1. 遥测数据子序列建模

遥测数据子序列建模针对的是相同类型(或演化模式)的子序列,为此首先需要对子序列的变化模式进行聚类。假设标准化后的分段子序列为$\boldsymbol{T}_i^*$($i=1,2,\cdots,m$),采用皮尔逊相关系数法进行模式聚类,具体算法:首先,给定采样间隔$v>0$,要求$\lambda=1/v$为正整数;视标准化分段序列$\boldsymbol{T}_i^*$为定义于区间[0,1]上的阶梯函数$\boldsymbol{T}_i^*(t)$,对该阶梯函数以间隔v进行等间隔采样,生成等间隔采样序列$\widetilde{\boldsymbol{T}}_i^*$。由于各采样子序列是等长的,故可以计算其相关系数,于是可以基于所计算的采样序列的相关系数,对分段序列进行聚类。假设对m个子序列,经过聚类后得到p种模式,记模式集合$\boldsymbol{M}=\{\widetilde{\boldsymbol{T}}_1^*,\widetilde{\boldsymbol{T}}_{i_1}^*,\cdots,\widetilde{\boldsymbol{T}}_{i_{p-1}}^*\}$,则其中的每一序列表示一种模式。

将标准化的遥测数据子序列$\boldsymbol{T}_i^*$表示定义于[0,1]上的阶梯函数$\boldsymbol{T}_i^*(t)$,于是可以使用阶梯函数方法为每一个模式$M_i\in\boldsymbol{M}$建立模型S_i,具体方法步骤如下:

(1) 获取模式为$M_i\in\boldsymbol{M}$的标准化遥测数据子序列的集合,记为$\{\boldsymbol{T}_{i_j}^*(j=1,2,\cdots,m_i)\}$。

(2) 视$\boldsymbol{T}_{i_j}^*$为定义在[0,1]区间上的阶梯函数$\boldsymbol{T}_{i_j}^*(t)(j=1,2,\cdots,m_i)$,计算此$m_i$个阶梯函数的平均,即

$$\overline{\boldsymbol{T}}_i^*(t)=\frac{1}{m_i}\sum_{j=1}^{m_i}\boldsymbol{T}_{i_j}^*(t)$$

(3) 给定拟合误差$\varepsilon>0$,采用阶梯函数对$\overline{\boldsymbol{T}}_i^*(t)$进行近似,且近似阶梯函数与$\overline{\boldsymbol{T}}_i^*(t)$的累积误差不超过$\varepsilon$。具体算法如下:

① 对$\overline{\boldsymbol{T}}_i^*(t)$进行等间隔采样获得时间序列$\overline{\boldsymbol{T}}_i^*$,所采用的采样间隔应保证时间序列$\overline{\boldsymbol{T}}_i^*$包含$\overline{\boldsymbol{T}}_i^*(t)$的所有取值发生变化的点。

② 将$\overline{\boldsymbol{T}}_i^*$的每个数据视作一段,所得分段作为$\overline{\boldsymbol{T}}_i^*$的当前分段。

③ 计算当前分段中每一段数据的均值,并与当前分段中的数据比较,获得用均值近似该分段数据的近似误差;若所有分段的近似误差之和超过ε,则转

⑦;否则转④。

④ 计算将当前分段与其相邻分段合并,并用均值近似合并段所导致的近似误差的增加。

⑤ 找到能够合并的近似误差增加最小的相邻分段。

⑥ 将近似误差增加最小的相邻分段合并,生成新的(更大的)段,并转③。

⑦ 输出分段策略,并基于该分段获得逼近$\overline{\boldsymbol{T}}_i^*$的阶梯函数$S_i$,作为模式$M_i \in \boldsymbol{M}$的形式化模型。

由此得到每个模式的形式化模型,将各模式的形式化模型的集合记为

$$\boldsymbol{S}=\{S_1,S_2,\cdots,S_p\}$$

2. 模式演化建模

对每一个子序列,已经获得了该子序列的分段模型以及该子序列的均值和标准差。模式演化建模的目的,就是要给出子序列的均值、标准差的变化规律,以及作为模式的子序列的状态转移的规律。

1) 基于马尔可夫过程的模式转移建模

本文采用马尔可夫过程$\{X_i,i=1,2,\cdots\}$建立遥测数据的模式演化模型。设马尔可夫过程模型的状态空间$\boldsymbol{X}=\boldsymbol{M}\times\boldsymbol{R}^+\times\boldsymbol{R}\times\boldsymbol{R}^+$,初始状态为$(M_1,\tau_1,\mu_1,\sigma_1)$。其中,$M_i \in \boldsymbol{M}$表示$i$时刻的模式,$\tau_i$为时间段长度,$\mu_i$为均值,$\sigma_i$为标准差,均为遥测数据子序列$\boldsymbol{T}_i$的属性。记

$$\boldsymbol{x}=(M_x,\tau_x,\mu_x,\sigma_x)\in\boldsymbol{X},\ \boldsymbol{y}=(M_y,\tau_y,\mu_y,\sigma_y)\in\boldsymbol{X}$$

马尔可夫过程状态转移函数为

$$\begin{aligned}p_t(\boldsymbol{x},\boldsymbol{y})&=P\{X_i=\boldsymbol{y}\mid X_{i-1}=\boldsymbol{x}\}\\&=p_i^{\mathrm{M}}(M_x,M_y;\tau_y,\mu_y,\sigma_y)\times p_i^{\tau}(\tau_x,\tau_y)\times p_i^{\mu}(\mu_x,\mu_y)\times p_i^{\sigma}(\sigma_x,\sigma_y)\end{aligned}$$

式中

$$p_i^{\tau}(\tau_x,\tau_y)=\delta(\tau_y-f_{\tau}(i))$$

$$p_i^{\mu}(\mu_x,\mu_y)=\delta(\mu_y-f_{\mu}(i))$$

$$p_i^{\sigma}(\sigma_x,\sigma_y)=\delta(\sigma_y-f_{\sigma}(i))$$

函数δ(·)定义为:自变量取值为0时,函数值为1;否则,函数值为0。

模式转移概率$p_i^M(M_x,M_y;\delta_y,\mu_y,\sigma_y)$采用如下方法确定:

(1) 若当前子序列的模式仅与其时间段长度、均值、标准差等属性有关,则

$$p_t^{\mathrm{M}}(M_x,M_y;\tau_y,\mu_y,\sigma_y)=F_M(\tau_y,\mu_y,\sigma_y)$$

$F_M(\tau_y,\mu_y,\sigma_y)$为取值于[0,1]的实值函数。进一步,若当前子序列的模式取决于其时间段长度、均值、标准差等属性取值的集合,则$F_M(\tau_y,\mu_y,\sigma_y)$对应于集合$\{(\tau_y,\mu_y,\sigma_y)\}$的划分的示性函数。

(2) 若当前子序列的模式与其时间段长度、均值、标准差等属性无关,即

$$p_i^M(M_x,M_y;\tau_y,\mu_y,\sigma_y)=p_i^M(M_x,M_y)$$

则按以下方式确定模式转移概率：统计两两模式之间转移的频数 n_{ij}，并以两两模式之间的转移频率作为 $p_i^M(M_x,M_y)$ 的估计值，即

$$\widehat{p_i^M(M_x,M_y)}=p_{ij}=\frac{n_{ij}}{\sum_{k=1}^{p}n_{ik}}$$

(3) 一般情况下，按以下方式确定模式转移概率 $p_i^M(M_x,M_y;\tau_y,\mu_y,\sigma_y)$：对给定的子序列序号 i，在给定子序列的时间段长度、均值、标准差 τ_y、μ_y 和 σ_y 的条件下，统计两两模式之间转移的频数 $\tilde{n}_{ij}\triangleq n_{ij}|\tau_i,\mu_i,\sigma_i$，得到两两模式之间的条件转移概率为

$$\widehat{p_i^M(M_x,M_y;\tau_y,\mu_y,\sigma_y)}=p_{ij}=\frac{\tilde{n}_{ij}}{\sum_{k=1}^{p}\tilde{n}_{ik}}$$

2) 基于 RVM 的模式属性演化建模

将遥测数据子序列 $\boldsymbol{T}_i$ 的模式 $M_i\in\boldsymbol{M}$、时间段长度 $\tau_i=f_\tau(i)$、均值 μ_i 和标准差 σ_i 为 $\boldsymbol{T}_i$ 的属性，记为 $(M_i,\tau_i,\mu_i,\sigma_i)(i=1,2,\cdots,m)$。

使用相关向量机建立描述子序列 $\boldsymbol{T}_i$ 的属性随其序号变化的模型：

(1) 根据数据 $(i,\mu_i)(i=1,2,\cdots,m)$，采用相关向量机模型描述遥测数据子序列的均值随其序号变化的模型 $\mu=f_\mu(i)$。其中，核函数采用高斯核函数：

$$k(z_i,z_j)=\exp\left(-\frac{\|z_i-z_j\|^2}{h^2}\right)$$

(2) 根据数据 $(i,\sigma_i)(i=1,2,\cdots,m)$，采用相关向量机模型描述遥测数据子序列的标准差随段数变化的模型 $\sigma=f_\sigma(i)$。其中，核函数采用高斯核函数。

(3) 按如下方式定义表示自变量 z 与因变量 x 之间关系的模型：设训练数据为 $\{z_n,x_n\}_{n=1}^{N}$，其中因变量 x_n 为独立样本，x 与 z 之间的关系为

$$x(z)=\boldsymbol{\Phi w}+\boldsymbol{\xi}$$

式中：$\boldsymbol{w}$ 为权重向量；$\boldsymbol{\xi}=(\xi_1,\xi_2,\cdots,\xi_N)^{\mathrm{T}}$ 为附加噪声，是均值为 0、方差 σ^2 未知的独立正态分布，即 $\xi_i\sim N(0,\sigma^2)$；$\boldsymbol{\Phi}$ 为由核函数组成的结构矩阵，且有

$$\boldsymbol{\Phi}=[\boldsymbol{\varphi}(z_1),\boldsymbol{\varphi}(z_2),\cdots,\boldsymbol{\varphi}(z_N)]^{\mathrm{T}}$$

其中

$$\boldsymbol{\varphi}(x_n)=[k(x_n,x_1),k(x_n,x_2),\cdots,k(x_n,x_N)]^{\mathrm{T}}$$

按照以下步骤建立相关向量机的模型：

(1) 定义权重向量 $\boldsymbol{w}$ 的先验分布为

$$p(\boldsymbol{w}|\alpha)=\prod_{i=0}^{N}N(w_i|0,\alpha_i^{-1})$$

式中：$\alpha=(\alpha_0,\alpha_1,\cdots,\alpha_N)$为先验分布的超参数。记$\boldsymbol{A}=\mathrm{diag}(\alpha_0,\alpha_1,\cdots,\alpha_N)$。

进一步设定超参数α和附加噪声的方差$\boldsymbol{\sigma}^2$服从伽马分布，即

$$p(\alpha_1,\cdots,\alpha_N)=\prod_{i=0}^{N}\mathrm{Gamma}(\alpha_i|a,b),\ p(\sigma^2)=\mathrm{Gamma}(\sigma^2|c,d)$$

式中

$$\mathrm{Gamma}(u|a,b)=\Gamma(a)^{-1}b^a u^{a-1}\mathrm{e}^{-bu}$$

其中

$$\Gamma(a)=\int_0^\infty t^{a-1}\mathrm{e}^{-t}\mathrm{d}t$$

(2) 设置迭代终止条件(迭代次数和梯度门限)；选择高斯核函数及其带宽h；设置初始超参数α和σ为

$$\alpha_i=1/N^2(i=1,2,\cdots,N)$$

$$\sigma=\sqrt{\frac{1}{N}\sum_{i=1}^{N}(x_i-\bar{x})^2}$$

式中

$$\bar{x}=\frac{1}{N}\sum_{i=1}^{N}x_i$$

(3) 计算权重向量$\boldsymbol{w}$的后验分布的均值和方差：

$$\mu=\sigma^{-2}\sum\boldsymbol{\Phi}^{\mathrm{T}}y,\ \sum=(\sigma^{-2}\boldsymbol{\Phi}^{\mathrm{T}}\boldsymbol{\Phi}+A)^{-1}$$

(4) 更新超参数α和$\boldsymbol{\sigma}^2$：

$$\alpha_i^{\mathrm{new}}=\frac{1-\alpha_i\boldsymbol{\Sigma}_{ii}}{\boldsymbol{\mu}_i^2}$$

$$(\sigma^2)^{\mathrm{new}}=\frac{\|y-\boldsymbol{\Phi\mu}\|^2}{N-\sum_{i=0}^{N}(1-\alpha_i\boldsymbol{\Sigma}_{ii})}$$

(5) 删除$\alpha_i>\alpha_{\max}$的样本及其对应的超参数和基向量，得到新的超参数向量$\boldsymbol{\alpha}$、矩阵$\boldsymbol{A}$和基矩阵$\boldsymbol{\Phi}$，并设其对应数据为相关向量。

(6) 若迭代次数或结果梯度小于规定值，则迭代结束，输出相关向量；否则转步骤(3)。

通过相关向量机建立的描述子序列$\boldsymbol{T}_i$的属性随其序号变化的模型，以及马尔可夫过程得到的模式转移概率矩阵，最终建立卫星遥测数据的模式演化模型。

3. 基于综合模型的预测方法

利用所建立的综合模型，可以得到一种虚拟遥测数据生成方法，具体步骤如下：

(1) 置当前子序列序号 $i=1$；设置初始模式 $M_{.}=M_1$，根据形式化模型 S_1 生成第一个子序列的标准化数据，根据 τ_1、μ_1、σ_1 以及遥测数据起始时刻 t_1，通过反变换生成第一个子序列的虚拟遥测数据子序列。

(2) 令 $i=i+1$，下一遥测数据子序列起始时刻 $t_i=t_{i-1}+\tau_{i-1}$。

(3) 根据 $f_\tau(\cdot)$、$f_\mu(\cdot)$ 和 $f_\sigma(\cdot)$，生成第 i 个子序列的时间长度 τ_i、均值 μ_i 和标准差 σ_i。

(4) 根据模式转移概率 $p_i^M(M_x,M_y;\delta_y,\mu_y,\sigma_y)$ 生成第 i 个子序列的模式 $M_{.}$。

(5) 根据模式 $M_{.}$ 的形式化模型模式 $S_{.}$ 生成第 i 个子序列的标准化数据。

(6) 根据第 i 个子序列的时间长度 τ_i、均值 μ_i 和标准差 σ_i，进行反变换生成第 i 个子序列的虚拟遥测数据。

(7) 重复步骤(2)～(6)，直到产生所需时间长度的遥测数据序列。

所述根据子序列长度 τ_i、均值 μ_i、标准差 σ_i，以及遥测数据起始时刻 t_i，对标准化数据子序列进行反变换：

设标准化子序列为

$$\boldsymbol{T}_i^*=\{(0,\boldsymbol{T}_i^*(\vartheta_i)),(t_{n_{i-1}+1}^*,x_{n_{i-1}+1}^*),\cdots,(t_{n_i}^*,x_{n_i}^*),(1,\boldsymbol{T}_i^*(\vartheta_{i+1}))\}$$

则反变换后的子序列为

$$\boldsymbol{T}_i=\{(\vartheta_i,\boldsymbol{T}_i(\vartheta_i)),(t_{n_{i-1}+1},x_{n_{i-1}+1}),\cdots,(t_{n_i},x_{n_i}),(\vartheta_{i+1},\boldsymbol{T}_i(\vartheta_{i+1}))\}$$

式中

$$\vartheta_i=t_i,\vartheta_{i+1}=\vartheta_i+\tau_i$$

$$t_j=t_i+t_j^*\cdot\tau_i(j=n_{i-1}+1,\cdots,n_i)$$

$$x_j=\mu_i+x_j^*\cdot\sigma_i(j=n_{i-1}+1,n_{i-1}+2,\cdots,n_i)$$

$$\boldsymbol{T}_i(\vartheta_i)=\mu_i+\boldsymbol{T}_i^*(\vartheta_i)\cdot\sigma_i,\boldsymbol{T}_i(\vartheta_{i+1})=\mu_i+\boldsymbol{T}_i^*(\vartheta_{i+1})\cdot\sigma_i$$

4. 示例分析

以某星的某温度参数一年的数据为例进行试验。图 6-14 是使用前推差分算式进行剔除野值处理之后的遥测数据，从图中可以比较清晰地观察到数据的变化过程以及趋势。

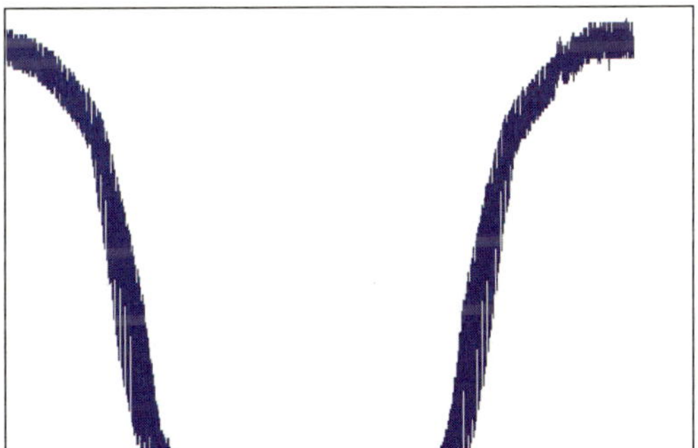

图 6-14　剔除野值之后的遥测数据

首先对原始数据进行分段，由于本参数受到卫星位置和太阳位置的影响，呈现日变化规律和年变化规律，因此设置分段长度为 1 天，即进行等长度分段,分段结果如图 6-15(a)所示。图中将分段之后所有得到的子序列绘制到一起,并将得到的每一分段的均值信息和标准差信息绘出图 6-15(b)为标准化之后的分段数据,此时,时间维归一化到[0,1]区间上,数值根据其所在段的均值和标准差信息进行了标准正态化。标准化之后的数据消除了数值幅度不同对于聚类的影响。

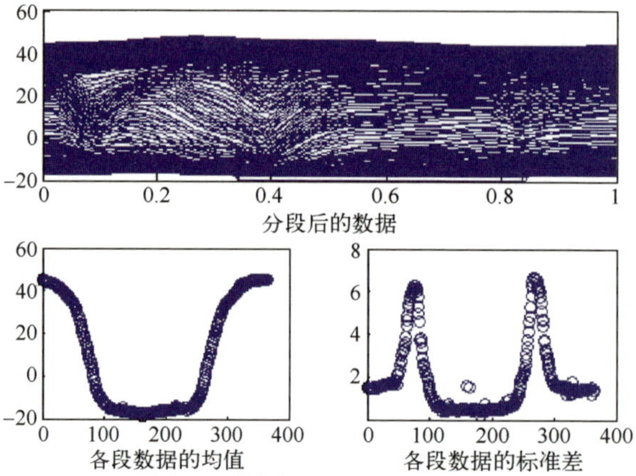

(a) 分段之后的数据及各段均值、标准差信息

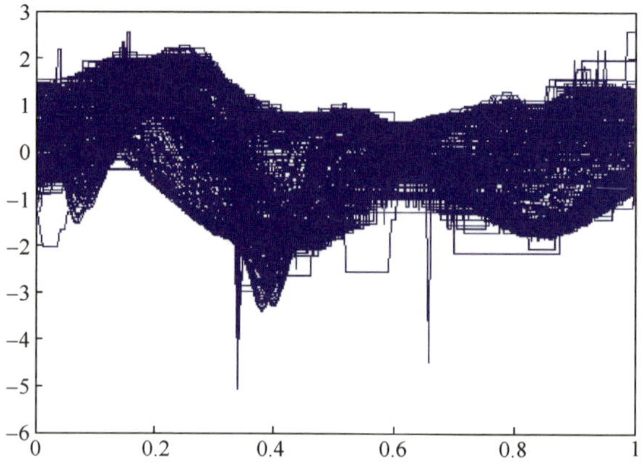
(b) 分段数据标准化

图 6-15　分段后数据

此时,已经可以对标准化之后的子序列进行模式聚类处理,使用皮尔逊相关系数法进行模式聚类,可以得到各子序列的相似矩阵,设置 $\gamma=0.7$,得到 8 种不同的模式,如图 6-16 所示。

按照分段逼近方法对上述 8 种模式进行形式化建模,设置拟合误差为 20,建模结果如图 6-17 所示。从图中可以看出,本方法所建立的形式化模型可以很好地代表每一种模式的数据类型。

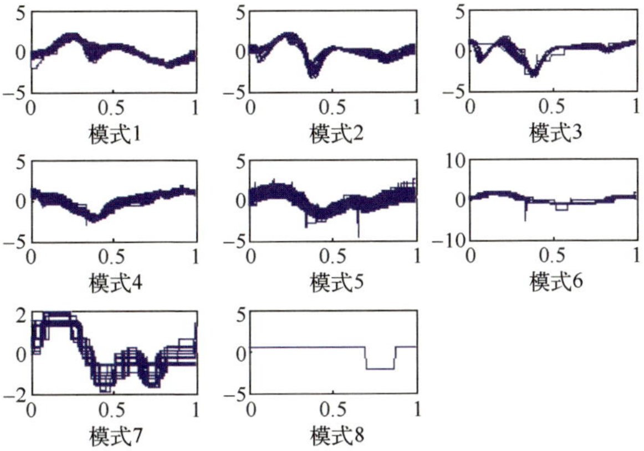

图 6-16　聚类得到的 8 种模式

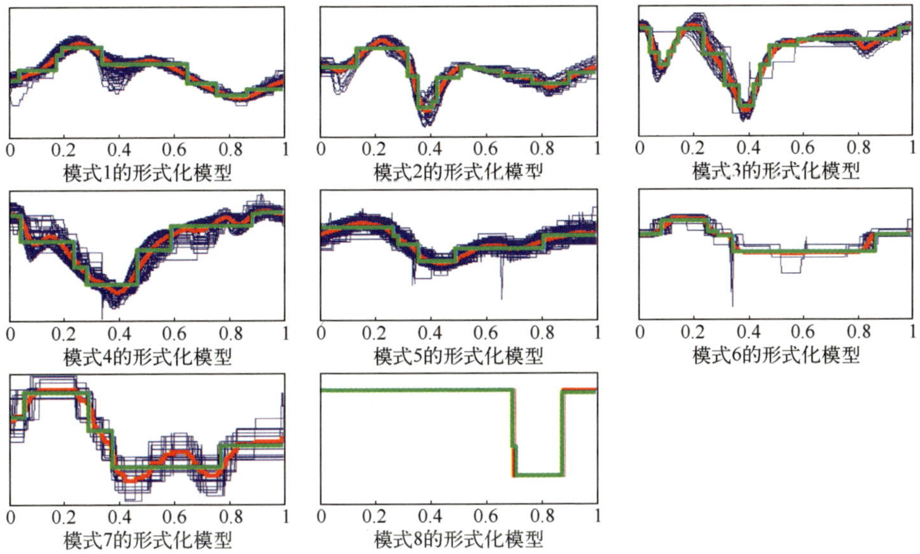

图 6-17　8 种模式的形式化模型

采用相关向量机以及马尔可夫过程方法，首先计算得到模式转移概率矩阵（表 6-1），其次得到各子序列均值序列和标准差序列的相关向量（图 6-18）。

表 6-1　模式转移概率矩阵

	1	2	3	4	5	6	7	8
1	0.9911	0.0089	0	0	0	0	0	0
2	0.0357	0.9286	0.0357	0	0	0	0	0
3	0	0.0345	0.8966	0.0345	0.0345	0	0	0

（续）

	1	2	3	4	5	6	7	8
4	0	0	0.0175	0.9649	0.0175	0	0	0
5	0	0	0.0112	0.0112	0.8090	0.1236	0.0337	0.0112
6	0	0	0	0	0.2500	0.5938	0.1563	0
7	0	0	0	0	0.3750	0.1250	0.5000	0
8	0	0	0	0	1	0	0	0

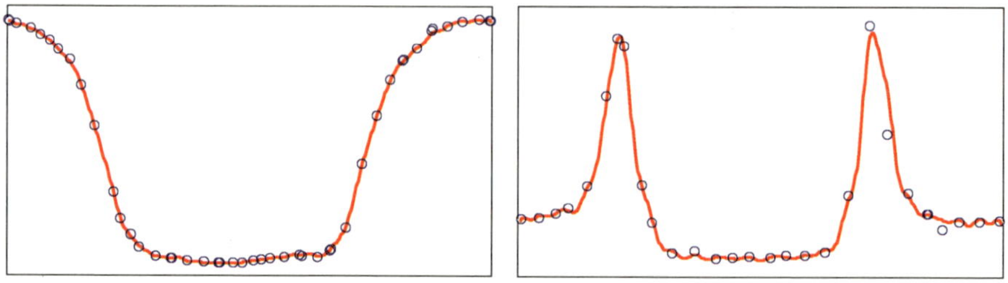

(a) 均值序列相关向量　　(b) 标准差序列相关向量

图 6-18　基于 RVM 建立模式属性演化模型

从表 6-1 可以得到模式间转移概率。例如，当前为模式 M_1，下一模式依然为模式 M_1 的概率为 0.9911，下一模式为模式 M_2 的概率为 0.0089，即 $P(M_1|M_1)=0.9911$，$P(M_2|M_1)=0.0089$。

由模式形式化模型、模式转移概率矩阵、子序列均值序列相关向量及标准差相关向量可以得到模式演化模型。使用此模型进行仿真，来验证模型的有效性。图 6-19(a)为基于所建立的模式演化过程模型和上述算法生成的虚拟遥测数据，为了使对比效果更为明显，只截取其中一部分。从图 6-19(b)可以看出，本节所建立的模式演化模型很好地体现了原始数据的数据特征以及趋势特征。从图 6-19 可以看出，本节所提出的模式演化过程模型能够较好地保存原始数据的特征，并能比较好地还原细节信息。

本节所述方法，经过多次试验分析和验证，可以得出适用性结论：对于温度数据，此类数据数据量大，规律较显著，建模结果和模拟预测结果都非常理想；对于一小部分存在尖峰类型变化的温度数据，除了尖峰部分，其他部分结果也都相对理想；对于敏感器输出数据，由于数据量过小或存在缺失，因此不考虑使用本方法进行建模处理；对于电流数据，由于电流数据受地影影响很大，因此建模结果不是很理想。

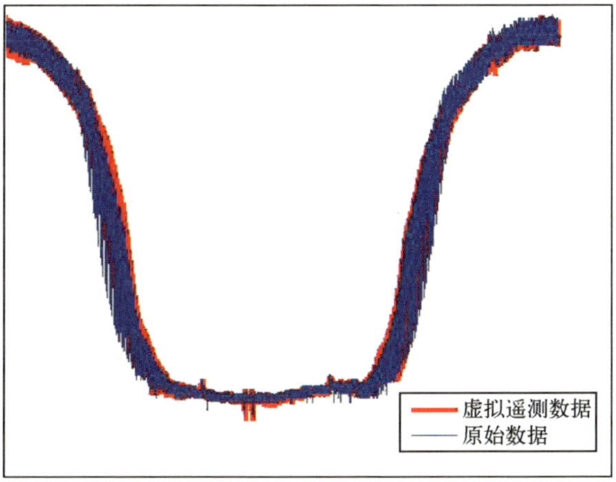

(a) 虚拟遥测数据

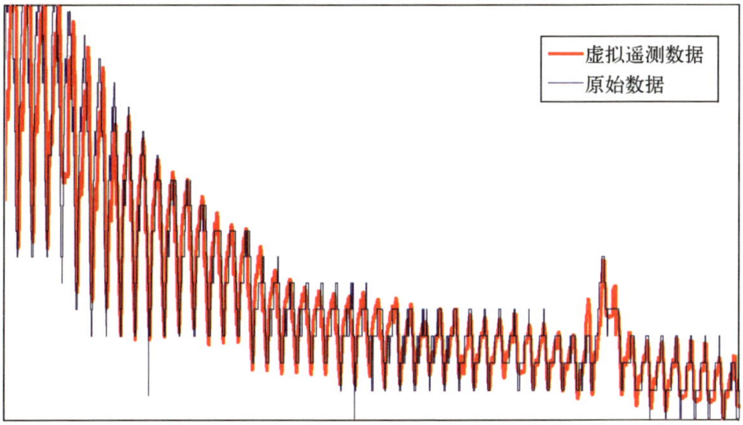

(b) 部分虚拟数据

图 6-19　模式演化模型生成数据与原始数据对比

6.4　模型辨识与修正

6.4.1　模型辨识方法

构建良好的模型是实现有效预测的前提，因此需要提供有效的模型辨识方法。不同的建模方法中模型辨识的准则和步骤存在差异，这里以时间序列模型为例进行说明。

建立一个时间序列模型，要先根据先验知识，以及所提供的时间序列数据，提出一个与实际过程相吻合的模型结构，这就是模型识别问题。对于平稳随机序列来说，模型识别的任务就是判断究竟在何种情况下应该使用 AR 模型、MA 模型或 ARMA 模型。

时间序列模型识别一般采用 Box-Jenkins 识别法，即根据样本自相关系数 $\hat{\rho}_k$ 及样本偏自相关函数 $\hat{\phi}_{kk}$ 的截尾、拖尾性来判断序列所适合的模型类型。如果样本自相关系数 $\hat{\rho}_k$ 在 $k>q$ 后截尾，则判断为 MA(q)序列；如果样本偏自相关函数 $\hat{\phi}_{kk}$ 在 $k>p$ 后截尾，则判断为 AR(p)序列；如果 $\hat{\rho}_k$、$\hat{\phi}_{kk}$ 都不截尾，而是拖尾的(按负指数衰减趋于零)，则应判断为 ARMA 序列，阶次尚不能确定。

确定了模型类型之后，为建立具体模型，需要用某种方法确定模型的具体阶数，这项工作就称为阶次判定(简称定阶)。模型定阶是系统建模中非常重要的一环，概括起来有偏相关定阶法、F-检验定阶法、FPE 定阶法、最小信息准则(AIC)定阶法和 BIC 定阶法等。

AIC 是赤池 1973 年将 FPE 准则推广到辨识 ARMA 模型阶数而给出的准则。运用这一准则，能在模型参数极大似然估计的基础上，对 ARMA(p,q)模型的阶数和相应的参数给出一种最佳估计。

当欲从一组可供选择的模型中选择一个最佳模型时，选取 AIC 为最小的模型是适宜的，即对事先给定的阶数上界 n_h，令

$$\mathrm{AIC}(k_0)=\min_{0<k<n_h}\mathrm{AIC}(k)$$

便取 k_0 为最佳的参数个数。

当 $\{x_t\}$ 为 AR(p)序列时，计算公式为

$$\mathrm{AIC}(p)=N\log\hat{\sigma}_a^2(p)+2(p+1)$$

当 $\{x_t\}$ 为正态 ARMA(p,q)序列时，计算公式为

$$\mathrm{AIC}(p,q)=N\log\hat{\sigma}_a^2(p,q)+2(p+q+1)$$

式中：$\hat{\sigma}_a^2(p,q)$ 为 ARMA(p,q)模型白噪声方差的估计。

AIC 是借助信息论而提出的一个完全客观的定阶准则，利用这个准则不要求建模人员再加入任何主观判断。

对于所建立的时间序列模型，为考核所建模型的优劣，还可以在应用模型处理数据后对模型的残差序列进行检验，检验它是否为白噪声序列。若残差序列是白噪声序列，则认为模型合理，可用于预测；否则，应进一步改进模型。检验方法有直观判断、F-检验法和 χ^2 检验法。

6.4.2 参数辨识与修正方法

对于不同类型的模型，模型参数估计有不同的方法。对于概率模型来说，常用极大似然估计和贝叶斯估计，对于神经网络模型，则主要采用误差反向传

播算法。而估计支持向量机模型参数时,一般需要求解一个最优化问题。这里不准备介绍所有方法,仅就概率模型的参数估计问题进行介绍。这也是模型参数修正的前提。

1. 基于模型的参数辨识与修正方法

基于模型的参数辨识是在已知对象模型阶次或者非线性形式的前提下,根据输入和输出数据,对其中部分或全体参数进行辨识,给出按某种准则下的最优参数估计。参数修正则是在参数辨识结果的基础上,按照一定规律给出当前参数估计结果的修正量,将此修正量与当前参数估计值结合,得到参数的最终辨识结果。基于模型的参数辨识与修正过程如图6-20所示。

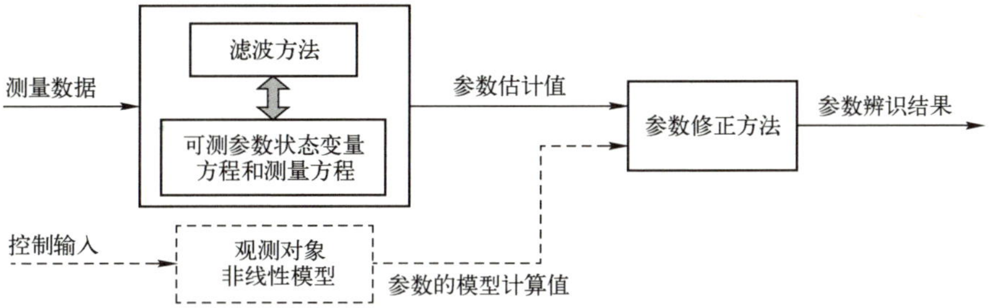

图6-20　基于模型的参数辨识与修正过程

在参数估计中,状态方程和测量方程体现的是对象系统的模型结构,滤波方法则是辨识之前对数据的处理。由于待辨识系统是可能出现故障的系统,辨识的目的是检测模型故障,因此,需要保留数据中的噪声,不进行去除野点的滤波处理。当被观测对象的模型无法确定时,无法得到虚线部分参数的模型计算结果,需要利用其他方法对参数估计值进行修正。

2. 基于数据的参数辨识与修正方法

因为卫星空间运行环境的不可知因素的影响,很多系统或部件难以建立精确物理解析模型,所以需要分析在轨运行情况后对模型参数进行辨识或调整。此外,卫星上各个部件之间并不是完全独立的,分系统之间的耦合关系导致单个部件的物理模型无法建立。因此,可以利用卫星在轨运行期间的大量实测数据,分析实测数据与模型输出之间的关系,建立基于数据的系统模型。

根据卫星特点,可以建立“多输入-多输出”(MIMO)系统模型,并采用极大似然估计等方法估计模型参数。多输入-多输出模型可用下列的差分方程表示:

$$
\begin{aligned}
&\boldsymbol{Y}(k)+a_1\boldsymbol{Y}(k-1)+\cdots+a_{n_a}\boldsymbol{Y}(k-n_a)\\
&=\boldsymbol{B}_0\boldsymbol{U}(k)+\boldsymbol{B}_1\boldsymbol{U}(k-1)+\cdots+\boldsymbol{B}_{n_b}\boldsymbol{U}(k-n_b)+\xi(k)
\end{aligned}
$$

式中:系统输出 $\boldsymbol{Y}$ 为 m 维向量;输入 $\boldsymbol{U}$ 为 r 维向量;n_a 和 n_b 分别为模型的输出和输入阶次;$a_1, a_2, \cdots, a_{n_a}$ 为待辨识的标量参数;$\boldsymbol{B}_0, \boldsymbol{B}_1, \cdots, \boldsymbol{B}_{n_b}$ 为待辨识的 $m\times r$ 矩阵,

$$\boldsymbol{Y}(k)=\begin{bmatrix} y_1(k) \\ y_2(k) \\ \vdots \\ y_m(k) \end{bmatrix}, \boldsymbol{U}(k)=\begin{bmatrix} u_1(k) \\ u_2(k) \\ \vdots \\ u_r(k) \end{bmatrix}, \boldsymbol{\xi}=\begin{bmatrix} \xi_1(k) \\ \xi_2(k) \\ \vdots \\ \xi_m(k) \end{bmatrix}$$

$$\boldsymbol{B}_i=\begin{bmatrix} b_{1i1} & b_{1i2} & \cdots & b_{1ir} \\ b_{2i1} & b_{2i2} & \cdots & b_{2ir} \\ \vdots & \vdots & & \vdots \\ b_{mi1} & b_{mi2} & \cdots & b_{mir} \end{bmatrix} \quad (i=0,1,\cdots,n_b)$$

可以采用极大似然估计得到 $n_a+(n_b+1)mr$ 个未知参数,以及系统输入噪声方差的估计。

为了提高模型精度,需要利用新的观测数据对辨识的初始结果进行修正。针对卫星状态是否异常,参数修正可分为正常状态下模型参数修正和异常状态下模型参数修正。

1) 正常状态下模型参数修正

正常状态下模型参数修正实际上是体现了一种对模型不精确情况下基于误差模型的校准。经典极大似然估计认为系统噪声是白噪声,这样可以简化模型。在误差不是白噪声,或者多输入-多输出模型无法精确表达系统输入输出关系的情况下,需要对误差建立模型,以便消除误差估计不精确的影响。假设参数辨识模型定阶后的模型形式为

$$\hat{\boldsymbol{Y}}=F(\theta_i)$$

则误差可以表示为

$$\boldsymbol{e}=\boldsymbol{Y}-\hat{\boldsymbol{Y}}=\boldsymbol{Y}-F(\theta_i)$$

使用多元线性回归模型对辨识误差进行建模,得到误差与输入 $\boldsymbol{U}$ 之间的关系为

$$\boldsymbol{e}=G(\boldsymbol{U})$$

将误差模型与辨识模型结合形成最终的修正模型,即

$$\boldsymbol{Y}=F(\theta_i)+G(\boldsymbol{U})$$

该方法体现的思想是将数据模型与误差模型分开建模,用误差模型补偿辨识后的模型,进而提高了模型的精度。设误差与输入之间为线性关系,即

$$\boldsymbol{e}=\boldsymbol{\beta}_0+\boldsymbol{\beta}_1 u_1+\cdots+\boldsymbol{\beta}_r u_r$$

式中:$\boldsymbol{\beta}_0, \boldsymbol{\beta}_1, \cdots, \boldsymbol{\beta}_r$ 为回归模型参数向量;$u_1, \cdots, u_r$ 为系统输入。

根据多元线性回归辨识误差修正模型参数，将误差模型与辨识模型结合形成最终的修正模型为

$$\boldsymbol{Y}(k)=F(\theta_i)+\boldsymbol{e}=F(\theta_i)+\boldsymbol{\beta}_0+\boldsymbol{\beta}_1 u_1(k)+\cdots+\boldsymbol{\beta}_r u_r(k)$$

可以得到关于多输入-多输出系统模型的修正模型为

$$F^*(\theta^*)=\boldsymbol{Y}_{n_a}\cdot\boldsymbol{a}^{\mathrm{T}}+\boldsymbol{B}_0^*\cdot\boldsymbol{U}(k)+\boldsymbol{B}_1\cdot\boldsymbol{U}(k-1)+\cdots+\boldsymbol{B}_{n_b}\cdot\boldsymbol{U}(k-n_b)+\boldsymbol{\beta}_0$$

$$B_0^*=\begin{bmatrix} b_{101}+\boldsymbol{\beta}_{11} & b_{102}+\boldsymbol{\beta}_{12} & \cdots & b_{10r}+\boldsymbol{\beta}_{1r} \\ b_{201}+\boldsymbol{\beta}_{21} & b_{202}+\boldsymbol{\beta}_{22} & \cdots & b_{20r}+\boldsymbol{\beta}_{2r} \\ \vdots & \vdots & & \vdots \\ b_{m01}+\boldsymbol{\beta}_{m1} & b_{m02}+\boldsymbol{\beta}_{m2} & \cdots & b_{m0r}+\boldsymbol{\beta}_{mr} \end{bmatrix}$$

式中

$$\boldsymbol{Y}_{n_a}=[\boldsymbol{Y}(k-1),\cdots,\boldsymbol{Y}(k-n_a)],\ \boldsymbol{a}=[a_1,a_2,\cdots,a_{n_a}]$$

2）异常状态下模型参数修正

异常状态的发生具有时效性，基于批量数据的极大似然估计依赖大量历史信息，不能反映当前状态数据的影响。考虑卫星在轨状态模型的参数是时变的，受历史数据影响应该不大，因此，可以采用分层辨识的方法建立异常状态下模型参数修正方程。其基本思想是将当前第 $1\sim k$ 组历史数据分为 M 层（层数可以根据需要进行选取）。设 $\boldsymbol{\theta}_i$ 为参数估计结果，$\hat{\boldsymbol{\theta}}_j$ 为使用第 j 层数据辨识的结果，$F(\cdot)$ 为系统模型，定义模型输出的修正为

$$\Delta F(\widetilde{\theta}_{i,M})=\frac{1}{M+1}\sum_{j=1}^{M}[F(\hat{\theta}_j)-F(\theta_i)]$$

修正的目的是在故障出现的情况下，正常状况的模型已经无法满足甚至不能应用于新的模型的辨识，应该在故障出现的时候调用修正方法，使得最终结果尽可能接近真实情况。在正常状况下时，由于对于模型不变的状况修正是没有影响的，因此判断是否需要进行修正。假设通过参数辨识得到的系统噪声标准差为 σ，设 λ 为一比例系数，δ 为当前时刻的辨识相对误差，则经过修正后的模型 $F^*(\boldsymbol{\theta}^*)$ 为

$$F^*(\theta^*)=\begin{cases} F(\boldsymbol{\theta}_i) & (-\lambda\sigma\leqslant\delta\leqslant\lambda\sigma) \\ F(\boldsymbol{\theta}_i)+\Delta F(\widetilde{\boldsymbol{\theta}}_{i,M}) & (\text{其他}) \end{cases}$$

假设系统模型为线性差分方程，此时上式可以化简。假设由修正模型第 j 层的数据得到的模型参数为

$$\hat{\boldsymbol{a}}_j=[\hat{a}_{1,j},\hat{a}_{2,j},\cdots,\hat{a}_{n_a,j}],\hat{\boldsymbol{B}}_{j,0},\hat{\boldsymbol{B}}_{j,1},\cdots,\hat{\boldsymbol{B}}_{j,n_b}$$

辨识得到的参数为

$$\boldsymbol{a}_i=[a_{1,i},a_{2,i},\cdots,a_{n_a,i}],\boldsymbol{B}_{i,0},\boldsymbol{B}_{i,1},\cdots,\boldsymbol{B}_{i,n_b}$$

则模型和修正的参数为

$$F^*(\theta^*)=\begin{cases}\boldsymbol{Y}_{n_a}\cdot\boldsymbol{a}_i^{\mathrm{T}}+\boldsymbol{B}_{i,0}\boldsymbol{U}(k)+\boldsymbol{B}_{i,1}\boldsymbol{U}(k-1)+\cdots+\boldsymbol{B}_{i,n_b}\boldsymbol{U}(k-n_b) & (-\lambda\sigma\leqslant\delta\leqslant\lambda\sigma)\\ \boldsymbol{Y}_{n_a}\cdot\boldsymbol{a}^{*\mathrm{T}}+\boldsymbol{B}_0^*\boldsymbol{U}(k)+\boldsymbol{B}_1^*\boldsymbol{U}(k-1)+\cdots+\boldsymbol{B}_{n_b}^*\boldsymbol{U}(k-n_b) & (\text{其他})\end{cases}$$

$$\boldsymbol{a}^*=\frac{1}{M+1}\left(\boldsymbol{a}_i+\sum_{j=1}^{M}\hat{\boldsymbol{a}}_j\right)$$

$$\boldsymbol{B}_0^*=\frac{1}{M+1}\left(\boldsymbol{B}_{i,0}+\sum_{j=1}^{M}\hat{\boldsymbol{B}}_{j,0}\right)$$

$$\boldsymbol{B}_1^*=\frac{1}{M+1}\left(\boldsymbol{B}_{i,1}+\sum_{j=1}^{M}\hat{\boldsymbol{B}}_{j,1}\right)$$

$$\vdots$$

$$\boldsymbol{B}_{n_b}^*=\frac{1}{M+1}\left(\boldsymbol{B}_{i,n_b}+\sum_{j=1}^{M}\hat{\boldsymbol{B}}_{j,n_b}\right)$$

可以看出，修正方法将原来的辨识模型中的参数进行了修正，模型的形式并没有改变，而是加入了更代表实时性质的模型参数，使修正得到的参数更能体现实时的数据模型。

3）自适应模型参数修正方法

采用分层方法进行参数修正可以很好地将辨识模型尽量地修正至当前状态，如何将数据分层则影响修正的效果。特别的，对于多输入-多输出系统辨识，很多时候卫星遥测数据在一段时间内没有任何变化，会使得最小二乘的数据矩阵出现不满秩的情况，此时无法计算出有些数据层的辨识结果，影响修正方法的结果。

前述所采用的数据分层方法，仅采用简单平均分段的方式。这一方式很多时候不能保证分层后的数据能够应用于辨识方法中，导致有时候修正结果无法计算，影响算法稳定性。因此，需要一种能够自动或者自适应的数据分层方法，以期望修正方法能够更加的稳定。这里介绍一种能够自适应地将数据进行分层的方法。

设当前时刻为 t，$\boldsymbol{Y}(t)$、$\boldsymbol{U}(t)$ 分别表示当前时刻的输出、输入数据，$\boldsymbol{Y}(t-k)$、$\boldsymbol{U}(t-k)$ 表示 k 个采样时刻之前输入、输出数据，$\boldsymbol{Y}(-\infty,t)$、$\boldsymbol{U}(-\infty,t)$ 表示当前时刻之前的所有输入、输出数据，$\boldsymbol{Y}(t-k,t)$、$\boldsymbol{U}(t-k,t)$ 表示当前时刻与 k 个采样时刻前的时刻之间所有的输出、输入数据。$(l_{\min}^i,l_{\max}^i)$ 表示每一层数据所取数据点数的区间，即每一层所包含的数据数量，分层数据的上、下限主要基于时效性与稳定性的双重考虑。根据分层修正方法的特性，当分层数据越小时辨识出来的参数就能越代表当前时刻的状态,而由于参数辨识方法需要一定数量的数据才能保证辨识的准确性,为了辨识修正方法计算结果的稳定需要设置下限;每一层的数据数量过多也会使得分层达不到修正的效果,需要限定上限。

自适应的模型参数修正方法的步骤如下:

(1) 得到 $\boldsymbol{Y}(-\infty,t)$ 和 $\boldsymbol{U}(-\infty,t)$,设 $j=1$,设置第一层数据的数据量区间 $(l_{\min}^{1},l_{\max}^{1})$ 和所需分层的层数 M。

(2) 令 $l_{\min}^{j}=j\cdot l_{\min}^{1}$,$l_{\max}^{j}=j\cdot l_{\max}^{1}$,取 Δl 为搜索数据长度的步长,计数标志为 $c=1$。

(3) 令 $k=l_{\min}^{j}+\Delta l\cdot(c-1)$,如果 $l_{\min}^{j}\leqslant k\leqslant l_{\max}^{j}$,则选取 $\boldsymbol{Y}(t-k,t)$ 和 $\boldsymbol{U}(t-k,t)$ 为第 j 层的数据,并根据极大似然估记进行辨识计算参数 $\hat{\boldsymbol{\theta}}_j$;否则,自适应模型参数修正方法无法计算,无法修正。

(4) 若 $\hat{\boldsymbol{\theta}}_j$ 可以得到则执行(5);否则 $c=c+1$,然后转到(3)。

(5) 记录当前第 j 层的数据数以及辨识结果。若 j 等于 M,则执行(6);否则 $j=j+1$,转到(2)。

(6) 利用记录的每一层的辨识结果计算修正结果。

利用上述步骤可以动态得到分层修正方法中每一层的数据,并以此进行辨识。这种自适应的方法好处是,每次修正的分层是计算得来的,可以保证在实时更新时,不会发生因事先设置的平均分层导致分层修正算法无法计算的现象,在一定程度上提高算法的稳定性。

6.4.3 示例分析

1. 太阳电池直流模型参数辨识

卫星太阳电池是半导体 P-N 结在受光照时产生光生效应并将光能直接转化成电能的一种能量变换器。太阳电池模型主要分为物理模型和外特性模型。物理模型主要是分析电池的光电转换过程,其过程复杂。外特性模型则是以电池的输出特性为主要研究对象,通过研究太阳电池输出的电压、电流来等效出它的电路模型。以光生效应为基础的太阳电池,P-N 结是其核心,每个电池单元从外特性来看,可以看成由一只正向二极管与一个恒流源并联组成的回路。太阳电池阵是由若干太阳电池片串联和并联而成的,太阳电池阵的输出特性取决于单片电池的输出特性。图 6-21 是一个广泛应用的标准太阳电池直流等效模型,可以对太阳电池的直流性能进行很好的一阶估算。

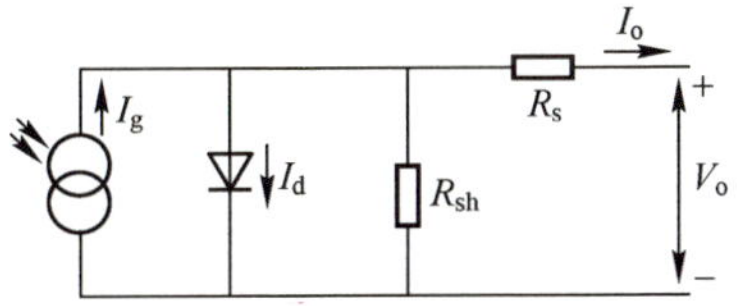

图 6-21　太阳能电池直流等效模型

根据等效电路可知,太阳电池的输

出电压和输出电流满足

$$I_o = I_g - I_d\left[\exp\left(\frac{e(V_o + I_oR_s)}{AkT}\right) - 1\right] - \frac{V_o + I_oR_s}{R_{sh}}$$

式中:A 为曲线拟合常数(取值[1,5]);R_s为电池串联电阻;R_{sh}为电池并联电阻;I_d为二极管反向饱和电流;I_g为光生电流;e 为电子电荷(1.6×10^{-19}C);k 为玻耳兹曼常数,$K=1.8\times10^{-23}$J/K;T 为电池的热力学温度;I_o为电池输出电流;V_o为电池输出电压。

方程中含有 A、R_s、R_{sh}、I_g、I_d 5 个未知系数,通过输出电流与输出电压的数据可以辨识出这些系数。

选取某星遥测数据,以$-Y$ 帆板电流、帆板温度$-Y$ 帆板电压为辨识输入信号,采用粒子群优化算法,对上述模型的参数进行辨识。在这期间,输入信号的变化情况如图 6-22 所示。

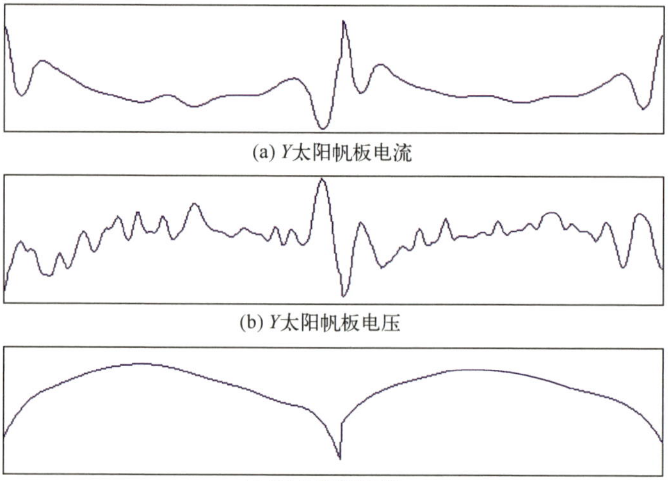
(a) Y太阳帆板电流

(b) Y太阳帆板电压

(c) Y太阳帆板温度

图 6-22　输入原始数据

由于待辨识模型为隐式方程,并没有明确的输入和输出,在此,以太阳电池的输出电压和帆板温度为系统的输入,输出电流为系统的输出。参数 A、R_s、R_{sh}、I_g、I_d的搜索范围分别为(1,5)、(0.01,0.1)、(400,2500)、(0,0.8)、(10^{-10},4×10^{-10}),种群数量选为 35,最大迭代次数为 800 次。

对辨识结果进行分析,得到辨识结果与原始输入数据的对比如图 6-23 和图 6-24 所示。

采用粒子群算法对太阳电池直流模型进行参数辨识的相对误差均值为 0.1249,方差为 0.3260。还可以看出,将粒子群优化算法用于太阳电池直流模

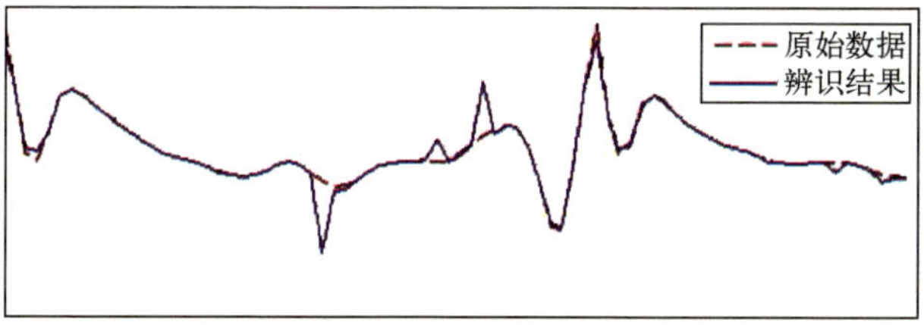

图 6-23　辨识结果与原始数据对比

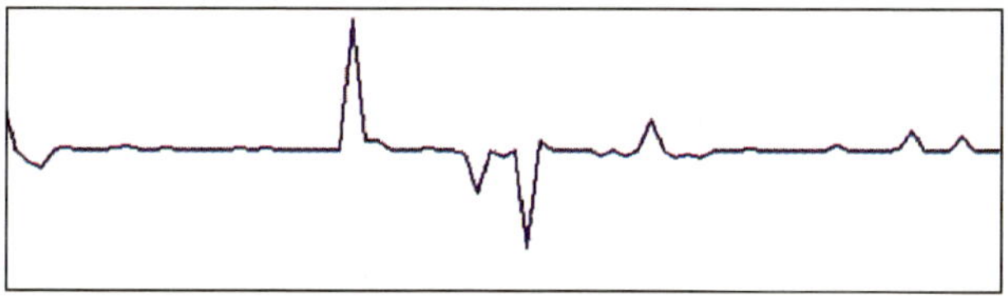

图 6-24　辨识误差

型的辨识具有较高的精度，以及良好的可信性。

分析太阳电池的工作原理可以发现，影响太阳电池性能的主要因素之一是光生电流，光生电流的大小直接决定太阳电池的输出电流的大小。因此，对光生电流进行辨识，得到光生电流的变化情况如图 6-25 所示。

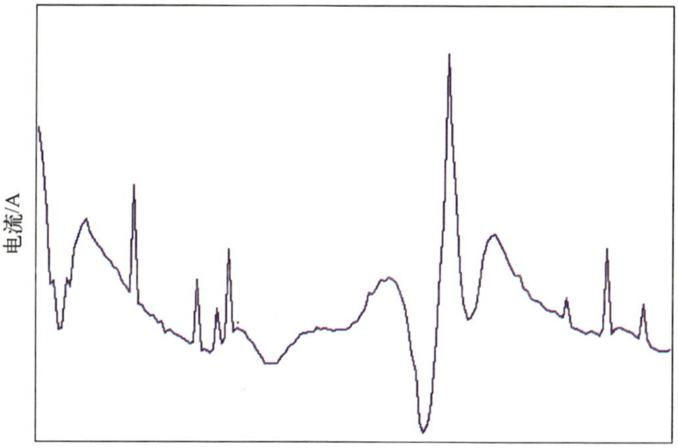

图 6-25　光生电流辨识情况

对比光生电流辨识结果和太阳电池输出电流的变化情况可以看出，二者走势大致相似，呈正相关关系，说明此辨识方法是有效的。

2. 电源系统故障模型辨识与修正

电源系统中太阳电池、蓄电池及控制系统共同工作，相互关联，因此可对电源系统整体进行建模。在进行系统辨识之前，对电源系统工作过程进行分析建

模,可将电源系统看成一系列单个组件相互连接构成的系统,根据需要对这些组件的输入、输出进行行为描述。建模过程如下:

(1) 对系统进行详细的分析,明确系统工作环境、原理。确定有哪些组成部件,部件之间连接的逻辑关系等。

(2) 根据系统工作原理,设计组件的变量及变量值。系统不同则变量不同,组件不同需要的变量值也不同。在系统模型建立前,这一步工作是相当重要的。变量划分的是否详细直接影响组件中正常模式与故障模式的建立。

(3) 根据系统组件关系的分析,确立每个组件的输入与输出关系,同时确立输入与输出的变量值。输入与输出关系的明确是对系统组件之间逻辑关系最好的说明。

(4) 按照系统正常运行,各个组件表现出来的状态建立模型中正常工作模式。

(5) 根据对系统的故障模式结果分析辨识系统故障模型的结构和参数,建立系统的等效模型。

(6) 对系统模型进行分析,验证系统正常模式、故障模式,证明系统模型的正确性。

结合上述分析,可对电源系统进行统一建模,选取对整个系统性能影响较大的参数作为辨识的输入信号,截取遥测数据中含有电源系统故障的数据段,对电源系统的故障模型进行结构辨识与参数辨识。

以太阳电池总电流、四组蓄电池组温度、蓄电池组当前电量、蓄电池组充电量、蓄电池组放电量、纬度幅角、轨道倾角、升交点赤经、轨道半长轴为电源系统输入,以母线电流为系统输出,对电源系统的故障模型进行系统辨识。其中母线电流的变化情况如图 6-26 所示。

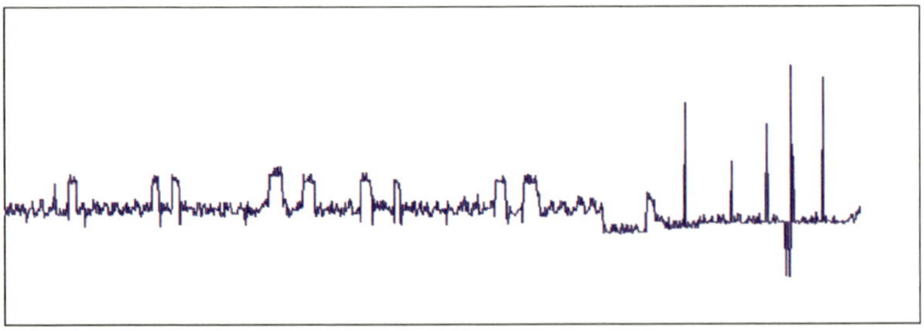

图 6-26　母线电流

蓄电池组温度 1、2、3、4 分别如图 6-27 所示。

平台太阳电池总电流的变化情况如图 6-28 所示。

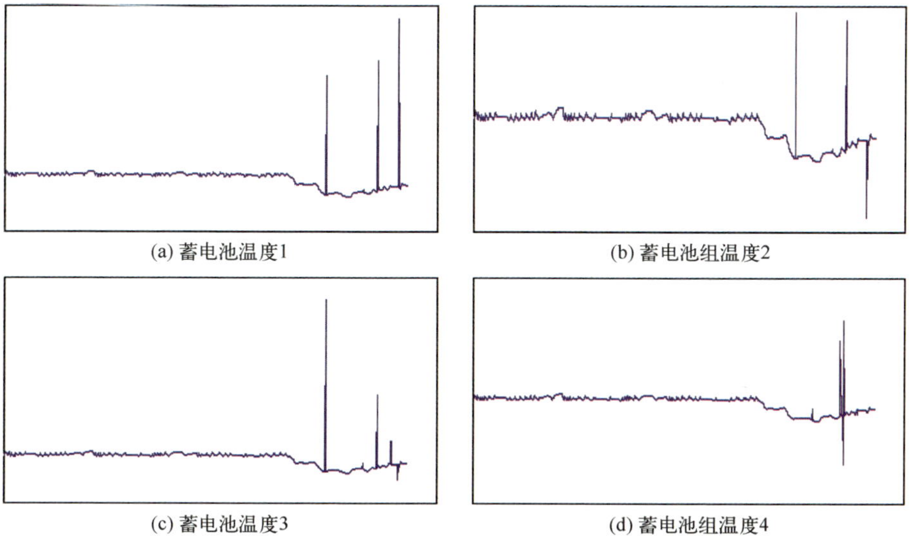

图 6-27　70A·h 蓄电池组温度

图 6-28　平台太阳电池阵总电流

蓄电池组当前电量如图 6-29 所示。

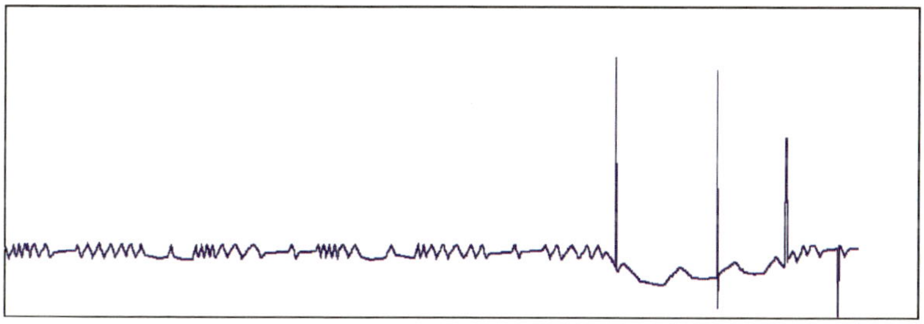

图 6-29　蓄电池当前电量

蓄电池组充电量和放电电量如图 6-30 所示。

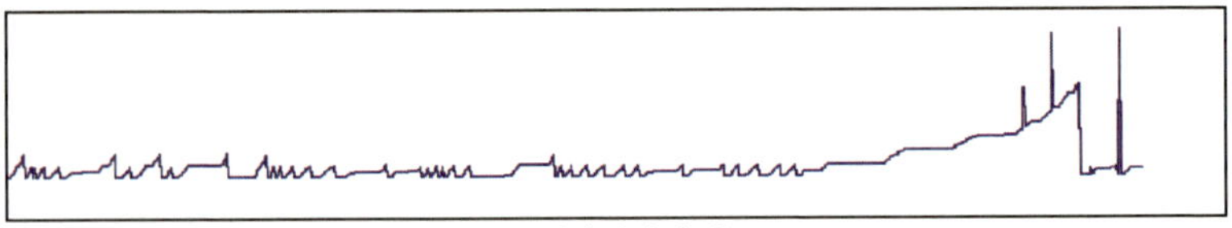

(a) 蓄电池充电量

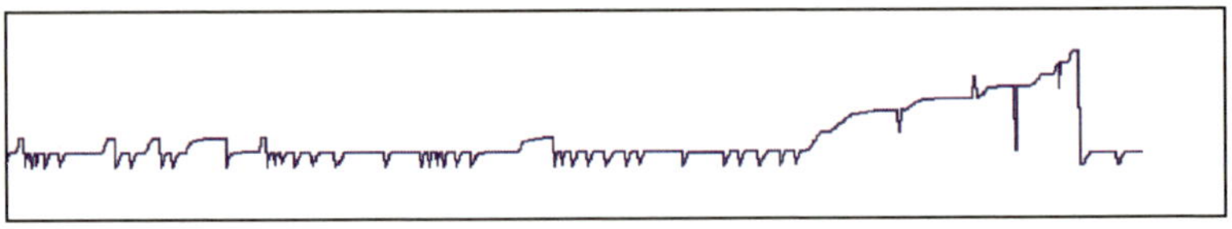

(b) 蓄电池放电量

图 6-30 蓄电池组充放电电量

在轨卫星的工作状态与轨道位置也有密切的关系，不同的轨道位置，电源系统的工作状态不同，对电源系统具有重要影响的轨道信息主要有纬度幅角、轨道倾角、升交点赤经和轨道半长轴。在截取的遥测数据中，上述遥测数据的变化情况如图 6-31 所示。

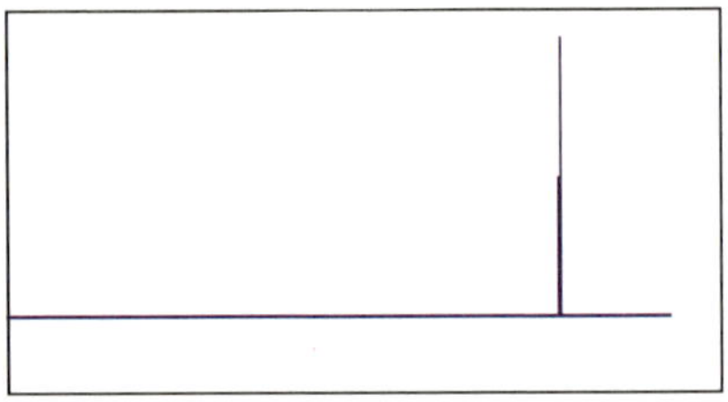

(a) 纬度幅角

(b) 轨道倾角

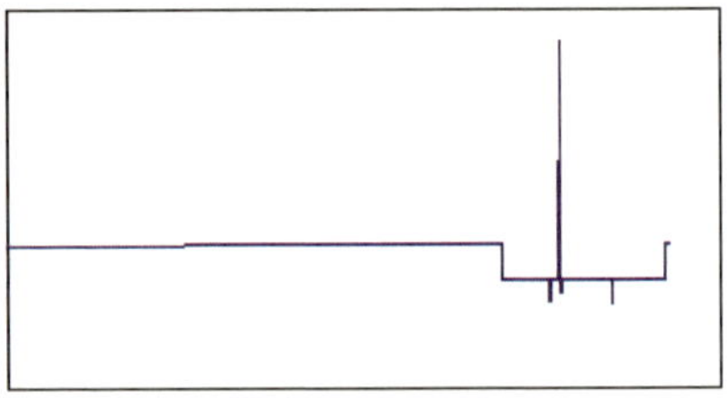

(c) 升交点赤经

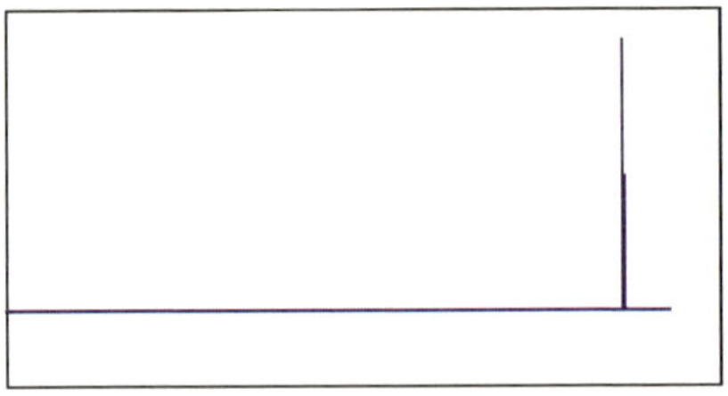

(d) 轨道半长轴

图 6-31 轨道参数变化情况

由上述遥测数据的变化情况可以看出，所选取的遥测数据中前 800 组数据较为稳定，变化维持在一个很小的范围内，而后 400 组数据则均出现了较大的变化，为异常数据。在上述遥测数据中还存在数值的瞬时跳变，结合整段数据的变化情况可知，该瞬时跳变数据为野值，需要进行预处理将其剔除。

可对待辨识的遥测数据进行分段处理，首先使用前 800 组数据对电源系统模型进行辨识。

分析前 800 组数据，采用手动定阶的方法，确定模型的结构。首先根据实际情况，限制输入与输出最大阶次为 4 阶，对每种情况下进行 AIC 和误差计算分析。根据 AIC 准则确定模型阶次的方法，首先计算 AIC 值，如表 6-2 所列。

表 6-2　AIC 值

输出阶次 / 输入阶次	0	1	2	3	4
0	-3614.2522	-3650.4130	-3673.4999	-3679.6004	-3690.8344
1	-4366.4907	-4361.0485	-4347.5009	-4334.2145	-4337.8013
2	-4384.6186	-4382.4921	-4371.5118	-4361.7050	-4359.3099
3	-4395.7803	-4392.5096	-4377.4217	-4368.5754	-4366.3635
4	-4392.32017	-4396.8974	-4379.1085	-4371.0431	-4367.3917

由表 6-2，根据 AIC 准则，当 AIC 值最小时所对应的模型阶次与系统的真实阶次相同，应该取值 $n_a=2, n_b=4$。而由表 6-3 可以看出，当 $n_a=1$ 时，n_b 取值为 1、2、3、4 所对应的方差是接近相同的。考虑到阶次的增大对系统复杂度的影响，此时应当选取保证辨识精度情况下最简单的模型结构，因此，选取 $n_a=1, n_b=0$，为输入部分 1 阶、输出部分 2 阶，即电源系统差分方程模型结构为

$$\boldsymbol{Y}(k)+a_1\boldsymbol{Y}(k-1)=B_0\boldsymbol{U}(k)$$

表 6-3　均方差

输入阶次 / 输出阶次	0	1	2	3	4
0	0.0099	0.0093	0.0089	0.0087	0.0084
1	0.0038	0.0038	0.0037	0.0038	0.0037
2	0.0037	0.0036	0.0036	0.0036	0.0036
3	0.0036	0.0036	0.0036	0.0036	0.0035
4	0.0036	0.0036	0.0036	0.0036	0.0035

对模型的参数进行辨识，采用最小二乘方法，辨识出蓄电池系统的差分方程模型参数见表 6-4。

表 6-4　电源系统模型参数辨识结果

输出部分参数	
	a_1
平台母线电流	0.7650
输入部分参数	
	B_0
平台太阳电池阵总电流	-0.002459
70A · h 蓄电池组温度 1	0.1913
70A · h 蓄电池组温度 2	-0.3925

（续）

输入部分参数	
	B_0
蓄电池组温度 3	1.0803
蓄电池组温度 4	-1.2157
蓄电池组当前电量	-0.07204
蓄电池组充电量	-0.009282
蓄电池组放电量	-0.002036
纬度幅角	-0.001283
轨道倾角	-0.5871
升交点赤经	0.0002967
半长轴	0.000009983

根据遥测数据，采用上述方法对蓄电池系统进行手动定阶和参数辨识，最终确定蓄电池系统的差分方程模型：

$$\begin{aligned}&\boldsymbol{Y}(k)+0.765\boldsymbol{Y}(k-1)\\&=[-2.459\times10^{-3}\quad 1.913\times10^{-1}\quad -3.925\times10^{-1}\quad 1.0803\quad -1.2157\quad -7.204\times10^{-2}\\&\quad -9.282\times10^{-3}\quad -2.036\times10^{-3}\quad -1.283\times10^{-3}\quad -5.871\times10^{-1}\quad 2.967\times10^{-4}\\&\quad 9.983\times10^{-6}]\cdot\boldsymbol{U}(k)\end{aligned}$$

同时，可以根据辨识的误差得到正常模型的修正参数 β：

$$\beta_0=3059.2536$$

$$\begin{aligned}\beta=[&-5.7387\times10^{-4}\quad 4.2891\times10^{-2}\quad -4.0794\times10^{-2}\quad 4.0930\times10^{-2}\quad 1.2746\times10^{-2}\\&3.5088\times10^{-3}\quad -8.8189\times10^{-4}\quad 4.2234\times10^{-4}\quad 9.0763\times10^{-5}\quad -30.3033\quad -6.2085\times10^{-3}\\&-1.6308\times10^{-5}]\end{aligned}$$

根据辨识的参数以及设置修正参数 $M=4,\lambda=20,(l^1_{\min},l^1_{\max})=(50,70),\Delta l=5$，固定分层修正方法采用 200 组数据共分 4 层的平均分层方式。可以得到表 6-5 所列的辨识与修正结果。

表 6-5　电源系统模型辨识与修正结果

	误差均值	误差方差
正常数据的辨识结果	1.0050	1.3487
正常数据的修正结果	1.0035	1.3469
带故障数据的辨识结果	1.2836×10^{4}	1.5169×10^{11}
带故障数据的固定分层修正结果	1.0483	2.0467
带故障数据的自适应分层修正结果	1.1079	3.6574

将遥测数据输入辨识得到的模型，得到辨识系统的输出结果，与原始遥测数据进行对比，如图 6-32 所示。

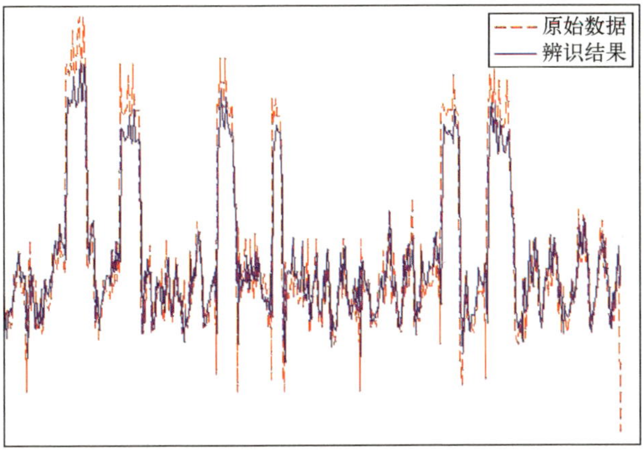

图 6-32　辨识结果与原始数据对比图

采用分层辨识的修正方法对上述辨识结果进行修正，比例系数 $\lambda=20$，将修正后的模型输出结果与原始遥测数据进行对比，如图 6-33 所示。

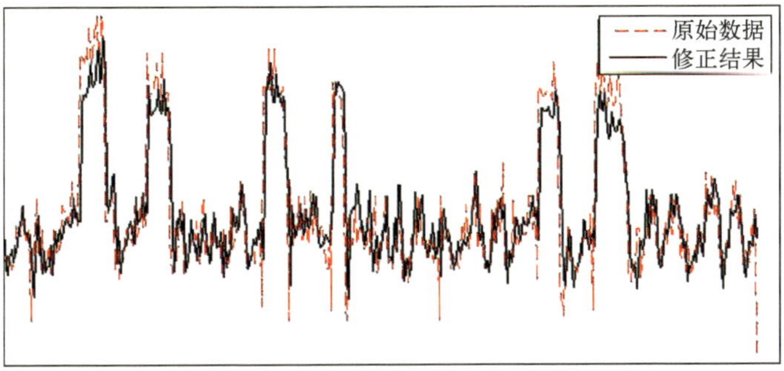

图 6-33　修正结果与原始数据对比

将辨识结果与原始数据之间的误差和修正结果与原始数据之间的误差进行比较，如图 6-34 所示。

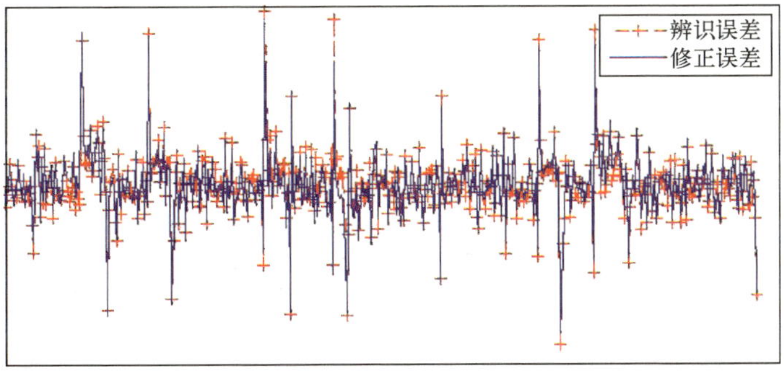

图 6-34　辨识误差与修正误差

通过数值计算可得,正常工作状态下电源系统辨识得到的模型的输出与原始遥测数据之间的绝对误差均值为1.0050,方差为1.3486。修正后的输出与原始遥测数据之间的绝对误差均值为1.0035,方差为1.3469。由结果可知辨识误差已经很小,辨识精度达到90%以上,在正常模型的基础上,正常模型修正方法可以将辨识结果的精度轻微提高。

加入异常数据后,对所选取的1200组遥测数据进行辨识,首先采取手动定阶的方法辨识模型的结构,辨识出输入部分阶次为0,输出部分阶次为1。分别使用辨识的模型、固定分层修正方法和自适应修正方法对由异常故障的数据进行辨识和修正,得到如图6-35~图6-38所示的结果。

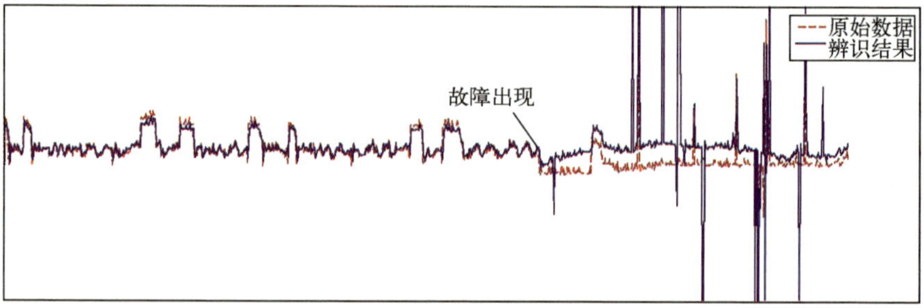

图6-35　故障模型辨识结果

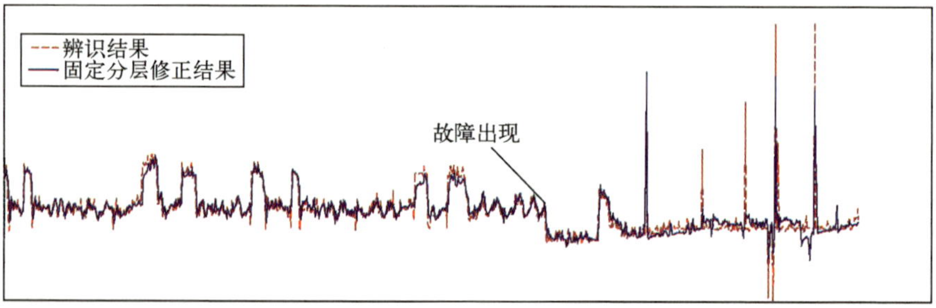

图6-36　故障模型固定分层修正结果

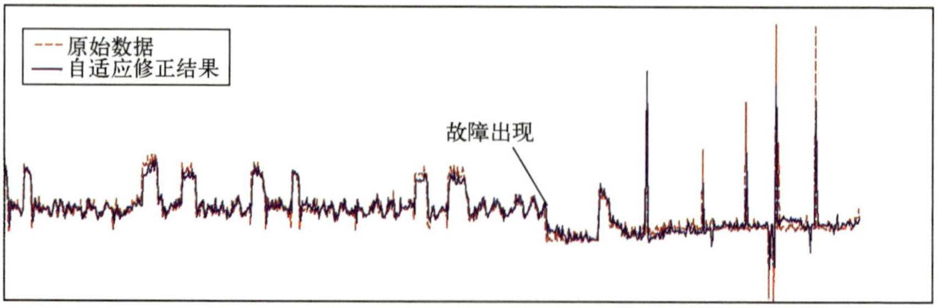

图6-37　故障模型自适应修正结果

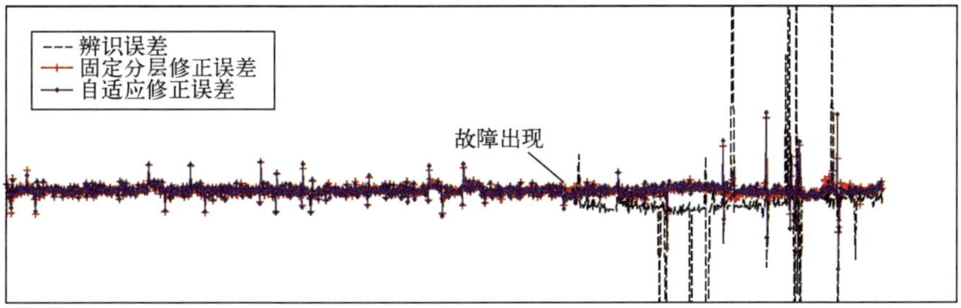

图 6-38 故障模型两种修正方法的误差对比结果

从图 6-36～图 6-38 可以看出,采用手动定阶的方法进行的系统辨识结果在正常数据部分精度较高,与原始数据的差别很小。出现异常后,辨识结果与原始数据出现较大差异,所辨识的模型不再能够等效真实的电源系统。通过数值计算可得,辨识出的模型输出与原始遥测数据之间的差异很大,辨识不再准确。由两种修正方法也可以看出,通过修正的手段可以在出现异常时减小误差,虽然相比于正常状态下误差会有所增大,但是仍然能够保证精度的要求。

第 7 章　卫星在轨健康状态评估

卫星在轨健康状态评估是卫星健康管理的重要环节。在对卫星在轨状态进行异常、异变检测和预测的基础上，对卫星在轨的实际健康状态进行科学、准确评估，是制定卫星测控与使用计划、进行故障处置的依据和前提，对提高卫星在轨可靠性、延长卫星在轨使用寿命、充分发挥卫星效能十分重要。

7.1 概　述

7.1.1 基本概念

健康状态评估的相关概念有很多，有些概念之间无明显界限，下面对一些常用的概念加以解释。

1. 健康管理

健康管理系统的概念出现于 20 世纪 70 年代，是由单一的故障诊断系统发展为集状态监测、故障诊断和故障修复为一体的复合专家系统。主要功能是了解航天器及其元件的状态，当航天器发生异常时把它恢复到正常状态，以及在系统发生故障时使其对系统安全和所进行任务的影响最小。健康管理重在实时检测故障、确定故障源并尽量修复故障。其中包含的故障诊断方法，如故障树检测系统和专家系统等随着计算机技术的发展得到了较充分的发展和完善。

2. 状态监测

状态监测主要包括遥测数据的选定、正常/异常状态门限的确定等。对于部件要选取合适的遥测点，能够涵盖该部件所有的故障模式，以便地面站全面了解各部件的工作状态。这个过程首先要总结经验，了解每个部件在轨运行时可能出现的问题，以及出现的问题对部件的输出和控制系统整体输出有怎样的影响。在状态检测时，要设定正常状态和异常状态的范围值，以便确定状态的健康等级以及是否出现故障。

3. 状态确定

状态确定是对可测量的各工作部件、分系统和整个系统进行状态的确定,根据的是遥测数据和各种门限值、经验值之间的比较,判断航天器控制系统各级部件所处的工作状态如何,是正常状态还是故障状态。如果出现异常的遥测数据,则还要判断是否会影响部件、分系统及整系统的输出,影响的程度如何。

4. 故障诊断

故障诊断是国内外发展比较成熟的一个方向,主要是通过研究各种有效的算法来表示故障的产生、传递过程,其重点在于专家系统的建立、算法的改进、如何建立有效的推理规则、如何控制系统进行修复或启用冗余系统。

5. 状态预测

状态预测是整个系统需要具备的重要能力之一。应该从状态评估出的等级中了解系统当前所处的状态情况,以及将来系统可能的状态和可能的故障。在条件允许时,还能够通过状态的评估和预测得到系统的寿命估计。

在以上提到的几个与健康状态相关的概念中,故障诊断是比较核心的概念,其他几个概念中都包含故障诊断的功能。健康管理包括状态监测、故障诊断和故障修复三个主要内容,状态评估是状态监测和故障诊断的结合。相关概念之间的关系如图 7-1所示。

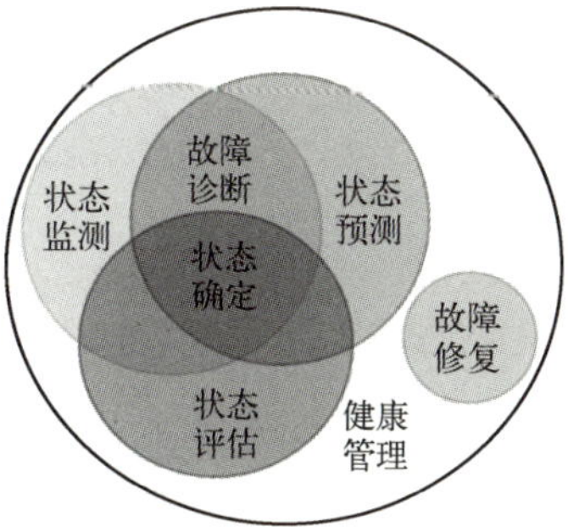

图 7-1　相关概念的关系

健康评估不同于以上概念,它是一种描述系统工作状态对系统影响的概念,同样是以状态监测和故障诊断为基础,但研究重点在如何确定部件、分系统工作状态对整个系统的影响,通过系统健康状态的确定指导运程人员的工作。

7.1.2 评估步骤

由于卫星在轨维修困难监测指标种类少、故障诊断设备缺乏等特点,因此卫星的健康状态很难有直观的反映。总结卫星研制经验,从已发射型号在轨表现梳理和分析、其他型号设计方案分析和借鉴、卫星能够进行在轨自主管理的故障模式清单等多个维度进行分析。首先提出卫星健康状态的定义,明确卫星健康的维度和内涵,健康评价指标元素组成;其次围绕健康定义,通过可靠性、安全性、可用性等工程理论识别影响卫星健康状态的因素,并进行分类细化,对于影响卫星健康的设计类指标,按照卫星部件、分系统、卫星系统三个层面进行细化分解,建立健康评估指标体系;最后根据各种指标建立卫星不同层级健康状态之间的关系建立评估模型,计算卫星各层级的健康状态指数和健康状态等级。综上可知,卫星健康状态评估一般可分为五个部分(图 7-2):

(1) 健康评估指标确定的相关知识理论、评估原则、评估内容、评估方法、评估流程。

(2) 分析影响卫星健康的风险因素,识别影响卫星健康风险的相关指标。

(3) 研究不同卫星部件、分系统和整星的健康状态指标体系。

(4) 研究卫星多级健康状态综合评估方法,建立卫星"设备-分系统-系统"的多级综合评估指标体系与评估模型。

(5) 获取历史的或运行的数据,开展健康状态评估,给出评估结果。

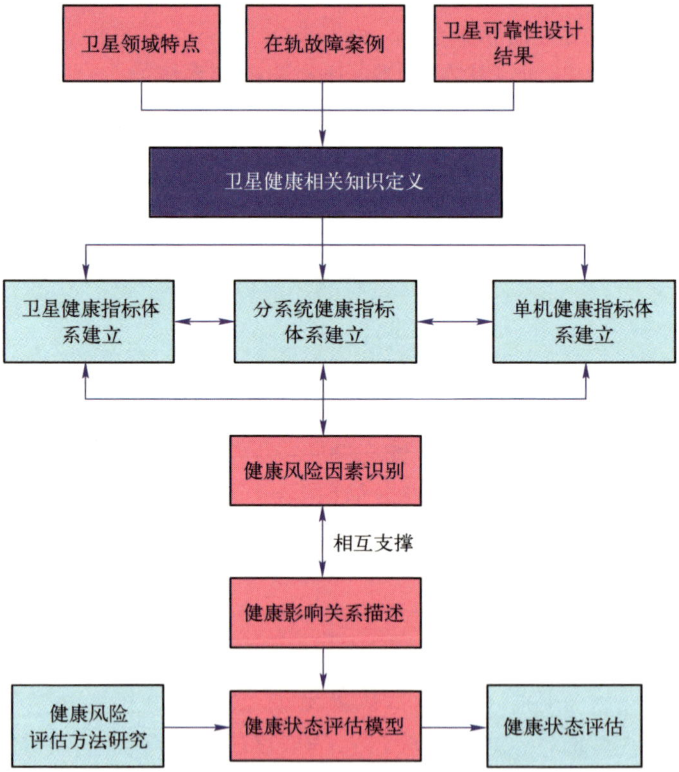

图 7-2　评估流程

7.1.3 常用方法

健康状态评估的工作主要是针对特定研究对象的特点，利用各种评估方法展开评估，常见的健康状态评估方法有模型法、机器学习方法、综合评估法、层次分析法（AHP）、模糊评判法、神经网络法、贝叶斯网络方法等。

1. 模型法

模型法是通过建立被研究对象的物理或数学模型进行评估的一种方法。这种方法的优点是评估结果可信度高；缺点是建模过程比较复杂，模型的验证困难，随着评估对象的变化要对模型随时进行修正，因此限制了它的应用范围。Donald L. Simon 建立了飞机发动机的三层健康状态评估模型，即发动机层—飞机层—基地层，通过发动机的振动数据对发动机的健康状况进行了评估，机载的评估结果显示在飞行员的座舱显示器上，为飞行员执行任务提供参考，地面的评估结果为维修部门提供决策支持。

2. 机器学习方法

利用数据建立经验模型，并基于经验模型进行评估，是目前卫星在轨健康状态评估的重要研究方向。这种方法所建立的不同层级之间的影响关系的模型，一般来自于大量历史资料的学习，并通过机器学习模型表示，而不是采用低层指标加权的方式。目前比较典型的包括神经网络法和贝叶斯网络方法。

神经网络已广泛应用于模式识别、图像处理、函数逼近等领域。Robert X. Gao 等基于威布尔分布理论提出了一套评估轴承故障严重度的健康指标，利用小波变换对轴承振动数据进行特征向量提取，将提取的四个特征向量输入到设计好的四层前向神经网络中，对网络进行训练后，能够有效地判别轴承的故障严重度即健康状态，实现了对轴承自动健康评估的目的。

贝叶斯网络良好的知识表达框架，是当今人工智能领域不确定知识表达和推理技术的主流方法，是目前不确定知识表达和推理领域最有效的理论模型，贝叶斯网络能够非常方便地处理不完整数据问题；易于学习因果关系；易于实现领域知识与数据信息的融合。因此，利用贝叶斯网络理论对设备或资产的健康状态评估发展迅速。

3. 综合评估法

综合评估法的基本思想是利用低层次指标的加权获得高层次指标的值，也就是说，低层级评估对象对高层级评估对象的影响是通过低层级评估对象健康指标的加权的形式表示的。典型的综合评估方法包括层次分析法和模糊综合评价法。

层次分析法是美国著名运筹学专家 Thomas L. Satty 于 20 世纪 70 年代中期提出的将半定性、半定量问题转化为定量计算的一种有效决策方法。它可以将一个复杂问题表示为有序的阶梯层次结构,并通过确定同一层次中各评估指标的初始权重,将定性因素定量化,在一定程度上减少了主观的影响,使评估更趋科学化。

当被评估对象呈现"亦此亦彼"的特性时,传统的精确评估算法就难以适用,而模糊综合评价法可以很好地解决这类问题。该方法首先要建立评估指标的因素集和评判集(评语集),然后通过专家评定或其他方法获得模糊评价矩阵,最后利用模糊算子进行模糊变换获得最终的综合评估结果。

7.2 评估指标体系及构建

7.2.1 基本原则

评估指标体系的制定必须遵循科学性与实用性、完整性与可操作性、定性指标与定量指标相结合的原则,概括起来有以下几个方面:

(1) 综合性原则:指标体系应能反映卫星的综合运行情况,包括反映保证载荷正常工作的性能指标、卫星的运行状态、空间环境、时间状态等多方面信息,以保证评估结果的全面。

(2) 科学性原则:力求客观、真实、准确地反映卫星的健康状况。有些指标可能目前尚无法获得,但若与综合评估关系较大,则也可作为建议指标列出。

(3) 可行性原则:评估指标应有明确的含义,要有一定的现实统计作为基础,可以根据数值或描述进行数学计算与分析。同时,指标要适量,内容要实际,方法要可行。在满足有效性的前提下,尽可能清晰简便。

(4) 定性评估与定量评估相结合的原则:在评估中,既要把握卫星"质"的一面对其进行定性分析,又要把握卫星"量"的一面对其进行定量分析,即评估指标要尽可能量化。如果对某些指标量化难度较大,那么也可用定性指标来描述,以便从质和量的角度对卫星做出科学的评估结论。

(5) 非相容性原则:由于评估项目繁多,应尽可能避免含义相同或相近的指标重复出现,各指标之间不能相容,即不能相互代替或包含,做到指标简洁、概括并具有代表性。应强调的是相容性和相关性的区别,相关性不等于相容性,指标体系中允许相关指标的存在,虽然某些指标存在很强的相关性,但它们从不同侧面反映了研究对象的特征,因而是允许的。

(6) 简洁性原则:在选择目标时,应尽量做到简单明了。这样,一方面可以避免混乱,易于使人们从复杂的信息中厘清头绪、抓住关键;另一方面可以减少工作量,便于分析计算。此外,简洁的评估指标体系可提高评估结果的灵敏度,即当底层评估指标参数变化时,其上一层级的健康指标也应相应地发生明显的变化。

7.2.2 指标确定准则

卫星健康时的状态是指卫星未损失硬件产品,且各项功能、性能参数满足用户要求的状态。卫星健康状态一般是通过遥测参数来表征,每个遥测参数都有正常判读范围,遥测参数偏离标准值的程度越大,其健康程度越差。因此,卫星健康状态在可表现为遥测参数偏离标准值的程度。卫星的性能指标是开展健康评估工作的重要依据,卫星健康评估技术的本质是将卫星实时运行状态(遥测参数的数值及其变化趋势)通过某种数学手段进行处理,计算形成健康指数,最终根据此数值对其当前健康状态进行评价,而评估参数的选取应该遵循一定的准则,具体如下:

(1) 健康状态评估指标的选取应综合考虑卫星的任务和设计状态,需考虑卫星功能、寿命,并重点考虑可靠性、安全性、可用性等设计状态。

(2) 健康指标的选取需要考虑卫星的可靠性设计水平,综合考虑产品配套情况,特别是冗余设计、裕度设计等可靠性设计要素。

(3) 控制、推进、供配电、测控为影响卫星健康状态的四大关键分系统,卫星健康状态评价应紧密围绕这四大分系统开展。

(4) 卫星健康状态的评估围绕航天器的功能和故障模式综合考虑,对于卫星的严重故障特别是不能恢复的常驻故障需在健康状态评估中体现。

卫星本身是一个复杂系统,因此须把卫星健康评估这样的复杂问题分解为相对简单的多层子问题,构造一个层次化的结构模型。健康状态评估的过程就是在健康状态指标体系架构的基础上,将指标层数据无量纲化为健康隶属度(健康值),而后分层向上汇总,最终得到卫星健康状态估值。上一层次的元素作为准则对下一层次有关元素起支配作用。层次化的分层结构如下:

(1) 最高层:这一层次中只有一个元素,一般它是分析问题的预定目标或理想结果,因此也称为目标层。

(2) 中间层:这一层次中包含为实现目标所涉及的中间环节,它可以由若干个层次组成,包括所需考虑的准则、子准则,因此也称为准则层。

(3) 最底层:这一层次包括所有可供评估选择的各类星座健康状态相关数据,因此也称为指标层。

卫星健康评估的指标可从关键特性分析等方面入手,得到对应的关键单机;每台单机返回若干遥测值,从中获取每台关键单机对应的关键参数,从而为建立关键参数与性能指标间的关系奠定基础,整体思路如图 7-3 所示。

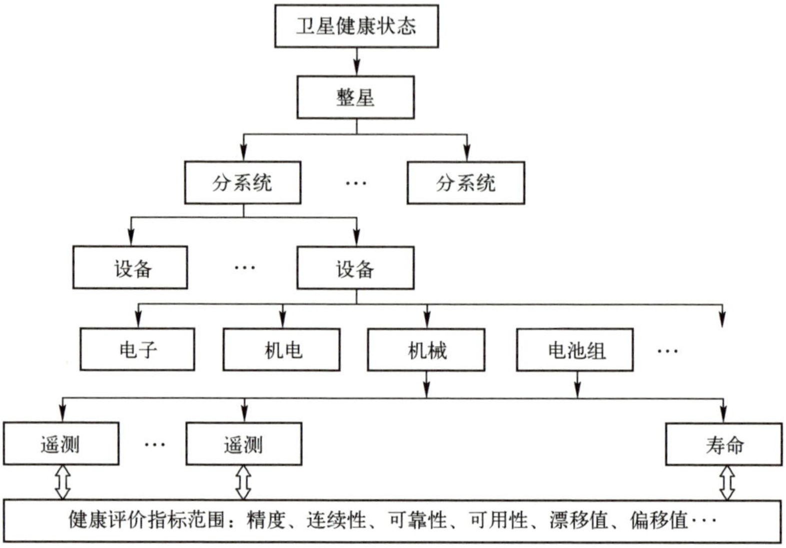

图 7-3 卫星健康评估框架

根据层次分析思想初步构建卫星健康指标体系。健康状态的评估过程:在健康指标体系架构的基础上,将指标层数据无量纲化为健康度,而后分层向上汇总,最终得到健康评估的结果。

卫星健康状态评估的参数指标应该根据不同的情况有所调整。当卫星的系统配置发生变化,如损失了备份产品,或者系统使用策略发生变化等情况出现,以及随着卫星在轨运行时间的时间增长,到了寿命末期等情况时,健康评价指标应根据在轨故障情况、卫星冗余设计情况、系统使用策略等进行动态调整。

当卫星的系统配置发生变化,如损失了备份产品时,利用在轨故障情况、卫星冗余设计情况,可调整同一层级剩余产品的权重比例。当卫星到了寿命末期时,利用在轨表现梳理和分析、其他型号在轨经验、卫星冗余设计情况,可调整同一层级不同对象的权重比例。

7.2.3 指标体系构建

以评估对象为根节点，按照对根节点健康状态影响的关联性对各影响因素分层设置子节点，直至某一不可拆分的影响因素。除根节点外，每一节点称为一个指标项。对指标项的达标情况以达标系数进行评价。

在每一层级中，按照每一节点指标项对其上一级节点的影响程度，区分不同节点的重要性，直接决定上一级节点达标情况的评价项目为核心指标项，其余对评估对象健康状态影响程度一般的评价项目为常规指标，常规指标按照其影响程度的不同进行权重确定。由根节点到叶节点的完整树状结构为指标体系。以卫星平台健康状态评估为例，其指标如体系如图 7-4 所示。

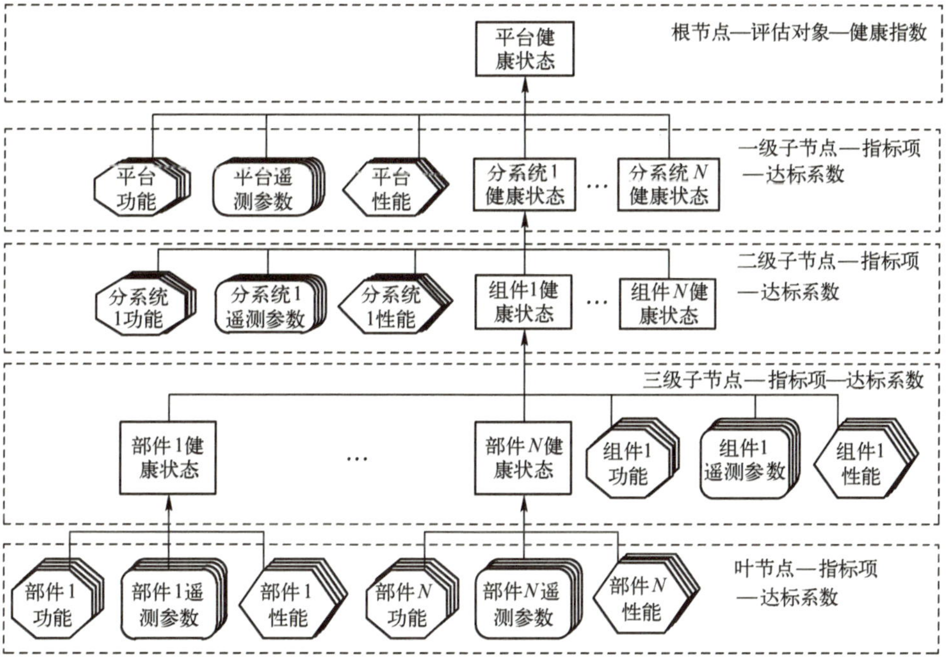

图 7-4　卫星平台健康状态评估指标体系

对卫星进行健康状态评估前，应建立或完善其健康状态评估指标体系。指标体系宜随卫星在轨状态变化而进行相应调整。

每次健康状态评估前，以需要进行评估的卫星平台、分系统或部件等评估对象健康状态为根节点，建立指标体系。

根据在轨卫星发生的故障进行统计分析，进一步梳理典型功能性能与核心指标、常规指标的关联关系，从部件级、分系统级、平台级三个层面确定故障指标体系，见表 7-1～表 7-3。

表 7-1　部件级故障指标集

分系统	单机性能	单机	工作状态	指标体系	指标类型
控制分系统	姿轨控计算机	A	工作	是否正常	核心指标
		B	冷备份	是否正常	核心指标
	应急控制线路	单份	冷备份	是否正常	常规指标
	磁强计	单份	无备份	稳态下地磁测量稳定性	常规指标
	地球敏感器	A	工作	姿态测量精度，数据稳定性	常规指标
		B	冷备份	姿态测量精度，数据稳定性	常规指标
	星敏感器	3 份	2 备 1	姿态测量精度，数据稳定性	核心指标
	陀螺	A	相应工作模式下工作	漂移率、姿态测量精度	核心指标
		B	相应工作模式下工作	漂移率、姿态测量精度	核心指标
		C	相应工作模式下工作	漂移率、姿态测量精度	核心指标
		D	相应工作模式下工作	漂移率、姿态测量精度	常规指标
	反作用飞轮	A	工作	是否正常	核心指标
		B	工作	是否正常	核心指标
		C	工作	是否正常	核心指标
		D	工作	是否正常	常规指标
	部件健康状态			所有部件均功能完整，性能正常	常规指标
其他分系统	……	……			

表 7-2　分系统级故障指标集

分系统	单机性能	指标体系	指标类型
电源分系统	整星输出功率和剩余功率	光照期输出功率与剩余功率（核心指标）	核心指标
	蓄电池充放电功能	充放比、截止电压、蓄电池内阻	核心指标
	分流能力	母线输出稳定度、电压稳定度	核心指标
	部件健康状态	是否所有部件均为功能完整，性能正常	常规指标

（续）

分系统	单机性能	指标体系	指标类型
测控分系统	遥控功能	误码率、指令执行率	核心指标
	遥测功能	误码率	常规指标
	GPS 功能	定位稳定度、精度	核心指标
	测距	测距精度、测距随机差	常规指标
	部件健康状态	所有部件均功能完整，性能正常	常规指标
其他分系统	……	……	……

表 7-3　平台级故障指标集

分系统	指标体系	指标类型
电源分系统	功率平衡性、母线电压电流稳定性	核心指标
测控分系统	误码率、指令执行率、	核心指标
控制分系统	控制精度、稳定度	核心指标
热控分系统	整星温度是否正常	常规指标
其他分系统	……	

7.3　基于退化的寿命预测

7.3.1　基于退化的可靠性建模方法

基于退化的可靠性建模方法是近 20 年得到广泛研究和重视的一种长寿命产品可靠性建模与评估方法。其要点是对产品退化过程进行分析，并通过对退化的研究刻画产品可靠性。基于退化的可靠性技术的基础是产品退化过程建模与分析，可以对影响产品失效的诸多因素，包括设计缺陷、制造和工艺过程的差异和缺陷、使用环境和运行模式等的动态性和不确定性等进行比较合理的描述。

基于退化的可靠性建模与分析，主要包括产品退化过程的建模与分析，以及基于退化过程和失效门限的寿命分布建模与分析两个部分，如图 7-5 所示。

退化过程模型就是描述退化量 X 作为 t 的函数，如何随 t 的变化而演化的模型，记为 $X(t)$。由于元件制造、装配及调试误差、外界条件等诸多随机因素的影响，任意给定一个时刻 t，产品性能 $X(t)$ 一般不是固定常数，而是一个随机变量。因此，用于描述品退化过程的模型一般是随机过程模型，记为 $\{X(t), t\geqslant 0\}$。

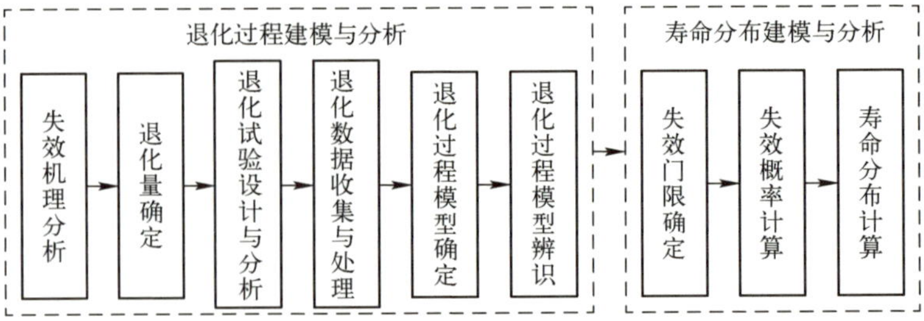

图 7-5　基于退化的可靠性建模与分析过程

一旦建立了产品性能退化量随时间的演化规律，则可以根据产品性能要求，对产品性能不满足要求的时间特征进行估计或预测，并且建立这一随机时间的概率模型（称为性能可靠性模型），它实际上是传统可靠性工程中的寿命分布模型，这就是基于退化过程的可靠性建模问题。设产品性能要求为 Ω，即若时刻 t 产品退化量 $X(t)$ 取值没有落入 Ω，则认为时刻 t 产品处于失效状态。于是产品可靠度和失效时间分别定义为

$$R(t)=P\{X(t)\in\Omega, 0\leqslant\tau\leqslant t\}$$

$$T=\inf\{t:X(t)\notin\Omega\}$$

由于 $\{X(t), t\geqslant 0\}$ 是随机过程，因此 T 是一个随机变量，需要通过它的分布函数来描述。T 的分布涉及随机过程首达时间的有关理论和方法。需要注意的是，失效时间的定义并不限于这种基于首达时间的方法，根据工程实际可以定义其他类型的失效准则。例如，根据性能不满足 Ω 的时间的长度确定是否失效，以避免噪声干扰导致对产品状态的误判。

1. 退化过程模型确定

退化过程模型一般比较复杂。应用模型进行寿命预测和可靠性评估时，不同的模型可能导致不同的结果；由于经常需要根据退化过程进行比较大的外推，偏离真实模型的很小的扰动都可能导致严重的预测偏差。因此，需要综合多种手段，确定退化过程模型的类型和结构。

根据所获得的数据和信息的类型、丰富程度等，可以采用构造性方法来确定退化过程模型的结构。目前这方面主要包括三种类型的方法，即统计建模方法、概率物理方法和失效物理方法。统计建模方法是一种经验方法，适用于拥有大量退化数据的情形，可采用最小二乘法、极大似然估计，以及回归分析、时间序列分析等统计方法，拟合退化轨道，在此基础上选择退化模型。概率物理方法适用于失效机理较明确，有一定试验数据的情形，此时可根据已知经验模型，结合退化数据和模型优良性检验等方法，确定退化过程模型的结构和参数。失效物理方法则对应于失效性质与过程非常清楚的产品，此时应可获得性能退

化速率的微分方程,于是可以利用该微分方程作为模型构造的基础。

根据退化过程的类型选择合适的退化过程模型,也是实际中常用的方法。如按平均退化轨迹与时间关系,可分为线性退化和非线性退化;按样本路径的数学分析的性质,可分为连续退化过程和不连续退化过程;按采用的时间指标,可分为时间离散退化过程和时间连续退化过程;按退化特征量的数量,可分为一元退化过程和多元退化过程;按退化程度是否仅与时间间隔有关,而与时间起点无关,分为独立增量和非独立增量等。具体的,可以从以下几个方面,考虑退化过程模型的选择。

1) 根据退化量与时间的关系选择模型

对给定的退化过程$\{X(t),t\geqslant 0\}$,记其数学期望为

$$m(t)=E[X(t)]$$

这里的期望相当于对所有可能的样本路径求平均。如果$m(t)$是时间t的线性函数,则称$\{X(t),t\geqslant 0\}$为线性退化过程;否则,称为非线性退化过程。

显然,对很多退化过程来说,有可能期望轨道是线性的,但是其他特征,如标准偏差不是时间的线性函数。因此,上述定义仅具有经验价值,可以在上述基础上添加其他约束条件,构成其他关于线性和非线性退化的定义。例如,要求任意时刻$X(t)$的标准差为常数或时间的线性函数,则得到不同类型的退化规律。

在退化过程建模过程中,经常采用时间尺度变换来简化模型的形式。例如,某些在原始时间尺度上是非线性的退化,通过时间尺度变换后,在新的时间尺度下是线性的。为此,可将线性退化的概念拓展至变换的时间尺度之下。设时间尺度变换为$\tau(t)=\tau(t;\gamma)$,其中γ是变换的参数,记变换后时间尺度下的退化过程及其期望分别为$X(\tau)$和$m(\tau)$,若$m(\tau)$是τ的线性函数,则可称退化过程$\{X(t),t\geqslant 0\}$是在变换τ之下的线性退化过程,在不造成混淆的情况下,也简称为线性退化过程。

2) 根据样本路径的分析性质选择模型

线性和非线性退化是从总体上描述产品的退化规律,但是实际中选择退化过程模型常常需要根据个体的退化规律进行考察,此时关心个体产品退化的样本路径。

对退化过程$\{X(t),t\geqslant 0\}$,设其样本路径为$\{x(t),t\geqslant 0\}$,则可以从数学分析的角度,考查作为时间t的函数,样本路径$x(t)$所具有的性质,如光滑性、连续性和非连续性。若$\{X(t),t\geqslant 0\}$的任何实现$\{x(t),t\geqslant 0\}$作为t的函数都是连续的,则称退化过程$\{X(t),t\geqslant 0\}$是连续的;否则,称为不连续退化过程或跳过程。对于连续退化过程,若$x(t)$是时间t的光滑函数,则称为光滑

退化过程。不光滑甚至不连续的退化过程将是主要的退化过程模型的特点。例如，由于产品退化或性能劣化过程不仅不连续，而且由于应力的冲击等常常是随机点过程，因此现实中是常需要跳跃的退化过程，此时基于维纳(Wiener)过程的建模方法就有点过时了，因为它是连续的模型；更一般的 Levy 过程才是研究的关键。

3) 根据不确定性选择模型

影响产品退化过程的不确定性可以分为随机效应和时间不确定性(或序列不确定性)两个部分。此外，在退化数据中一般存在测量误差，如图 7-6 所示，粗实线表示总体平均轨道，两条粗点-段线表示单元 i 和 j 的个体的平均轨道。总体和个体平均轨道之间的差别称为随机效应。这是由个体多样性(个体差异)导致的，并不能由所观测的协变量进行解释。细的蜿蜒曲折的实线表示单元的实际退化轨道，该随机曲线表明的时间不确定性说明，知晓当前退化状态并不能保证对未来能够有确定的预测。由于退化通常不会发生非常突然的变化，在相邻两个时刻存在某种相关性，因此时间不确定性有时也称为序列相关。图中的点线表示单元退化的实际观测值。在实线和点线之间的差异是由测量误差导致的。理想的情况下统计退化模型应该以一种系统的方式考虑这三种不确定性，但是实际上为建模和数据处理的方便，可以适当考虑其中的两种或一种不确定性。

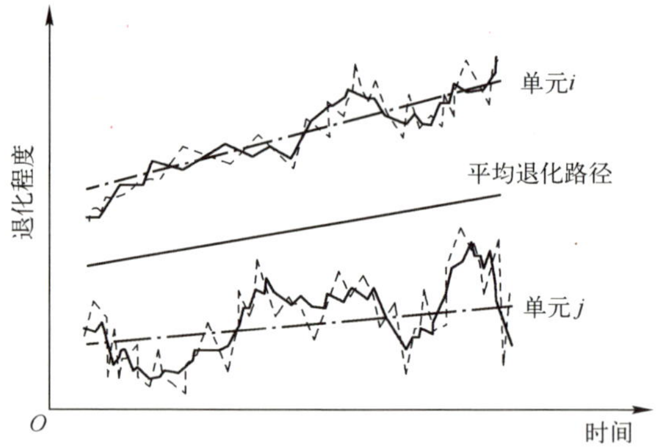

图 7-6　退化数据中的随机性：随机效应、时间不确定性和测量误差

由于退化轨道模型、基于维纳过程的退化模型、基于伽马过程的退化模型以及基于复合泊松过程的退化模型，在目前基于退化的可靠性建模方法研究中，得到最为广泛的研究，同时能够描述已知的多种退化机理，因此，综合上面的讨论，可按如图 7-7 选择适当的模型。

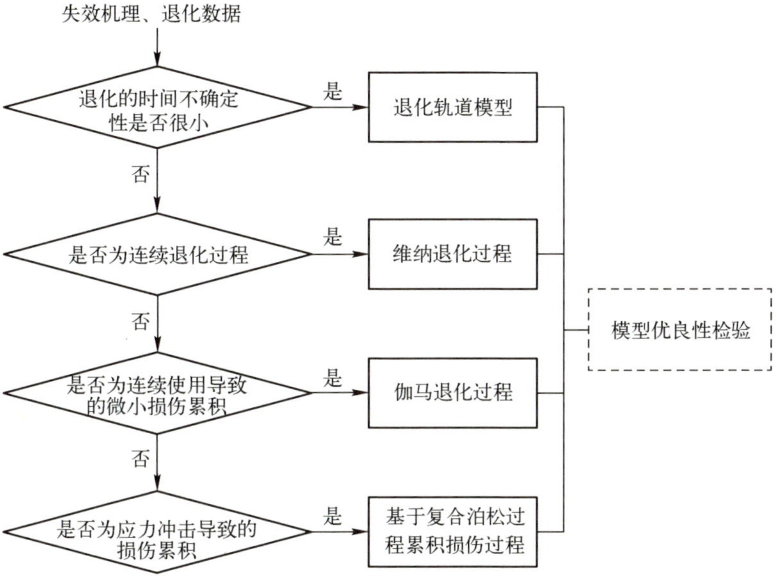

图 7-7　退化过程模型选择

2. 退化过程模型辨识

退化过程模型辨识包括模型参数估计和模型优良性检验两个方面，实际上也是退化过程建模中最重要、最困难的两个方面，是目前研究的重点和难点。

在策略上，退化过程模型参数估计可分为近似的两阶段法和精确的整体估计方法；在所采用的估计方法上，一般采用极大似然方法、贝叶斯方法。由于退化过程模型参数估计常涉及复杂的似然函数和缺失数据（常见的如不平衡测量数据），因此参数估计算法的研究是其中的关键，EM 算法、MCMC 算法以及一些滤波估计方法的研究是不可避免的。

一旦使用一个统计模型拟合数据之后，通常还需要评价模型的精度（统计中称为模型的优良性）以及模型中不同项的"显著性"，或者比较两个模型对数据拟合的优劣程度。这就涉及假设检验和模型优良性检验问题。

1）基于似然比检验的方法

由于极大似然法常用于估计模型的未知参数，此时比较嵌套模型的一种通用方法是似然比检验。换句话说，如果模型参数不是通过极大似然估计得到的，则采用似然比检验对嵌套模型进行评价是不合适的。如果统计模型是另一个模型的特殊情形，则称一个统计模型嵌套在另一个模型中。例如，$Y=bX$ 就是 $Y=a+bX$ 的嵌套模型。这种检验方法也可用于采用约束极大似然估计拟合的模型，但要求两个模型都是采用约束极大似然拟合的，并且两个模型中固定效应的描述相同。

如果 L_2是更一般的模型的似然，L_1是受限模型的似然，则必有 $L_2>L_1$，对应的有 $\log L_2>\log L_1$。似然比检验统计量为

$$2\log(L_2/L_1)=2(\log L_2-\log L_1)$$

它一定是正数。如果 k_i是模型 i 中待估参数个数，则在零假设下，即受限模型为合适模型的条件下，当样本量足够大时，似然比检验统计量的近似分布是自由度为 k_2-k_1的χ^2分布。作为上述嵌套模型的特例，通常使用似然比检验来评价随机效应结构中的项目的显著性。

2）基于信息准则的方法

信息准则是评价嵌套模型的另一种方法。已经提出了多种信息准则，它们一般以似然函数取值、未知参数维数、样本量等为基础，综合评价模型拟合数据的"精确性"和模型的"简单性"。具体的，设 $l(\hat{\theta}|\boldsymbol{x})$是对数似然函数的最大值，$p$ 是模型中待估参数个数（θ 的维数），n 是样本量，比较典型的信息准则（Information Criterion）如下：

（1）AIC：Akaike 信息准则，在大样本情况下 AIC 准则为

$$\mathrm{AIC}=-2l(\hat{\boldsymbol{\theta}}|\boldsymbol{x})+2p$$

若样本量是有限的，可采用如下的修正 AIC 准则 AICc，定义为

$$\mathrm{AICc}=\mathrm{AIC}+\frac{2p(p+1)}{n-p-1}$$

（2）BIC：贝叶斯信息准则，又称 Schawars 信息准则（SIC），在大样本情况下定义为

$$\mathrm{BIC}=-2l(\hat{\boldsymbol{\theta}}|\boldsymbol{x})+2p\log(n)$$

BIC 是在贝叶斯统计框架下导出的。一些研究表明，AIC 也可以在贝叶斯统计框架下获得，只是需要使用不同的验前。进一步研究表明，与 BIC 准则相比，AIC 具有理论和实践上的优势。

（3）DIC：偏差信息准则（Deviance Information Criterion），是在分层建模情况下对 AIC、BIC 准则的推广，特别当模型的验后分布是通过马尔可夫链蒙特卡洛（MCMC）仿真方式获得的，DIC 尤为有用。在大样本情况下，DIC 定义为

$$\mathrm{DIC}=P_{\mathrm{D}}+\overline{D}$$

或

$$\mathrm{DIC}=2P_{\mathrm{D}}+D(\overline{\boldsymbol{\theta}})$$

定义偏差为

$$D(\boldsymbol{\theta})=-2l(\boldsymbol{\theta}|\boldsymbol{x})+C$$

式中：C 为具有某种特殊用处、可未知的常数；$\overline{D}=E^{\boldsymbol{\theta}}[D(\boldsymbol{\theta})]$，$\overline{\boldsymbol{\theta}}$为 $\boldsymbol{\theta}$ 的验后均值。

采用这些定义进行模型检验遵循的是“越小越好”的原则。也就是说，如果使用 AIC 准则比较两个或多个模型对数据的拟合优度，则应选择最低 AIC 的模型。类似的，使用 BIC 准则时也是选择最低 BIC 的模型。

3) 基于拟合精度的方法

虽然 AIC 是工程和统计文献中进行模型选择的常用指标，由于均方误差（Mean Square Error，MSE）直接评价模型拟合数据的情况，因此也是一个有用的评价拟合优度的指标。设$\hat{F}(t_{ij};\hat{\Theta})$为样品 i 在时刻 t_{ij}的累积分布函数（CDF）取值的估计，$\widetilde{F}(t_{ij})$为第 n 个样品在时刻 t_{ij}的经验 CDF 的取值，$\widetilde{F}(t_{ij})$可采用中位秩方法估计，则

$$\mathrm{MSE}=\frac{1}{n}\sum_{i=1}^{n}\frac{1}{m_i}\sum_{j=1}^{m_i}\left(\hat{F}(t_{ij};\hat{\Theta})-\widetilde{F}(t_{ij})\right)^2$$

在上面这个准则中，最小的 MSE 对应于最好的拟合精度，可作为选择模型的准则。

3. 失效概率计算

当$\{X(t),t\geqslant 0\}$为一般的随机过程模型时，求解产品寿命分布是一个困难的理论问题，而且很多情况下难以获得分布的解析形式。但是在很多实际情况下，由于选取的退化量具有某种正则性，此时产品在$[0,t]$内的可靠度与时刻 t 产品性能满足要求的概率存在定量关系。

假设产品性能变化呈递增趋势，即$\forall t_1<t_2$，产品性能 $X(t)$满足

$$\mathrm{E}[X(t_1)]\leqslant \mathrm{E}[X(t_2)]\ (\forall t_1<t_2)$$

则称退化过程是正则的。若满足

$$P\{X(t_1)\leqslant X(t_2)\}=1\ (\forall t_1<t_2)$$

则称退化过程是严格正则的。

如果退化过程是严格正则的，如退化量的取值随时间严格增加，并且失效准则为“退化量取值超过 l”，则有

$$P\{T>t\mid l\}=P\{X(t)<l\mid t\}\ (\forall t,l)$$

式中：t 为规定的时间；l 为规定的产品性能。

这一关系可以通过图 7-8 直观地看出。在图 7-8 中，失效分布密度函数落在 t_2右方的部分的面积与 t_2时刻的性能分布密度落在门限 l 的下方的面积相同。

除上述正则情况以外，有些采用随机过程建立的退化过程模型也可获得失效时间分布函数的解析形式，例如带线性漂移的维纳过程、伽马过程以及某些复合泊松过程等。但是大多数情况下，则必须采用数值方法或蒙特卡洛仿真技术解决失效概率的估计问题。

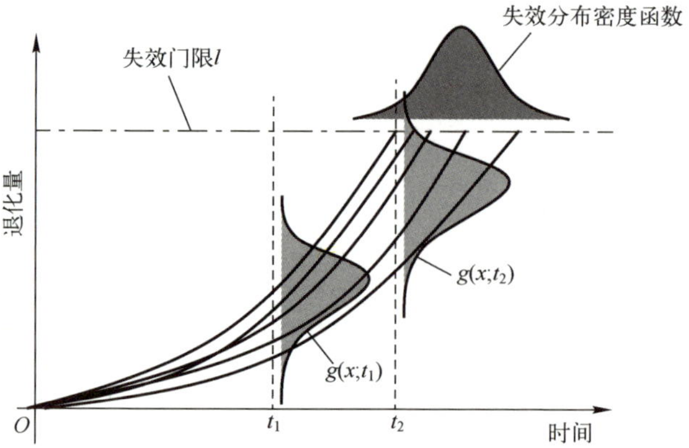

图 7-8　寿命分布与退化量分布的关系

7.3.2　示例分析

下面以动量轮为例,说明其寿命预测建模与预测方法。

1. 退化过程建模

动量轮是长寿命卫星姿态与轨道控制系统的关键机电部件,其作用是克服环境力矩的干扰,消除由姿态测量给出的实际姿态与期望姿态的偏差。动量轮由轴承组件、电动机组件、轮体组件和壳体组件等组成。研究和工程实践表明,动量轮寿命和可靠性的关键因素是轴承组件润滑系统的寿命和可靠性,润滑剂是否"充足"是轴承失效的关键。

国内外对卫星动量轮寿命试验的研究结果表明,在长时间运行过程中,润滑剂变质和理化特性变化是影响润滑正常的重要因素。由于动量轮轴承润滑膜承载能力主要取决于滚珠和沟道中润滑剂数量和理化特性能否满足形成足够厚度和承载力油膜的要求,因此金属磨损、保持架磨损以及润滑剂挥发、爬移、变质等,都可能导致轴承摩擦增大,动量轮控制精度降低。为进一步明确动量轮失效机理,开展了失效物理试验,实际测量姿控飞轮中润滑剂的数量变化情况,并基于该数据研究润滑剂理化性能的变化及其对润滑的影响,最终建立轴承组件性能随时间变化的失效物理模型。对 5 套轴承组件进行试验,获得润滑剂耗损数据如图 7-9 所示。

试验还表明,金属磨损轻微且发生在早期,不会导致动量轮失效;达到平衡态后,在润滑作用下保持架磨损非常轻微,基本可以忽略;润滑剂年挥发损失量非常小,可忽略不计;润滑剂没有发生显著变质,因此润滑剂变质引起润滑剂缺失可以忽略不计;润滑剂的缺失主要是爬移引起的。因此,上述润滑剂物理耗损过程可以表征动量轮性能退化过程。

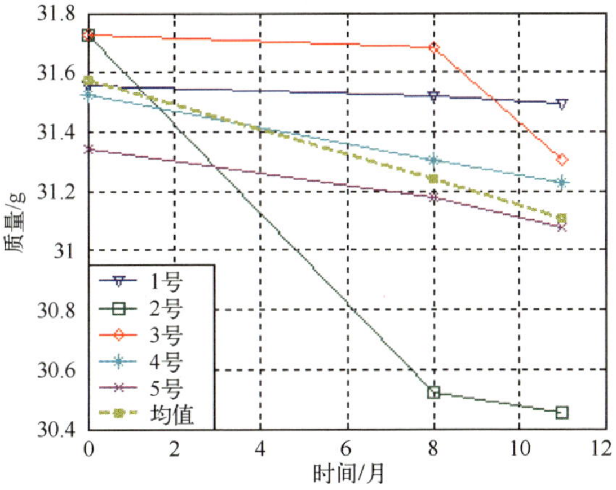

图 7-9　轴系供油系统重量及其均值变化

目前,工程上在动量轮地面测试过程中,一般通过监测电流和轴承温度等来间接、定性判断润滑剂是否充足、润滑是否正常。因此,在试验过程中,还测量了轴承组件的其他参数,如图 7-10 所示。这些参数对润滑剂耗损的影响是不能忽略的,有必要研究这些监测指标与润滑剂耗损之间的关系,以便定量预测润滑剂耗损状态。

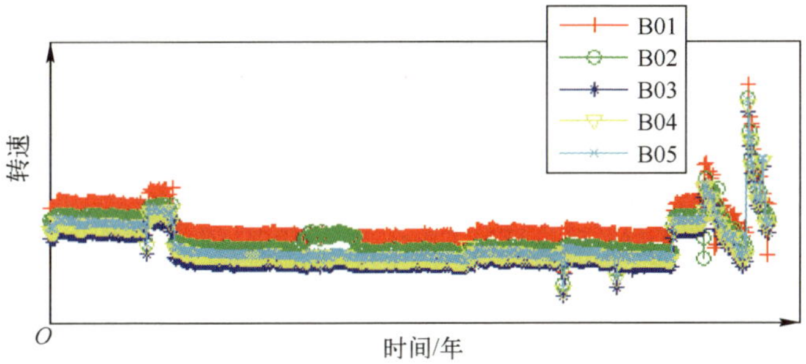

(a) 转速随时间的变化

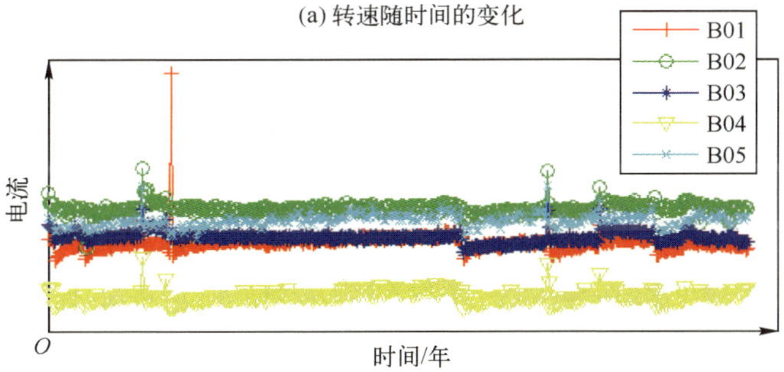

(b) 电流随时间的变化

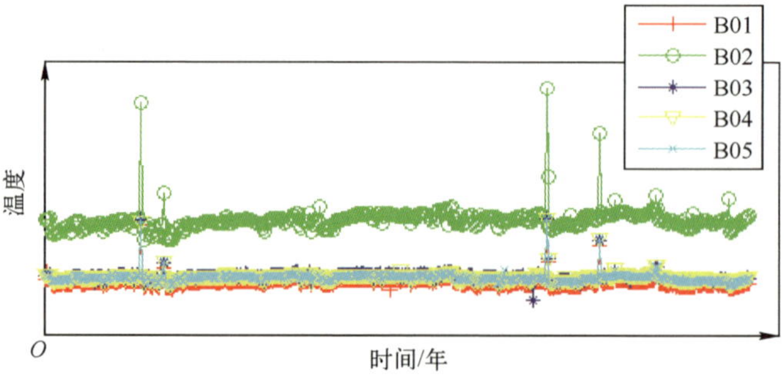

(c) 温度随时间的变化

图 7-10　试验过程中监测的其他参数

根据对航天轴承失效机理的普遍认识，以轴承组件内润滑剂剩余量作为性能可靠性特征量并确定失效门限、以轴承温度作为协变量，建立含协变量的动量轮性能退化模型。根据上述讨论，认为润滑剂耗损（包括挥发和爬移）速率 β 依赖于温度 T，并可用指数模型（阿伦尼斯模型）描述，即

$$\beta(t)=\beta_0 e^{-b/T(t)}$$

以温度为协变量，建立该型号航天轴承润滑剂耗损模型，利用极大似然估计得到模型参数的估计为

$$\hat{b}=3.5577,\quad \beta_0=0.0566,\quad \hat{\sigma}_B^2=0.0026$$

图 7-11 示出了以 b 为参数的 profile 似然函数。

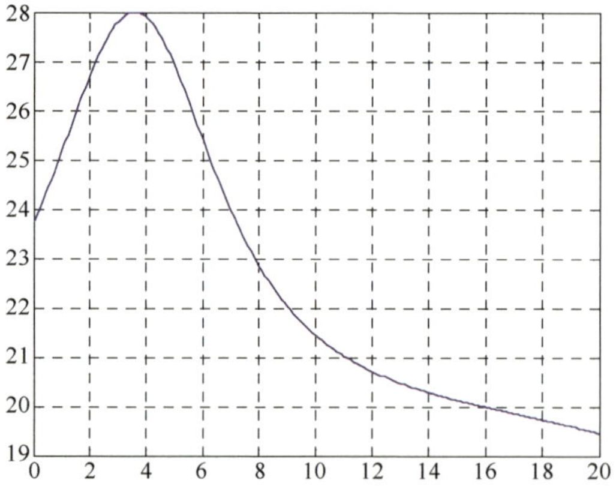

图 7-11　似然函数曲线

2. 在轨轴温预测

图 7-12 为某型号动量轮在轨轴温遥测数据，可以看出在轨轴温具有明显的周期性上升规律，但该信号并不是简单的正弦信号与趋势变化的叠加，而是

含有多种周期信号,并且受某些随机因素的影响。

选择 MW01 动量轮,对其遥测数据做经验模式分解(EMD),共获得 7 个 IMF 项,如图 7-13 所示。从图形中观察,温度的变化趋势非常接近线性规律。另外,最低阶 IMF 表明遥测数据中包含有较强的随机性(IMF1 的变化幅度与原始信号相比)。各阶 IMF 的理论能量和实际能量如图 7-14 所示,从图中直观看出可视前三阶 IMF 为随机变动。采用趋势项和随机项提取方法,获得遥测数据中的趋势项和随机项数据,对二者合并后进行回归分析建模,得到该动量轮在轨轴承温度的线性趋势模型,如图 7-15 所示。利用剔除周期项数据以及自助法,可生成多个可能的温度变化曲线,预测在轨轴承温度,如图 7-16(a)所示。这里,每条自助样本路径都表明了温度的一种可能的实际变化。

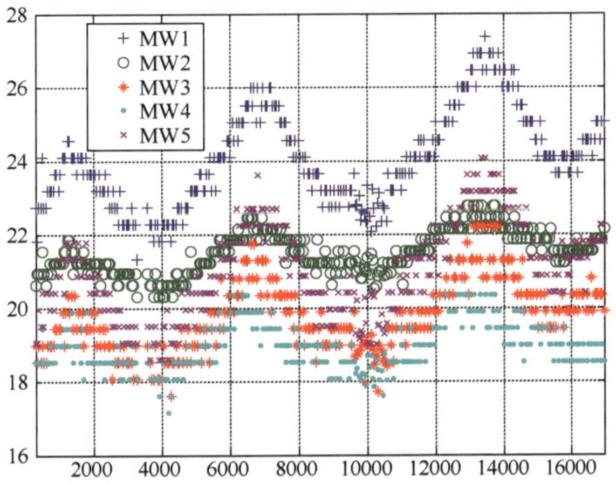

图 7-12　某型号动量轮在轨温度遥测数据

3. 在轨润滑状态和寿命预测

根据润滑剂耗损模型(M),预测该型号动量轮润滑系统状态(润滑剂耗损量),结果如图 7-16 (b)所示。取设计的初始润滑剂量为失效门限,将其与润滑剂耗损量比较,得到润滑剂完全耗损时刻,据此可以得到润滑系统的剩余寿命及其分布,如图 7-17 所示。可以看出,采用对数正态分布描述动量轮轴承组件剩余寿命是比较合理的,这与地面应用中轴承组件通常用威布尔分布建模存在差异,而且这一差异符合工程判断。

在轨寿命预测过程中,不确定性因素的处理是重要的。由于数据有限以及模型误差等的影响,不可能对润滑系统状态进行确定无误的预测,而只能得到润滑系统状态(润滑剂消耗量)的概率估计。从寿命预测的角度讲,只能得到剩

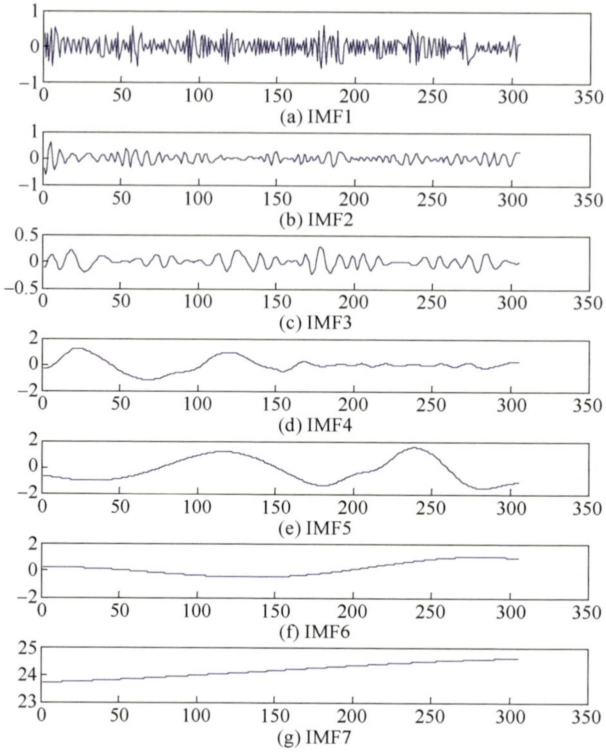

图 7-13　EMD 分解

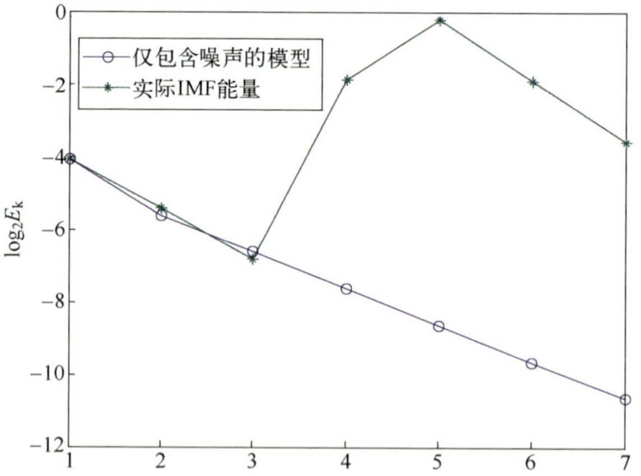

图 7-14　IMF 能量

余寿命的分布(或其分位数),而无法得到剩余寿命的准确值。可以采用自助法对遥测数据及其模型误差包含的不确定进行处理,得到寿命的自助分布。

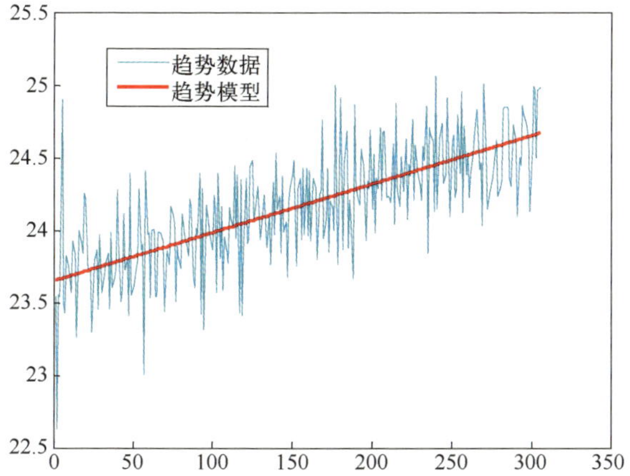

图 7-15　轴承温度在轨趋势模型

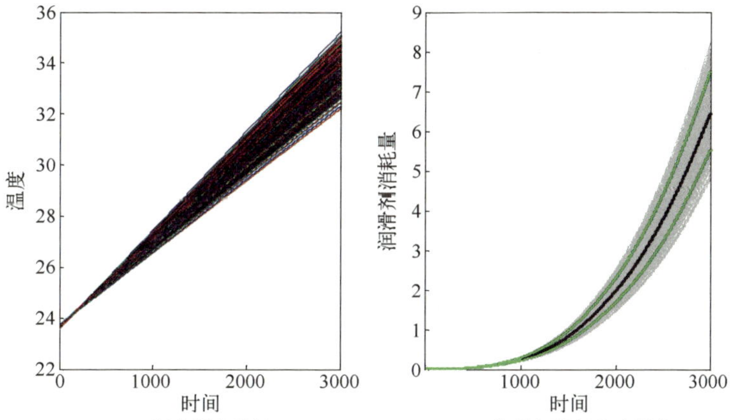

(a) 温度样本路径　　(b) 润滑剂消耗仿真样本

图 7-16　MW1 动量轮润滑剂耗损预测

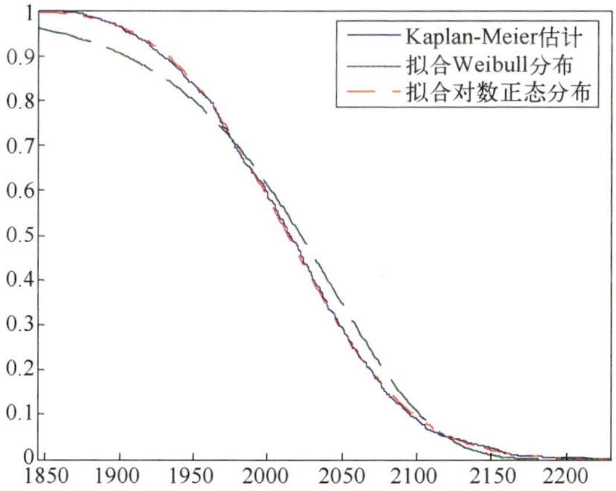

图 7-17　MW1 动量轮在轨寿命分布

7.4 基于机器学习的健康状态评估

本节以贝叶斯网络模型为例，说明基于机器学习的健康状态评估方法的过程。

7.4.1 贝叶斯网络简介

图 7-18 是一个简单的贝叶斯网络，其中节点集 $V=\{F,M,N,L,W\}$，节点（又称节点变量）W、L、F、M、N 分别表示飞轮失效、转速失控、电动机不转、电动机本体坏、控制器坏五个事件。每个事件有发生和不发生两种状态，通常用 0 表示事件不发生，用 1 表示事件发生，如对节点变量 M，$M=0$ 表示电动机正常，$M=1$ 表示电动机不转。有向边集合 $E=\{(M,F),(N,F),(N,L),(F,W)\}$，表示节点变量之间的直接影响关系。例如，电动机不转可能由电动机本体破坏或者控制器坏导致的，因而建立 M 至 F 和 N 至 F 的有向边表示这种因果关系。但这里的因果关系并不是确定性因果关系，即存在不确定性或概率相关关系。在贝叶斯网络中一般通过条件概率分布来描述这种关系的强度，图 7-18 以表格形式给出了节点 F 的条件概率分布。对于没有“输入边”的节点，只要给出节点变量的概率分布即可，例如节点 M、N 给出的就是节点变量的概率分布。

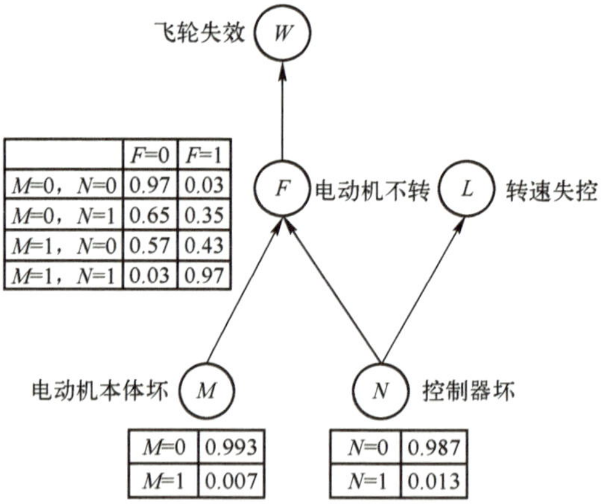

图 7-18　一个简单的贝叶斯网络模型

总结起来，一个具有 n 个节点的贝叶斯网络可用 $N=\langle\langle V,E\rangle,P\rangle$ 表示，其中包括两部分：

(1) $<V,E>$表示一个具有 n 个节点的有向无环图 G,即 $G=<V,E>$。图中节点集合 $V=\{V_1,\cdots,V_n\}$ 的元素代表随机变量,它们可以是任何问题的抽象,如部件状态、观测值、人员操作等。节点间的有向边 E 代表变量间的关联关系或直接影响。对有向边 (V_i,V_j),V_i称为 V_j的父节点,V_j称为 V_i的子节点。没有父节点的节点称为根节点,没有子节点的节点称为叶节点。V_i的父节点集合和非后代节点集合分别用 $\mathrm{Pa}(V_i)$ 和 $A(V_i)$ 来表示。如图 7-18 所示,M 和 N 都是 F 的父节点,F 是 M 和 N 的子节点;M 和 N 都是根节点,W 和 L 都是叶节点(注意,这里仅限于图 7-18 的模型而不考虑实际工程背景);F 的非后代节点是$\{W\}$。

有向图 $G=<V,E>$蕴含了条件独立性假设,即在给定 $\mathrm{Pa}(V_i)$ 条件下,V_i与 $A(V_i)$独立:

$$P(V_i\mid \mathrm{Pa}(V_i),A(V_i))=P(V_i\mid \mathrm{Pa}(V_i))$$

如图 7-18 所示,给定 N 的条件下,F 与 L 是独立的;给定 F 的条件下,N 与 W 是独立的。条件独立性是基于贝叶斯网络的建模、推理和学习的基础。

(2) P 表示与每个节点相关的条件概率分布(Conditional Probability Distribution,CPD)。由贝叶斯网络的条件独立性假设可知,条件概率分布可以用 $P(V_i\mid \mathrm{Pa}(V_i))$ 描述,它表达了节点与其父节点的定量关联关系。如果给定根节点先验概率分布和非根节点条件概率分布,可以得到包含所有节点的联合概率分布。如图 7-18 所示,在节点 F 上给出的就是其父节点集合 $\mathrm{Pa}(F)=\{M,N\}$ 的节点变量状态组合之下,节点事件发生的条件概率。

贝叶斯网络按组成网络的节点类型可分为离散节点贝叶斯网络、连续节点贝叶斯网络和混合节点贝叶斯网络。离散节点贝叶斯网络是指网络中所有节点的状态都是离散的、可数的,图 7-18 就是一个简单的离散节点贝叶斯网络。这类网络是常用的贝叶斯网络,有着成熟的推理和学习算法,而且有完善的工具软件进行建模与分析。连续节点贝叶斯网络指网络中所有节点的状态都是连续的,一般利用正态分布来描述节点的状态,当正态分布不能描述时,利用混合高斯分布近似拟合。这类网络有通用的推理和学习算法可以利用,但是应用不怎么广泛。混合节点贝叶斯网络是指网络中既有离散节点,又有连续节点。该类网络的理论还不是很成熟,没有通用的、高效的推理和学习算法可供使用,一般情况下,都是将连续节点离散化,将其转换为离散节点贝叶斯网络进行分析。对这种类型网络的建模,要具体问题具体分析。

按网络节点与时间的关系,贝叶斯网络可分为静态贝叶斯网络和动态贝叶斯网络。静态贝叶斯网络是指节点状态不随时间而变化的网络,这类网络主要用于故障诊断、可靠性评估、模式分类、软件测试等方面。动态贝叶斯网络是指节点的状态随时间点的推移而不断变化的网络，这类网络主要用于对系统进行时间序列分析，如对系统进行可靠性预计、寿命估计等。

7.4.2 动态贝叶斯网络

动态贝叶斯网络是建立在静态贝叶斯网络和隐马尔可夫模型基础上的图形结构，是静态贝叶斯网络在时间上的扩展。它由初始静态网络和转移网络两个部分确定。其中每个时间点 t 的动态贝叶斯网络对应一个静态网络；时间点 t 到下一个时间点 $t+1$ 的转移关系由转移网络来描述，即由所选取的动态节点及节点之间的条件转移概率来描述。图 7-19 为简单的动态贝叶斯网络示例（未包含条件概率分布），为方便起见，采用简化形式图 7-19(b) 的形式来描述图 7-19(a) 中的动态贝叶斯网络。

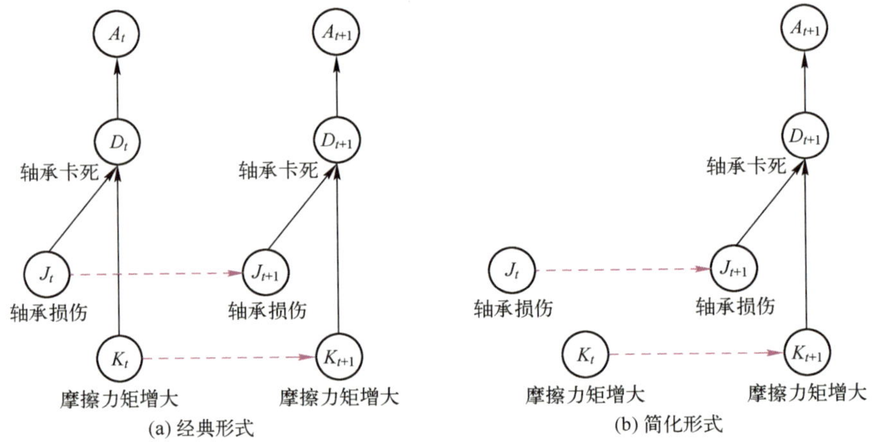

图 7-19　一个简单的动态贝叶斯网络

动态贝叶斯网络继承了贝叶斯网络描述系统的多态性、非单调性以及非确定性逻辑关系的能力，可以有效地对系统进行时间序列建模与分析，而且动态贝叶斯网络也有了相对成熟的推理算法和工具软件可以利用。

7.4.3 示例分析

动量轮是长寿命卫星姿态控制系统的一种执行部件，它是一个由电动机驱动的旋转体，通过支架安装在卫星星体内。其工作原理：当动量轮电动机绕组按规律通入电流时，电动机产生转矩，达到一定的转速，形成一定的动量。根据角动量守恒原理，该转矩或动量作用到卫星星体上时，抵消环境力矩的影响，实现对卫星姿态的控制。

动量轮由轴承组件、电动机组件、轮体组件和壳体组件等构成。其中：轴承组件主要指动量轮的支撑以及润滑系统，是影响动量轮性能、寿命和可靠性的最主要的因素；电动机组件主要指电动机及其控制器，负责与上位机传递指令、执行指令和送出动量轮状态信息的任务；轮体组件是动量轮与卫星进行角动量交换过程中动量储存、释放的主体；壳体组件主要作用是为动量轮提供一个密封的运行环境，避免外界环境对动量轮的影响。

1. 评估模型构建

根据动量轮结构和故障模式与影响分析，获取动量轮本身的故障模式，包括停转、控制精度不足、功耗过大，以及动量轮轴承组件、壳体组件、轮体组件和电动机组件的故障模式和各零部件的故障模式，并通过逻辑分析，建立动量轮故障模式与组件和零件故障模式之间的关系，建立动量轮静态贝叶斯网络模型，如图 7-20 所示，其中所有网络节点变量都取正常和故障两个状态。

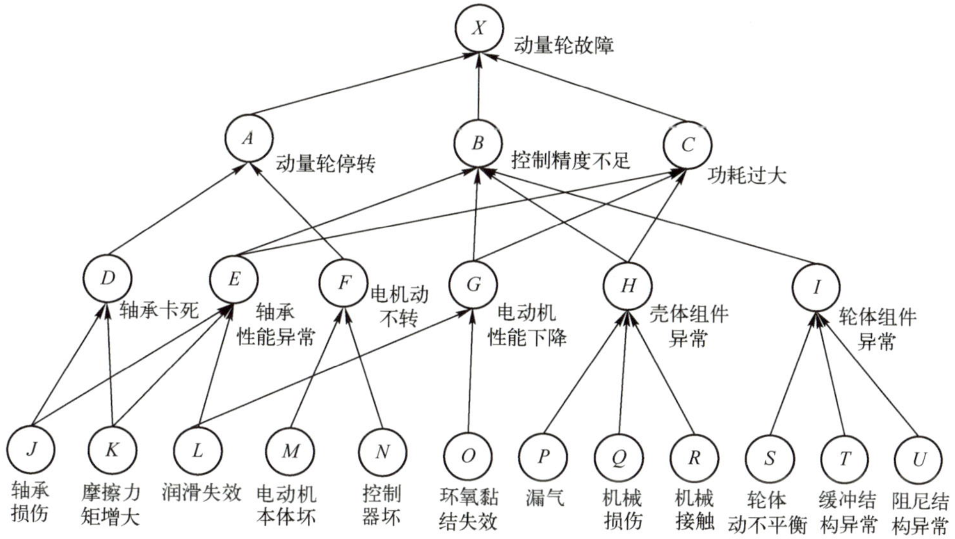

图 7-20　动量轮贝叶斯网络模型结构

动量轮在轨运行过程中，不能通过进行实地观测、解剖检验等方法来获取故障模式信息，可用信息只有通过遥测途径获得的电流、电压、轴承温度、转速等数据。通过失效分析，可知影响动量轮功耗和控制精度的主要因素是轴承摩擦力矩，遥测数据中的电流和轴承温度均和轴承摩擦力矩存在直接关系。电流与轴承摩擦力矩（或更一般的阻力矩）成正比，是表示动量轮性能最主要的指标。轴承温度也是反映轴承组件工作状态的重要特征之一，在普通轴承故障诊断中已经得到广泛应用;对动量轮来说,其润滑的有效性与温度直接相关。在动量轮离散贝叶斯网络模型基础上,添加轴温和电流性能节点。由于每个零部件故障与否都可通过轴温和电流反映出来,因此建立电流和轴温作为父节点和上一层的节点全连通结构图,如图 7-21 所示。

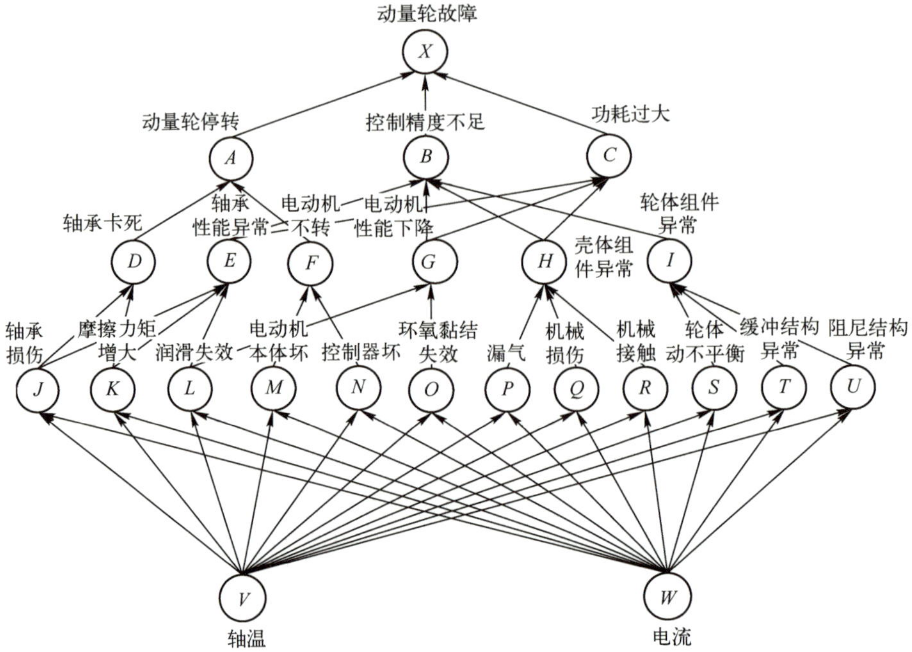

图 7-21　包含性能节点的贝叶斯网络

为了获得动量轮未来时间内的可靠度,需要对轴温、电流等建立状态预测模型,以便预测未来给定时刻动量轮的可靠度。假设动量轮的各种故障模式都是由零部件节点故障所导致,而动量轮的可靠度也是由动量轮各个零部件节点可靠度通过贝叶斯网络的推理得到,因而动量轮零部件是动量轮可靠性的基本单元。选取动量轮的零部件节点为动态节点,建立动量轮动态贝叶斯网络结构,如图 7-22 所示。

2. 零部件健康评估

取动量轮前 7 年的运行数据,利用动量轮轴温随时间变化的函数,可得动量轮运行时间 t 后轴温的均值,利用贝叶斯网络模型可求得动量轮各个根节点每个时间点的条件转移概率,具体如下:

对某型号动量轮进行分析,计算可得动量轮运行时间 t 后轴温的均值,如表 7-4 所列。

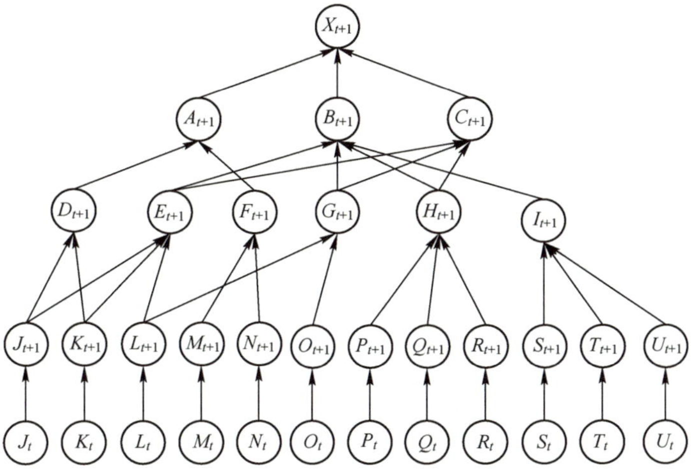

图 7-22　动量轮动态贝叶斯网络结构

表 7-4　动量轮运行时间 t 后轴温的均值

时间点 t/年	1	2	3	4	5	6	7
轴温/℃	30.402	32.761	35.120	37.480	39.839	42.198	44.557

而电流的均值不变,因而,利用对以上建立的贝叶斯网络进行推理可得动量轮各个根节点故障模式在动量轮运行时间 t 后的故障未发生概率,如表 7-5 所列。

表 7-5　动量轮运行各个时间点根节点正常概率

根节点 \ 时间点 t/年	1	2	3	4	5	6	7
轴承损伤 J	0.9980	0.9970	0.9958	0.9941	0.9921	0.9889	0.9843
摩擦力矩增大 K	0.9951	0.9933	0.9906	0.9868	0.9816	0.9742	0.9640
润滑失效 L	0.9851	0.9798	0.9720	0.9608	0.9463	0.9267	0.9015
电动机本体坏 M	0.9957	0.9941	0.9916	0.9881	0.9833	0.9764	0.9667
控制器坏 N	0.9945	0.9925	0.9895	0.9852	0.9792	0.9709	0.9593
环氧黏结失效 O	0.9988	0.9980	0.9972	0.9959	0.9944	0.9922	0.9883
漏气 P	0.9961	0.9947	0.9926	0.9898	0.9859	0.9803	0.9726
机械损伤 Q	0.9977	0.9968	0.9955	0.9936	0.9914	0.9880	0.9831
机械接触 R	0.9950	0.9930	0.9901	0.9859	0.9800	0.9717	0.9600
轮体动不平衡 S	0.9967	0.9956	0.9938	0.9913	0.9879	0.9830	0.9761
缓冲结构异常 T	0.9993	0.9988	0.9982	0.9973	0.9965	0.9953	0.9926
阻尼结构异常 U	0.9990	0.9984	0.9977	0.9966	0.9956	0.9940	0.9911

由于动量轮在轨运行中，零部件故障时，地面无法调试与修复，因此可以假设动量轮零部件节点在时间点 t 故障的情况下，下一个时间点 $t+1$ 的状态仍为故障，因而可得 $p(N_{i,t+1}=1 \mid N_{i,t}=1)=1$，$p(N_{i,t+1}=0 \mid N_{i,t}=1)=0$，同时，假设在零部件节点在时间点 t 正常的情况下，下一个时间点 $t+1$ 各个状态的概率为

$$p(N_{i,t+1}=1 \mid N_{i,t}=0)=1-x,\ p(N_{i,t+1}=0 \mid N_{i,t}=0)=x$$

假设根节点 N_i 在某个时间点 t 正常的概率 $p(N_{i,t}=0)=p_t$，时间点 $t+n$ 正常的概率为 $p(N_{i,t+n}=0)=p_{t+n}$因而，结合条件概率，计算可得

$$p_{t+n}=x^n p_t$$

本节 n 取 2，t 分别取 1 年、2 年、3 年、4 年、5 年、6 年。计算可得 x 的 6 个估计值，x_1、x_2、x_3、x_4、x_5、x_6 将这 6 个值取均值可得 x 的估计值

$$\bar{x}=\frac{x_1+x_2+x_3+x_4+x_5+x_6}{6}$$

表 7-6 列出了动量轮运行各个时间点 x 的估计值。

表 7-6　动量轮运行各个时间点 x 的估计值

根节点 \ 时间点 t/年	x_1	x_2	x_3	x_4	x_5	x_6	$\bar{x}$
轴承损伤	0.9995	0.9994	0.9991	0.9990	0.9984	0.9977	0.9988
摩擦力矩增大	0.9991	0.9986	0.9981	0.9974	0.9962	0.9948	0.9974
润滑失效	0.9973	0.9960	0.9942	0.9924	0.9896	0.9863	0.9926
电动机本体坏	0.9992	0.9987	0.9982	0.9976	0.9965	0.9950	0.9975
控制器坏	0.9990	0.9985	0.9978	0.9970	0.9958	0.9940	0.9970
环氧黏结失效	0.9996	0.9996	0.9993	0.9992	0.9989	0.9980	0.9991
漏气	0.9993	0.9989	0.9986	0.9980	0.9972	0.9961	0.9980
机械损伤	0.9995	0.9993	0.9990	0.9989	0.9983	0.9975	0.9988
机械接触	0.9990	0.9985	0.9979	0.9970	0.9958	0.9940	0.9970
轮体动不平衡	0.9994	0.9991	0.9987	0.9983	0.9975	0.9965	0.9983
缓冲结构异常	0.9997	0.9997	0.9995	0.9996	0.9994	0.9986	0.9994
阻尼结构异常	0.9997	0.9996	0.9994	0.9995	0.9992	0.9985	0.9993

3. 动量轮健康评估

利用所建立的动态贝叶斯网络，可以对动量轮未来一段时间内的可靠度进行预测。表 7-7 列出了动量轮在时间点 t 的可靠度。动量轮可靠度随时间变化的趋势，如图 7-23 所示。

表 7-7　动量轮在时间点 t 的可靠度

时间/0.5 年	1	2	3	4	5	6	7	8
动量轮可靠度	0.9294	0.9159	0.9025	0.8895	0.8766	0.8639	0.8515	0.8392
时间/0.5 年	9	10	11	12	13	14	15	16
动量轮可靠度	0.8272	0.8154	0.8038	0.7923	0.7811	0.7700	0.7592	0.7485
时间/0.5 年	17	18	19	20	30	40	50	60
动量轮可靠度	0.7380	0.7276	0.7175	0.7075	0.6161	0.5387	0.4729	0.4169

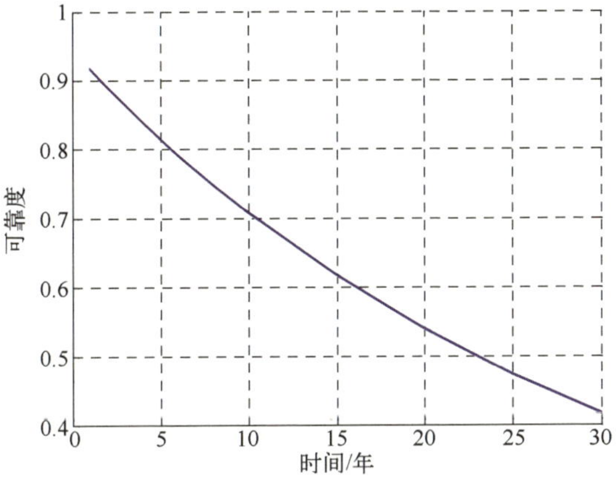

图 7-23　动量轮可靠度随时间变化趋势图

7.5　健康状态综合评估

本节以层次分析法为例，说明基于综合评估的健康状态评估方法。层次分析法已成为一种较为成熟的决策方法，它能把定性因素定量化，并能在一定程度上检验和减少主观因素影响，使评价更科学化。

层次分析法将复杂问题分解为它的组成部分或元素，即目标、约束、准则、子准则等，按照属性的不同把这些元素分组成互不相交的层次，上一层次的元素对相邻的下一层次的全部或某些元素起着支配作用，形成按层次自上而下的逐层支配关系。具有这种性质的层次为递阶层次。形成递阶层次后，AHP 的测度通过两两比较判断给出，一般采用 1~9 的比例标度。标度值为 1~9 之间的整数及其倒数，测量方法是两两比较判断，其结果表示为正的互反矩阵。得到重要性测度表示的判断矩后，通过判断矩阵求出各元素的相应权重，经过一致性检验，就认为求出的权重符合一致性要求。

层次分析法评估控制系统健康状态的基本步骤如图 7-24 所示。

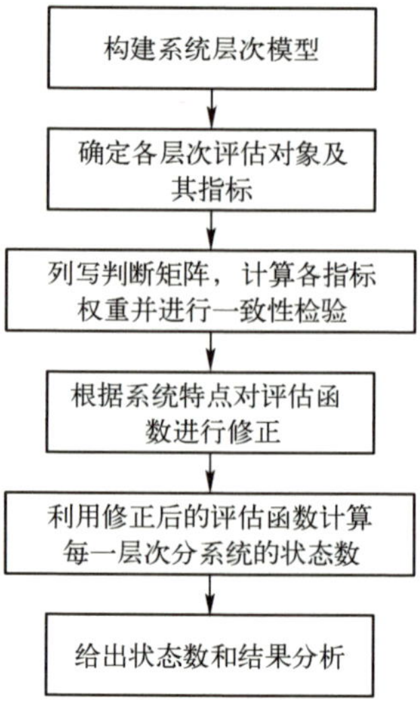

图 7-24　层次分析法的评估步骤

7.5.1　常权综合法

常权综合法模式为

$$V_c = \sum_{i=1}^{n} w_i^c x_i$$

式中：n 为评价指标个数；w_i^c 为第 i 个指标的权重（上标 c 表示该系数为常权）；x_i 为第 i 个指标的评价值；V_c 为常权评估值。

以卫星姿态控制系统为例，可将其按照结构分为四个层次：

（1）底层的功能部件（如飞轮转子和轴承）；

（2）能够独立工作的分系统（如推力器分系统，飞轮分系统）；

（3）由分系统配合工作得到输出的子系统（如执行机构、敏感器）；

（4）整个系统。

这四个层次是一种递进关系，下一级对象组成上一级对象，上级对象的状态取决于下级对象的工作方式和状态。为了确定各指标对于各级系统健康状态的影响力，需要确定表征各指标重要性的权重系数。现在以某卫星在稳态轮控加磁控模式下的状态评估为例，详细说明系统状态数的计算方法。

在该控制模式下参与工作的分系统有偏置动量轮、磁力矩器、红外地平仪及磁强计，其分别以 F_1、F_2、F_3、F_4表示。将各分系统的主要工作部件分别用 $B_{i,j}$

来表示,其中 i 表示部件所属分系统,j 表示部件序号。将各部件的状态特征量分别用 T_{xy} 表示,其中 x 为所属部件,y 为状态量序号。

根据层次分析法的原理,系统中每一个层次的状态都用分值来表示,对于最底层的工作部件,它们的状态是由遥测数据得到的状态特征量分值代入状态评估表达式中算出的。对于各个部件的工作健康状态的分析,将其等级划分用数字区间表示。对于从部件到整个控制系统,假定 70 分为各级评估对象的失效界定值,90~100 分为健康状态(正常工作),80~90 分为亚健康状态(出现轻微故障,不影响上一级系统有效输出),70~80 为警告状态(出现严重故障,已经影响到上一级乃至整个控制系统的输出)。

在实际工作中,这些特征量的取值应该是通过实测遥测数据与各种故障条件数据界定值相比较得出的评分,见表 7-8。

表 7-8　部件评分标准

部　　件	特　征　量	评　　分
偏置动量轮(B_1)	转速(T_{11})	70
磁力矩器(B_2)	磁矩输出(T_{21})	95
红外地平仪(B_3)	温度(T_{31})	90
	扫描速度(T_{32})	95
磁强计(B_4)	测量输出(T_{41})	95

根据层次分析法计算各参考量的权重,得到的两两比较判断矩阵如下:

$$\begin{array}{c|c} B_1 & T_{11} \\ \hline T_{11} & 1 \end{array} \qquad \begin{array}{c|c} B_2 & T_{21} \\ \hline T_{21} & 1 \end{array} \qquad \begin{array}{c|cc} B_3 & T_{31} & T_{32} \\ \hline T_{31} & 1 & 3 \\ T_{32} & 1/3 & 1 \end{array} \qquad \begin{array}{c|c} B_4 & T_{41} \\ \hline T_{41} & 1 \end{array}$$

根据判断矩阵计算权重系数,利用权重计算结果以及特征量的评分,代入计算公式得到各部件的状态数。利用相同的步骤可以得到分系统、子系统以及整系统的状态数。计算结果见表 7-9。

表 7-9　算例一

名　　称	部件	分系统			子系统			整系统
	状态数	工作关系	权重	状态数	名称	权重	状态数	状态数
偏置动量轮	70	冗余(主份工作)	0.75	70	执行机构	0.75	76.25	80.2344
磁力矩器	95	同时(并联)	0.25	95				
红外地平仪	91.25	冗余(主份)+并联	0.75	91.25	敏感器	0.25	92.1875	
磁强计	95	同时(并联)	0.25	95				

这时，主份偏置动量轮工作出现严重故障，最后的评估结果是控制系统处于亚健康和警告的边缘状态。查找相应状态的处理意见，得到主工作部件出现控制精度降低或故障的情况，考虑启动备份或冗余部件，见表 7-10。

表 7-10　算例二

名　称	部件	分系统			子系统			整系统
	状态数	工作关系	权重	状态数	名称	权重	状态数	状态数
偏置动量轮	70	冗余(备份工作)	0.75	56	执行机构	0.75	65.75	72.3594
磁力矩器	95	同时(并联)	0.25	95				
红外地平仪	91.25	冗余(主份)+并联	0.75	91.25	敏感器	0.25	92.1875	
磁强计	95	同时(并联)	0.25	95				

这时，备份偏置动量轮工作出现严重故障，评估结果是控制系统处于警告状态中靠近完全失效的状态。

7.5.2　变权综合法

变权综合法模式为

$$V = \sum_{i=1}^{n} w_i(x_1, \cdots, x_n, w_1^{c}, \cdots, w_n^{c}) x_i$$

式中：w_i 为变权权重。

采用均衡函数

$$\sum\nolimits_a (x_1, x_2, \cdots, x_n) = \sum_{i=1}^{n} x_i^{a} \quad (0 < a \leqslant 1)$$

得到变权权重公式为

$$w_i(x_1, \cdots, x_n, w_1^{c}, \cdots, w_n^{c}) = w_i^{c} x_i^{a-1} / \sum_{k=1}^{n} w_k^{c} x_k^{a-1}$$

对应的变权综合模式为

$$V = \sum_{i=1}^{n} w_i^{c} x_i^{a} / \sum_{k=1}^{n} w_k^{c} x_k^{a-1} \quad (0 < a \leqslant 1)$$

当对各指标的均衡问题考虑较多时，取 $a<1/2$；当比较能容忍某方面的缺陷时，取 $a>1$；当 $a=1$ 时，即为常权综合模式。例如，参照上面表中的数据，取 $a=0.5$，按照变权综合法的计算过程如下：

$$\sum_{k=1}^{5} w_k^{c} x_k^{a-1} = 0.435 \times 90^{-0.5} + 0.122 \times 88^{-0.5} + 0.141 \times 90^{-0.5} + 0.247 \times 91^{-0.5} + 0.055 \times 1^{-0.5} = 0.155$$

$$\sum_{i=1}^{5} w_i^c x_i^a = 0.435 \times 90^{0.5} + 0.122 \times 88^{0.5} + 0.141 \times 90^{0.5}$$
$$+ 0.247 \times 91^{0.5} + 0.055 \times 1^{0.5} = 9.020$$
$$V = \sum_{i=1}^{5} w_i^c x_i^a / \sum_{k=1}^{5} w_k^c x_k^{a-1} = 9.020/0.155 = 58.19$$

现将某设备的权重最低的部件 E 在不同评分的情况下,采用不同的 a 取值,评价结果见表 7-11。

表 7-11　常权、变权法计算比较

部件 E 的得分	常权法	变权法评估结果			
		$a=0.5$	$a=0.2$	$a=0.1$	$a=0$
85	89.73	89.72	89.71	89.71	89.70
45	87.53	86.58	85.86	85.59	85.30
10	85.60	78.11	69.81	66.32	62.50
1	85.51	58.34	29.44	21.51	15.27

从表 7-11 看出,变权综合法比常权综合法更能反映出某一构件严重缺损时对整体结果的影响。当部件 E 评分较高时,无论 a 取何值,对评估结果的影响都不大;当部件 E 出现严重损坏时,随着 a 取值的减小,对评估结果的影响增大。

由于部件 E 的权重很小,变权系数 a 的影响还不是很显著,但是如果其他权重大的部件出现了问题,a 的如何取值对评估结果影响就很大了。变权系数 a 的取值方法有多种,经过多次计算试验比较,取 0.2 或 0.5 一般适用于工程中的多数情况。

在得到底层评价指标的评分值后,利用变权综合法从底层指标向上到第二层指标,最后到一级指标,逐层计算各指标的评分值,最后得到评估结果。

7.5.3　达标系数法

首次进行健康状态评估时,应依据卫星发射至进行评估时产生的测量数据和信息进行评估指标的达标系数确定;后续评估可使用上次评估至本次评估之间所产生数据或信息,通过该时段内的数据无法得到指标项达标系数时,可使用历史数据或状态进行评价。

确定评估指标项达标系数的测量数据来源可包括遥测数据、外测数据、遥控数据、控制计算数据、测控设备数据、历史异常案例资料等,以及故障诊断、预测、检测、数据处理等必要的数据分析处理结果数据。

当常规指标项为某一特征参数时,常规指标项达标系数的计算如下:

$$P_i = \begin{cases} 0 & (P_{ti}\text{不在正常值范围内}) \\ 1 & (P_{ti}\text{在正常值范围内}) \end{cases}$$

式中:

P_{ti}为常规指标项测试结果。指特定时间段内被测量的特征参数所有测量结果,t 为在一次评估中进行该项指标项测试所需的特定时间段,i 为测试的常规指标项在所有使用的常规指标项中的序数。

当常规指标项为某一功能项时,常规指标项达标系数的计算如下:

$$P_i = \begin{cases} 0 & (\text{功能缺失}) \\ \beta & (\text{功能具备,性能下降}) \\ 1 & (\text{功能正常,性能满足或优于设计指标}) \end{cases}$$

式中:β 为具体的性能指标项,取值范围为(0,1),值越大,表示越接近功能性能正常。

核心指标项达标系数的计算如下:

$$Q_j = \begin{cases} 0 & (Q_{tj}\text{不符合设计范围}) \\ \lambda & (Q_{tj}\text{部分符合设计范围}) \\ 1 & (Q_{tj}\text{符合或优于设计范围}) \end{cases}$$

式中:Q_{tj}为核心指标项评价结果,指特定时间段内被测量的特征参数所有测量结果,t 为在一次评估中进行该项指标项测试所需的特定时间段,j 为测试的核心指标项在所有使用的核心指标项中的序数,λ 为核心指标项部分符合设计范围的程度,取值范围为(0,1),取值越大,表示越接近完全符合或优于设计范围的状态。

对于难以通过量化计算其达标系数的指标项,可按照是否满足在轨使用要求主观给出达标系数 P_i(常规指标项)或 Q_j(核心指标项)。达标系数可以分为如下四类:

(1) 满足在轨使用要求,P_i或 $Q_j \in [0.9,1]$。具体评价标准:部件级功能正常,在轨可用;分系统级正常使用,性能无下降,功能项完整;平台级正常使用。卫星各分系统性能指标项符合研制总要求,或分系统经过部件重组后性能指标项仍符合研制总要求,可正常提供在轨服务;通过调整地面设备参数设置,使天地一体化指标项满足卫星正常使用要求。

(2) 基本满足在轨使用要求(特征参数中有异常参数,但不影响功能和性能或者部件性能下降,通过重组可实现完整功能),P_i或 $Q_j \in [0.7,0.9)$。具体评价标准:部件级基本正常(特征参数中有异常参数,但不影响功能和性能或者部件性能下降,通过重组可实现完整功能);分系统级性能有下降,功能项完整;

平台级有单点故障,如存在至少一个部件无冗余的情况。

(3) 功能存在异常,降级可用,P_i或 $Q_j\in[0.5,0.7)$。具体评价标准:部件级功能不完整,但可降级使用;分系统级功能项不完整;平台级降级使用。卫星平台整体性能指标项下降或部分功能丧失,但仍能满足一定的使用要求。如出现以下情况,需限制卫星日常工作的开展:①推进剂余量不能支持轨道维持或轨道机动工作;②卫星姿态稳定度下降,但通过改变控制模式可使卫星具备一定的工作能力;③卫星电源性能退化。

(4) 无法满足在轨使用要求,P_i或 $Q_j\in[0,0.5)$。具体评价标准:部件级无法使用;分系统级无法使用;平台级无法使用。卫星平台整体性能指标项不能满足在轨使用要求,无法继续提供服务。

第8章　卫星在轨维护与维修

卫星在轨运行期间,因器件性能衰减、部件功能退化及空间环境等多种因素影响,不可避免地会出现不同异常及故障,为了保证平台的安全可靠长寿命运行和载荷效能的充分发挥,需要对航天器进行必要的维护维修。航天器维护维修主要包括日常维护、预防性维护、修复性维护三种。维护维修内容主要有对航天器平台工作参数、状态进行调整,对异常和故障进行修复,对载荷使用进行合理规划。本章介绍航天器在轨维护维修的内容、流程和技术,给出了航天器维护维修典型示例。

8.1　日常维护

8.1.1　日常维修的类型

日常维护一般包括对卫星状态、参数进行调整等,主要有周期性维护和非周期维护两种。其时机需要按照卫星设计指标、工作性能、参数变化状态进行确定。例如,对于卫星轨道数据的更新,需要依据卫星控制系统轨道外推精度、卫星姿态确定精度等因素综合确定,一般为固定周期对轨道数据进行更新。对于卫星时间参数,需要依据对时间的要求精度、卫星自身时间系统的工作稳定度等进行确定,此类工作需要依据实际情况进行开展,一般不具有周期性。

1. 轨道修正

轨道修正是利用地面测量设备确定卫星位置、速度信息,经过计算,形成卫星轨道数据。地面按照相应的格式将轨道数据加工成卫星数据格式并通过遥控通道定期上注至在轨卫星。其目的是修正由于外推时间增加而导致的轨道误差增大,以保证卫星控制精度的需求。轨道修正工作过程如下:

(1) 地面依据轨道精度需求,调控设备进行测轨,依据测量数据进行轨道确定,并确认轨道精度满足运行需求。

(2) 依据维护时间需求,安排相应时段内跟踪测站,制定上行注入计划。

(3) 按照星上数据格式,加工对应格式指令数据块,并对数据正确性进行核实。

(4) 依据上行跟踪时段,完成轨道数据注入,检查星上、下传更新数据是否为上注数据;同时对上注数据后检查对应参数变化数是否在要求范围内,若变化范围符合要求,则本次维护结束,否则需要再次更新正确数据。

2. 时间修正

时间修正是通过计算星上时间与标准时间的差,将其差值作为修正量,按照相应格式加工成数据块通过遥控通道上注,以改变星上时间,一般可以分为集中校时、均匀校时及授时三种方式。其目的是控制卫星时间精度在要求的范围内,以确保星上相关系统工作的精度。时间修正工作过程如下:

(1) 依据时间管理精度需求,设置时间超差预警门限,时间超差达到门限后提示需要进行时间修正。

(2) 依据跟踪测站,计算星地时差,并按照星上注数格式加工数据,并对数据正确性进行核实验证。

(3) 依据维护需求,安排跟踪测站跟踪并完成数据注入。注入完成后检查时差是否满足需求,若在正常范围内,则本次完成;否则,重复步骤(2)直至时差满足需求。

3. 设备定期切换

设备定期切换是指星上设备尤其是转动部件,采取定期轮换的方式进行工作,即设备工作到达一定时间后,将其关闭并将备份器件打开。其目的是延长器件工作寿命,确保寿命期内卫星能够正常运行。设备定期切换流程如下:

(1) 确认需要进行定期切换的设备、设备定期切换策略,设备正常及异常判别依据。

(2) 按照切换周期制定设备切换计划,调控地面测站进行测控保障,并制定操作流程。

(3) 切换周期到达后,检查主备份器件工作状态及性能,满足要求后按照操作流程进行主备切换,切换完毕后检查相关参数变化是否在预期范围内,若满足要求,本次切换工作结束,否则需将设备重新切回至原状态。

4. 参数定期重置

参数定期重置是指对星上某些参数,需要地面遥控操作,按照一定的周期将其置为某一设定值。其目的是通过此种操作,达到地面能够及时通知卫星此类参数所反映的设备目前工作正常,无需卫星自行处置或状态重置。参数定期重置的流程如下：

(1) 明确需重置的参数、参数的重置周期、参数所反映的设备以及地面未重置将会带来的影响，消除影响的应对策略。

(2) 按照重置要求制定操作流程、重置观测量、设备工作计划，并对需重置的参数进行提前预警。

(3) 到达重置时机后，按照操作流程，通过上行遥控通道对参数进行重置，并检测观测量变化是否与预期变化一致：满足要求，则本次重置成功，否则，再一次进行重置，直至观测量达到预期要求。

8.1.2 日常维修的流程

日常维护一般流程(图 8-1)如下：

(1) 确定需要维护要求。卫星发射成功后，需要依据设计方案及具体指标需求，对卫星在轨运行期间需要地面进行的维护操作提出具体需求，例如需要对星上轨道注入需求、时间维护、陀螺切换周期等需求进行明确，地面管理中心按照需求进行日常维护。

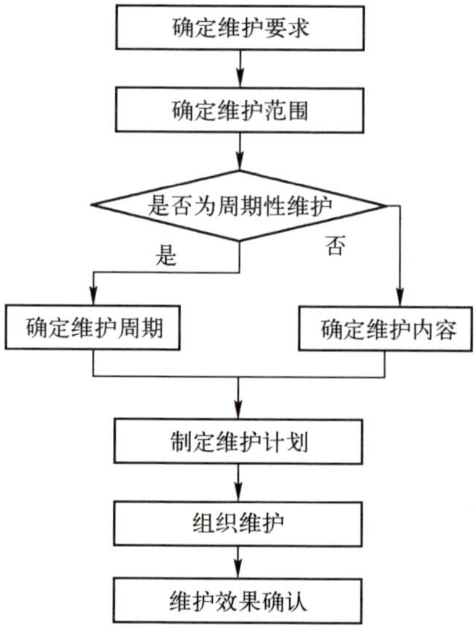

图 8-1 日常维护流程

(2) 确定维护的范围。依据维护需求，制定需要进行长期维护的参数、设备，对其进行维护的周期、维护时机进行明确规定，对维护前后所对应的观测状态进行准确说明；确定属于定期维护或按需求维护。

(3) 制定维护计划。依据维护的周期性需求及基于观测量的维护需求，制定维护操作计划，包括制定维护时机、确定测站资源、制定测站跟踪计划、生成维护所需的数据、制定数据执行过程的观测量、维护过程的具体操作流程等。

(4) 组织维护。按照维护计划，组织在轨维护工作实施。

(5) 维护效果确认。依据维护前后观测量状态区别，对维护前后相关观测量进行观测，确认其维护效果。若效果达到观测需求，则此次维护完成；否则，重复步骤(3)，直至此次效果达到需求。

8.2 预防性维修

8.2.1 预防性维修的类型

预防性维修是指依据目前卫星工作状态、状态预测结果并结合风险评估，对卫星可能出现的异常进行早期规避。

预防性维修是一种防止预知的未来失效发生的行为。因此，它不是针对已经存在失效的行为，而是面向未来预测到的失效。预防性维修需要结合数据预测、风险评估、卫星设计方案进行。它与修复性维修中的故障隔离方式的不同在于：故障隔离是将失效传播控制在某个范围；而预防性维修是防止失效从源头发生。另外，预防性维修是为了延迟预期失效的开始或使其停止的活动。例如，一个已经衰减的部件为避免其失效，可采取其备份工作的方式，疲劳器件作为备份器件停止工作，则可延缓疲劳部件出现故障的时机或其在卫星寿命期内不会出现故障。

预防性维修可分为定期维修和视情维修两种主要类型。风险具有可预见性及周期性，依此来开展维修工作，此类称为定期维修。例如，对于依靠红外敏感器定姿的卫星，其红外敏感器受干扰之后，将会影响卫星工作的安全性，但是对于红外敏感器受干扰而言，红外敏感器受干扰是可以预见的并且具有周期性。视情维修一般立足于故障机理分析，根据不同测试结果，当维修对象出现潜在故障时进行调整、维修或更换，从而避免故障的发生。例如，对于卫星地方时长期漂移，将会导致太阳入射条件及敏感器工作环境发生变化，导致卫星能源异常或控制异常，针对此类现象，需要依据轨道变化情况，确定维修时机，此类维修称为视情维修。

除地面对卫星进行预防性维修外，部分卫星也具备一定的自主预防性维修功能，以自主规避某些风险。例如，在卫星蓄电池容量、温度等存在风险的情况下，星上为保障能源安全，自主进行载荷关机、部分控温回路关闭，将后续载荷工作计划清除等，以达到能源保护的目的。

8.2.2 预防性维修的流程

对于预防性维修一般流程（图 8-2）如下：

（1）当前工作状态确认。确定目前卫星的工作模式、运行的空间环境，星上相关参数的状态、性能，如红外定姿模式下为避免红外受干扰，需要确认红外受干扰实际，引入陀螺控制后陀螺的工作状态等，确认是否具备预防维修的条件。

(2) 状态预测分析。依据目前工作状态、空间环境，对器部件后续工作情况进行预测，依据预测结果并结合卫星设计方案，对后续卫星工作状态进一步分析，确认后续可能出现的故障。

(3) 风险评估结果评定。依据预测分析结果，利用风险评估的理论、方法，对风险进行评定，对风险等级进行划分，确定后续卫星运行过程中由于潜在故障而导致的风险及影响。

(4) 维修方案确定。依据预测及风险评估结果，按照卫星设计方案，针对潜在故障制定故障规避措施。

(5) 维修方案可靠性验证。将维修方案运行于地面仿真系统，设置仿真系统工作状态，触发潜在故障诱因，确认方案是否可有效避免故障发生及方案是否会产生次生影响。方案验证一方面需要仿真系统实现，另一方面需要设计师依据设计的工作原理进一步确认。

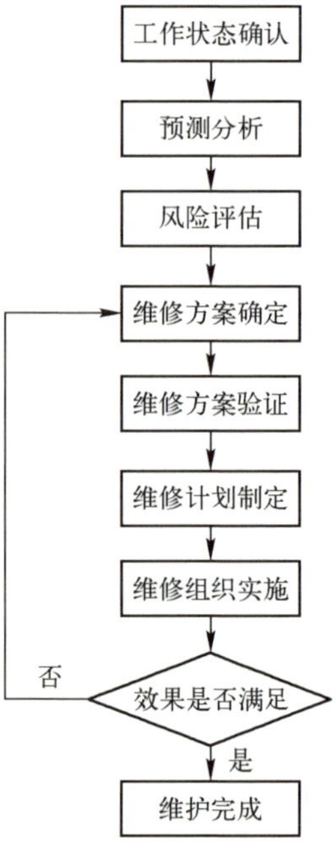

图 8-2　预防性维修流程

(6) 维修计划。确认维修开始的时机、地面测控保障条件、维护的约束条件、维护所必需的数据、维修过程中的观测量、维修过程可能出现的异常风险及应对措施，维护的操作流程等。

(7) 组织维修。按照维修计划、组织在轨预防性维修。

(8) 维修效果确认。维护完成后，相关观测量是否达到预期结果，相关部件、器件工作状态是否与预期一致：若相符，则本次维护完成；否则，重复步骤(4)直至满足要求。

8.2.3　预防性维修间隔期的确定

确定预防性维修工作时机或间隔期是对维修工作进行组织计划和调控的依据。从运行管理角度出发，建立预防性维修间隔期模型的目的是使下面的三个参数得到改善：

(1) 降低故障风险。故障的发生可能导致卫星性能降级或功能丧失，甚至完全失效。如果在发生故障前发现潜在故障并予以排除，则可避免故障发生，降低故障风险。一般来说故障的发生是随机的，而维修间隔又不可能太小，因此风险是不可避免的，只能在现有人员条件及技术水平上，采取有效的维修策略风险达到最小。故障风险可用来对具有安全性和寿命影响的故障维修策略进行度量。

(2) 提高使用可用度。对使用者来说,产品可使用时间(可用度)越长(越大)越好。但由于各种原因,卫星故障是不可避免的,因此需要进行维护和维修,造成了使用可用度下降。卫星不可用时间主要包括预防性维修时间和修复性维修时间,调整维修周期可改变预防性维修和修复性维修时间所占比例,使可用度达到最大。使用可用度可用于衡量故障具有安全性或任务性后果的维修策略。

(3) 降低寿命期费用。维修维护费用是寿命周期费用的重要组成部分,其中变化最大的两个因素是预防性维修费用和修复性维修费用。对卫星来说,虽然与卫星资产费用相比,维修维护费用并不高,但故障发生时仍需要耗费较多的人力资源。寿命周期维护维修费用可用来评价后果具有经济性影响的故障。

1. 定期维修周期

定期维修通常也称为计划维修,是按照一定周期进行维修的传统体制。根据设备的磨损规律,事前确定修理类别,修理间隔期及修理工作量,所需的维修资源可预计。定期维修是一种以时间为基准的维修方式,只要设备使用到预先规定的时间,不管其技术状态如何,都要进行规定内容的维修工作。根据设备的失效规律,设备性能的变化,预测故障发生的日期,并提前安排修理。这种维修方式的优点是维修工作可以有准备、有计划地进行,便于组织安排,维修人员、资源均有充分的准备。另外,维修工作一般可在其对任务影响最小进行,所花费时间比事后维修短,维修质量高,同时有较好的预防故障作用。这种维修方式比较适合于故障特征随时间变化的设备,不适合故障无时间规律的设备。

从维修间隔期的角度来说,装备定时维修是指当装备到了维修间隔期 T_c 时,装备是否发生故障,进行预防性维修;如果在 T_c 之前发生了故障,则进行事后修复性维修。装备定时维修间隔期模型如图 8-3 所示,装备工作一个时间 $T=T_1+T_2$ 内就进行一次预防性维修。

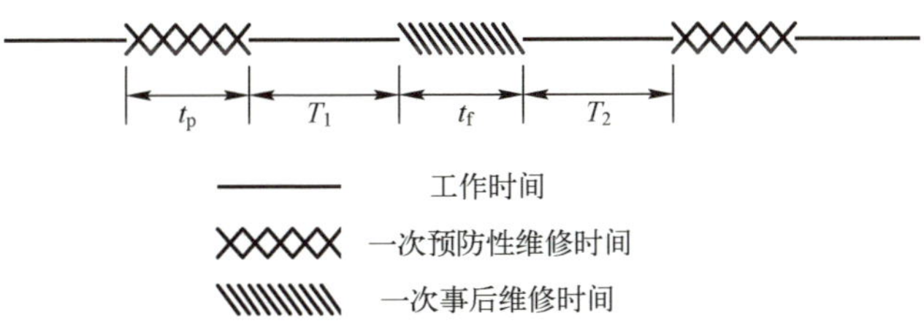

图 8-3　定时维修间隔期模型

下面以可用度最大为目标,举例说明维修间隔期的确定。可用度是指系统在任一随机时刻需要和开始执行任务时,处于可工作或可使用状态的概率。它是系统可用性的概率度量。可用度最大原则是指在系统的可用度最大情况下制定预防维修周期。

设故障维修时间为 t_f,平均预防性维修时间为 t_p,如果故障率 $\lambda(t)$ 能确定,则在周期 T 内装备处于故障时间的比例为 $\int_0^T \lambda(t)\mathrm{d}t$,每个周期内平均不能工作时间 $\mathrm{MTTR}=t_p+t_f\int_0^T \lambda(t)\mathrm{d}t$,平均能工作时间 $\mathrm{MTBF}=T$,于是稳态可用度为

$$A=\frac{T}{t_p+t_f\int_0^T \lambda(t)\mathrm{d}t+T}$$

A 对 T 求导并使其等于 0,可得到 A 的最大值,推导如下:

$$A\left[t_p+t_f\int_0^T \lambda(t)\mathrm{d}t+T\right]=T$$

$$\frac{\mathrm{d}A}{\mathrm{d}T}=\{1-A[t_f\lambda(T)+1]\}\Big/\left\{t_p+t_f\int_0^T \lambda(t)\mathrm{d}t+T\right\}$$

由于

$$t_p+t_f\int_0^T \lambda(t)\mathrm{d}t+T>0$$

可得

$$1-A[t_f\lambda(T)+1]=0$$

经整理,可得

$$T\lambda(T)-\int_0^T \lambda(t)\mathrm{d}t=t_p/t_f$$

设 $\lambda'(t)$ 是 $\lambda(t)$ 的导数,则可得

$$\int_0^T t\lambda'(t)\mathrm{d}t=t_p/t_f$$

当 $\lambda(t)=\lambda$ 为常数时,$\lambda'(t)=0$,无法求得 T 和 A,即说明故障率为常数时定时维修是没有意义的。当 $t_f<t_p$ 时,设备发生故障后的平均维修时间要小于平均预防性维修时间,按照最大可用度原则这种情况下的预防性维修也是没有意义的。

2. 视情维修

视情维修也称为预测性维修、状态维修或状态检修,这种体制着眼于装备的具体技术状况,对设备异常运转情况的发展密切追踪监测,仅在必要时才进行修理。视情维修是一种基于设备状态的检修方式,它是基于这样的事实,即大量的故障发生都有一个发展过程,大部分故障在将要发生时都有一些预告信

号,这些预告信号称为潜在故障。如果采用新技术来检测这些信号(潜在故障),就可以发现故障过程正在继续的迹象,便可以采取措施预防故障的发生或避免故障后果。图 8-4 给出了潜在故障发生的一般过程,称为 P-F 曲线。装备维修间隔期是指在潜在故障点(点 P)和功能故障点(点 F)之间这段时间 T 之内的检修时间间隔 T_C。

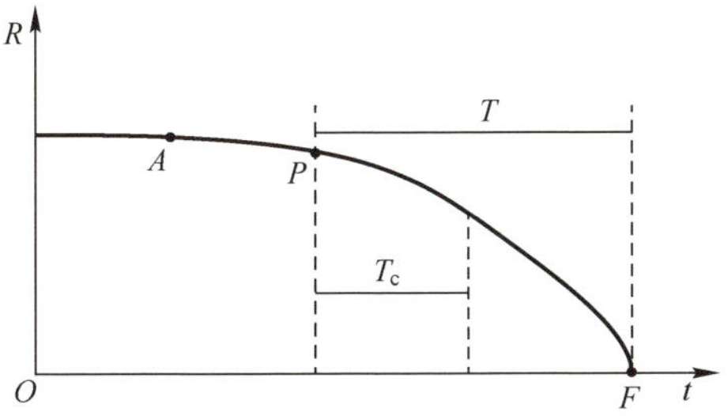

图 8-4　产品 P-F 曲线

为了实施视情维修,应对卫星状态进行连续的监测。其中,必须正确确定检测周期,及时发现故障隐患,防患于未然。如果检测周期选定过长,不能事先发现故障,就可能造成较大的故障损失;如果检测周期过短,又会造成不必要的过多的检测费用或检测停用时间,则影响装备工作任务。因此必须寻找最优的检测时间间隔,做出检测周期决策。

对在轨卫星来说,其遥测参数采样率是确定的,因此不存在数据检测间隔期问题。但是,某些情况下需要对卫星的异常状态风险进行确认,并在此基础上确定是否需要开展预防性维修工作。因此,对卫星在轨维护维修来说,需要基于健康状态评估等卫星监测活动,开展全方位风险分析,并制定主动维修策略。这里,风险定义为故障发生的概率与故障后果的乘积,即

$$风险=故障发生概率\times故障后果$$

基于风险的维修(RBM)是建立在费用有效维修基础上的,而费用有效维修(CEM)是对以可靠性为中心的维修(RCM)的补充,它主要是以量化的方式来决策。基于风险的维修程序:①什么会导致设备发生故障;②故障可能会怎么发生;③故障发生的后果是什么;④系统地、直接地、定量地考虑风险;⑤对风险进行排序,根据风险度安排维修方案(活动);⑥评价现行维修方案,从效益/费用和潜在故障的概括比例两个方面来评价。

8.2.4　应用示例

卫星姿态测量的基准主要有红外地平仪、太阳敏感器和星敏感器。对近地卫星来说,当姿控精度要求低于 0.1°时,红外地平仪就能够满足测量和控制的

精度。目前,大部分在轨近地卫星主要使用圆锥扫描式红外地平仪来获取卫星的滚动和俯仰姿态信息,它是星上姿控系统的重要部件。外双红外受干扰后,卫星将自主地进入俯仰轮控捕获模式,经启动安全序列,将载荷全部关闭,并将程控区载荷指令全部清除,直接影响卫星使用。

对单纯依靠红外定姿卫星而言,在红外无效后,卫星将无法获得其姿态信息。卫星在设计之初,已考虑红外受干扰情况,依据其运行轨道对敏感器进行正常安装,可以避免红外同时无效情况。但是随着卫星在轨运行时间的增加,其轨道发生变化,若没有适时地进行轨道维持,则可能出现红外受干扰情况。为预防此种类型的故障风险,需制定预防性维修方案。

首先确认卫星当前工作状态。通过遥测数据分析,表明当前卫星双红外工作正常;卫星在轨运行期间,陀螺处于长关状态,陀螺性能正常,工作稳定。下面预测双红外干扰事件发生的时机,这根据卫星姿态测量系统的结构,如敏感器安装矩阵、视场,以及卫星、天体(太阳、月球)之间的几何关系等确定。

卫星在星体的前进方向(+X 轴)和反方向(−X 轴)各安装了一个圆锥扫描式红外地平仪,用以测量卫星的俯仰姿态和滚动姿态。圆锥扫描式红外地平仪工作原理如图 8-5 所示,利用地球边缘区内红外热辐射值的陡变,获取地球地平信息。地面较稳定的地球二氧化碳热辐射通过反射镜、透镜等进入红外敏感器件。卫星的反射镜光轴与扫描仪的机械转轴夹角为 55°,光学视场为 1.5°,扫描电动机带动反射镜绕机械转轴旋转,反射镜光轴以圆锥形式扫描空间。扫描圆锥与地球表面的交线为红外地平仪扫描地球的路径(弦宽),在地球边缘的交点为光轴的扫入点(图中 A 点)和扫出点(图中 B 点)。当地平仪从地球边缘向中心扫过时,信号强度是逐渐增加的。在实际使用中,扫入脉冲和扫出的上升

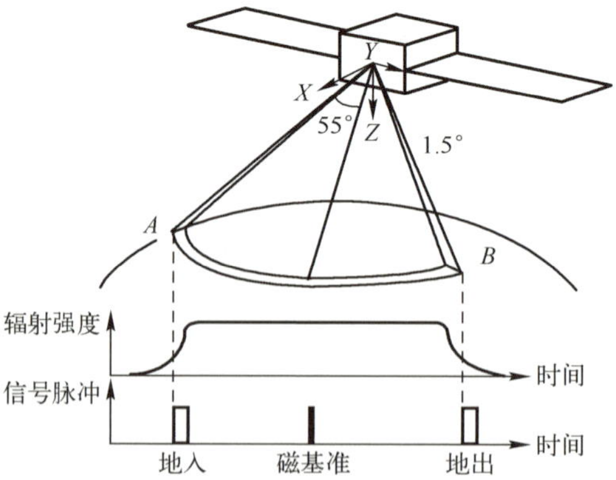

图 8-5　圆锥扫描式红外地平仪工作原理

沿形成是根据辐射信号的绝对值或积分值达到一定门限后形成的。在地平仪与基座之间各装有一个磁基准,每转一圈,磁基准相遇一次,触发一基准脉冲。卫星上天前,地面标定当卫星俯仰和滚动角为0°时,磁基准脉冲指向地心。地入脉冲到磁基准脉冲间距为左弦宽,磁基准脉冲到地出脉冲间距为右弦宽,左右弦宽之和反映了卫星俯仰角变化情况,左右弦宽之差反映了卫星滚动角变化情况。

太阳红外辐射比地球大很多倍,当太阳进入红外地平仪视场时,会产生太阳干扰信号。另外,地平仪还能接收到14~16μm波段辐射能量的月球信号,此信号与地球辐射能量能量相近,月球也会对红外地平仪产生干扰。

1. 太阳对红外地平仪的干扰

卫星前红外的光轴与卫星前进方向夹角为55°,后红外的光轴与卫星前进方向夹角为125°。在地球惯性系中,设卫星位置为$\boldsymbol{r}$,卫星速度为$\boldsymbol{v}$,太阳位置为$\boldsymbol{s}$。若以卫星几何原点O为起点,定义卫星$+X$轴方向向量为$\boldsymbol{V}$,太阳方向向量为$\boldsymbol{S}$,$\boldsymbol{V}$与$\boldsymbol{S}$夹角为α。其中:

$$\boldsymbol{V}=\boldsymbol{r}\times\boldsymbol{s}\times\boldsymbol{r}$$

$$\boldsymbol{S}=\boldsymbol{s}-\boldsymbol{r}$$

$$\alpha=\arccos\left(\frac{\boldsymbol{V}\cdot\boldsymbol{S}}{|\boldsymbol{V}|\cdot|\boldsymbol{S}|}\right)$$

设红外地平仪光学视场的角度为β,在不考虑地球遮挡太阳的条件下,当$|\alpha-55°|<\beta/2$时前红外受干扰,当$|\alpha-125°|<\beta/2$时后红外受干扰。太阳不被地球遮挡的条件为

$$\arccos\left(\frac{\boldsymbol{r}\cdot\boldsymbol{S}}{|\boldsymbol{r}|\cdot|\boldsymbol{S}|}\right)>\arcsin\left(\frac{R_e}{|\boldsymbol{r}|}\right)$$

式中:R_e为地球半径。

2. 月球对红外地平仪的干扰

月球对红外地平仪的干扰与太阳相似,只要将太阳的定义换为月球即可。但月球干扰还要考虑从卫星上看到月球时,月球被太阳照亮的面积。只有月球的光照面积达到一定程度时,才有可能对红外造成影响。卫星看到月球的光照面积可采用如下定义:设月球横截面积为1,以月球为原点,设卫星、月球、太阳的夹角为θ,则卫星看到月球的光照面积可近似为$(1+\cos\theta)/2$。θ的计算如下:

在地球惯性系中,设卫星位置为$\boldsymbol{r}$,月球位置为$\boldsymbol{m}$,太阳位置为$\boldsymbol{s}$。若以月球为起点,定义卫星方向向量为$\boldsymbol{R}$,太阳方向向量为$\boldsymbol{S}$,$\boldsymbol{R}$与$\boldsymbol{S}$的夹角即为θ。其中:

$$\boldsymbol{R}=\boldsymbol{r}-\boldsymbol{m}$$

$$\boldsymbol{S}=\boldsymbol{s}-\boldsymbol{m}$$

$$\theta=\arccos\left(\frac{\boldsymbol{R}\cdot\boldsymbol{S}}{|\boldsymbol{R}|\cdot|\boldsymbol{S}|}\right)$$

根据被月球干扰的试算结果，只有当月球的光照面积达到 0.99 以上，红外才有被干扰的可能。

3. 卫星红外干扰保护程序机理

图 8-6 示出了卫星运行在不同的纬度时，前、后滚动地平仪可能受干扰的区间。其中Ⅰ、Ⅳ象限地平仪能经常扫到太阳；在冬至前后，太阳光能进入Ⅲ象限，影响后滚动地平仪。

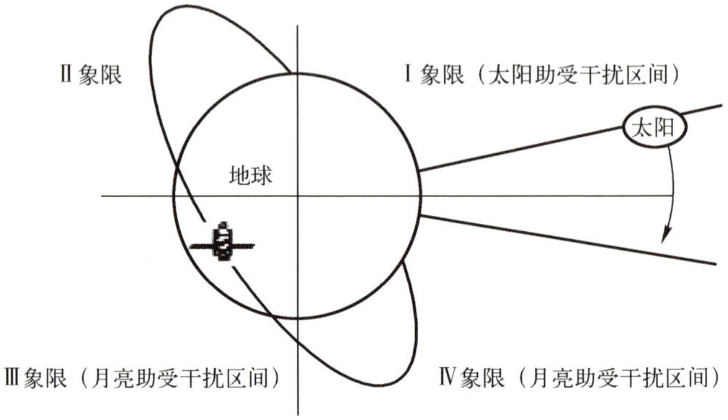

图 8-6　卫星红外受干扰示意

根据卫星姿态异常时间，利用当时的精轨根数做出了太阳对前、后滚动地平仪干扰预报，并将卫星下传的延时遥测数据做了处理，其中地平仪工作状态参数可以确定卫星实际上是否进行了保护动作。对红外地平仪的干扰，从理论上讲，月球每个月都会对红外地平仪造成干扰，从月球的相对亮度、红外地平仪扫到月球的面积和月球到太阳距离之间的绝对距离的变化这三个因素分析。

月球本身并不发光，只反射太阳光。月球亮度随日、月间的距离和地、月间的距离的改变而变化。月球平均亮度为太阳 1/465000，亮度变化幅值度为 1/630000～1/375000，即一年内的变化达 43%，红外地平仪敏感到月球信号强度也因此变化。

当月球到太阳距离最近时，月球亮度最大，如果发生月球对红外地平仪的干扰，最大可能出现在 1 月份、2 月份、11 月份和 12 月份。

依据上面分析，最可能出现干扰时间为每年 1 月份、2 月份、11 月份及 12 月份的阴历十六左右。针对此类问题，可以按照两种方法解决：一是对卫星进行轨道调整，改变其敏感器与空间其他天体之间关系；二是在阴历十六之前对卫星红外受干扰情况进行计算，若出现双红外头同时无效且大于卫星设计的保护时间，则提前开启陀螺，保证在红外无效情况下能够正常进行姿态测量。

经过仿真分析，卫星各自的两个红外探头分别受到太阳和月球的同时干扰，使两星红外数据均无效，时长百余秒，在受到干扰之前，提前打开陀螺，能够有效地避免异常出现。

8.3 修复性维修

8.3.1 修复性维修的类型

修复性维修是指卫星异常发生之后，为恢复其正常工作状态而进行的维修工作，主要分为一般故障维修和严重故障维修。修复性维修的类型根据卫星异常的等级确定。

一般故障维修是指对异常机理清晰、处置预案明确、预案无风险或风险可控、预案经过严格验证的故障进行维修。此类维修由测控单位按照事先制定维修流程和维修策略实施。

严重故障维修是指对影响卫星的寿命、风险不可控、无成熟处置预案或预案未经过验证的故障进行维修。此类维修需要测控单位组织研制单位、使用单位共同协商维修。

8.3.2 修复性维修流程

修复性维修（图 8-7）流程如下：

（1）故障确定。依据遥测观测结果及故障判别依据，明确故障名称、故障现象、故障发生的大致时间、故障时卫星可能的工作状态、故障产生的波及效应等。

（2）故障等级划分。依据故障发生后对平台可靠性、安全性等的危害，对载荷使用时间、效果影响，对其故障进行等级划分。卫星类型不同，故障等级划分存在差异。

（3）故障机理及定位。依据故障现象、工作状态、模式及环境等因素，结合设计原理，对故障形成发展的过程等机理进行分析，对故障诱因进行定位。

（4）故障过程仿真。依据故障分析定位结果，利用全数字、半物理等仿真手段，对故障的形成、演变、影响进行复现、推演和反演。

（5）维修方案制定。依据分析及仿真结果，结合卫星设计方案，制定故障处置措施和处置过程中可能出现的风险的应对措施。

(6) 方案可行性及风险验证。利用多种仿真手段,对故障处置措施的合理性、安全性、有效性进行验证;同时,卫星专家验证结果进行进一步分析确认。

(7) 维修计划制定。依据故障维修时机、地面测控资源、星上工作状态、载荷使用计划等约束条件,制定故障维修计划。

(8) 维修组织实施。制定维修过程所需数据、维修过程的观测量、维修资源调度、维修操作流程等,按照流程实施。

(9) 维修效果确认。故障维修后,依据观测结果及预期的一致性情况,确认维修的有效性。若符合预期目标,则本次维修实施完成;否则,重复步骤(5),直至满足需求。

(10) 运行策略调整。依据卫星故障维修后的结果及运行状态,对卫星后续平台测控、载荷使用的策略进行必要调整。

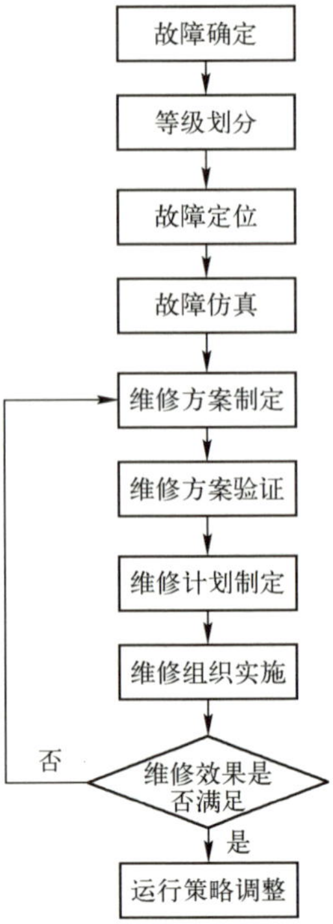

图 8-7　修复性维修流程

8.3.3 修复性维修方式

对故障的维修是为了避免或减缓故障影响或后果所采取的行动,一般包括维修预案、降级运行、故障恢复和故障隔离四种方式。

1. 维修预案

维修预案是指针对在轨卫星运行过程中,对可以预见的故障制定的维修方案,如表 8-1 所列。此方案一般包括故障的判别依据、故障的处置对策、故障的处置要求、故障处置成功后的判别依据。在维修预案中,其判据必须明确且不能存在二义性,处置对策必须经过可靠性验证及风险验证,以免由于判据、对策的错误导致故障的进一步蔓延扩大。

表 8-1　××故障维修预案

故障判据	处置措施	处理需求
① 参数 A 大于某一值; ② 参数 B 大于某一值连续 n 秒; ③ 以上条件同时满足,可判定为××故障	① 地面注入 A 指令,a 秒后参数 A 小于某一值; ② 地面注入 B 指令后,参数 B 应为某一值; ③ 以上操作完成后,参数 $A<a$,参数 $B=b$	当故障现象满足判据后,可确认为××故障发生,可按照处置措施进行处置。若当圈测控条件有限,则可进行第一步处置,后续圈次再进行②、③操作

2. 降级运行

降级运行就是改变系统当前运行模式的行动。当故障发生后,通过系统之间的重组与重构,使卫星重新具备实现某种功能。通常,降级运行后卫星能够完成基本的在轨任务,但是指标较原有设计将会有较大下降。例如,三轴稳定零动量控制卫星在陀螺失效,转入偏置控制后,仍能完成基本的在轨任务;但是由于控制模式发生变化,导致侧摆功能丧失,卫星在轨效能将出现较大下降,同时,由于控制模式的变化,其姿态稳定度、控制精度也将发生变化,对姿态要求较高的在轨任务将不能满足需求。

3. 故障恢复

故障恢复是在故障发生后,为实现卫星的正常工作状态,对必要的卫星进行恢复的故障管理。失效恢复通常在两种情况下发生:①卫星能够在当前故障条件下可以短期维持折中功能,并在无需改变目前目标的情况下进行故障失效恢复;②在目标改变后(特别是为了安全起见)将卫星从安全状态重新回到正常工作状态。例如,在卫星发生星务计算机切机之后,卫星将处于星务安全模式,其既设的任务将无法完成,需要对卫星星务计算机重新进行状态设置后再次对载荷任务进行规划;但是此故障不会对卫星在轨运行指标产生影响。而在某些故障中,如陀螺等硬件故障,可以采取备份器件进行替代;但是此器件将会失去备份,由于故障改变了器件的备份能力。

4. 故障隔离

故障隔离不同于故障恢复的地方是,故障隔离应用于当卫星功能不允许出现任何折中的情况。在故障隔离中,一个低级别的失效在导致关键功能折中之前就会停止传播失效影响。一个经典的例子是一组容错的投票机制。例如,对于控制系统的陀螺容错机制,一般会采取多个陀螺或外加其他测量部件进行容错计算,当投票发现某一陀螺输出异常后,系统会自主将异常陀螺数据从控制系统切换剔除,从而实现对异常信息的隔离。

8.3.4 应用示例

1. 星务计算机切机故障恢复

星务计算机是卫星的核心组成部分,卫星载荷工作以星务时间为基准。卫星设计了一套软、硬件配合的双机自主切换机制,星务中心计算机双机切换状态迁移如图 8-8 所示,当卫星当班 B 机发生“狗咬”复位时,则会给 A 机加电,此时 A、B 机同时加电,A 机程序和 B 机程序同时开始运行,双机程序对各自的计算机资源进行自检,A 机先通过自检,则自检完成后发送软件指令关闭 B 机,则出现星务主机由 B 切为 A。此时程控指令区指令清零,星上时间跳变到星箭分离点时刻,同时发出载荷一区断电指令。

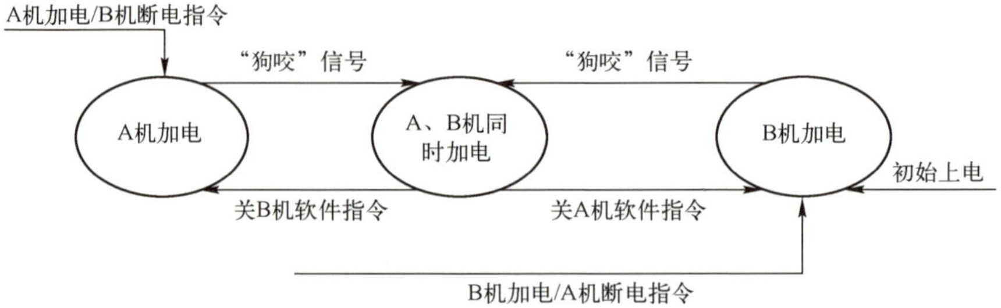

图 8-8　星务中心计算机双机切换状态迁移图

计算机自主切机的影响是卫星时间错误,有效载荷不能正常工作。为保证卫星能源安全要求,卫星发生星务计算机切机故障,星务自主发送载荷关闭指令。也就是说,卫星发生星务切机故障后,处于星务安全模式,整星载荷关闭,且由于星务时间切为UTC零时,业务数据清零且不能正常注入执行,时间积累后还可能造成卫星姿态异常。

卫星发射至今,多次发生星务主机切换。推算出切机时刻卫星星下点,进行数据统计并绘出分布图,如图8-9所示。可以看出,星务计算机异常主要发生在以西经45°、南纬25°为中心的南大西洋上空,南北两极为次要发生区域,其他区域很少发生。表8-2列出了每次切机发生的时刻和星下点位置。

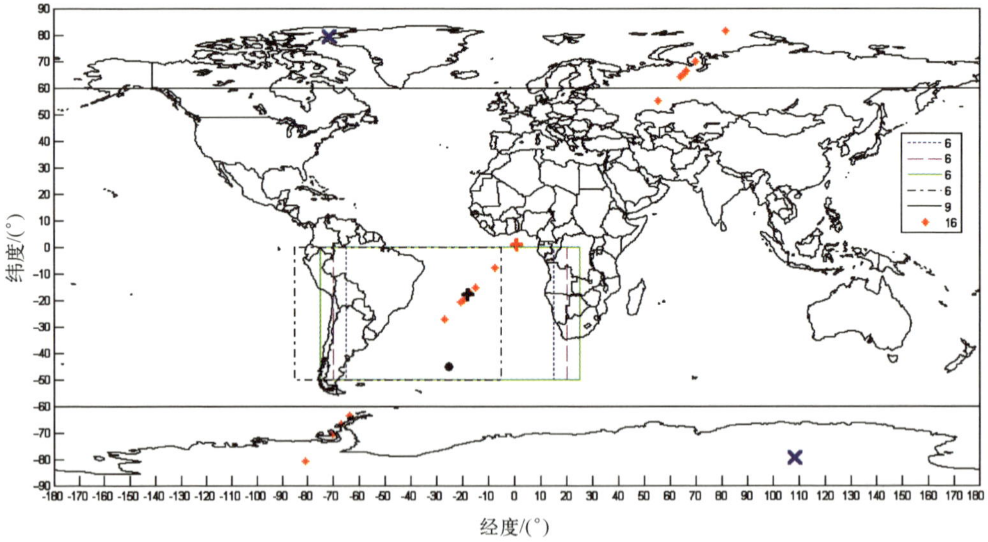

图 8-9　星务计算机切机星下点分布

表 8-2　切机时刻及星下点

星务切机时刻(北京时)	纬度/(°)	经度/(°)
19:56:15	-15.0408	-25.04
0:23:43	-70.2425	114.6928
9:04:53	55.186	-54.7
0:45:26	66.4168	63.905
3:46:45	-80.7196	104.1896
11:05:35	65.3047	126.5794
22:40:15	-66.784	-86.77
22:54:58	-19.5885	-74.5
11:27:24	-63.5689	83.2467
19:30:42	-17.1744	-23.69
14:14:04	-26.9621	50.9153
18:12:13	69.8561	18.6516
18:18:47	81.5129	75.1911
20:21:16	64.1246	-20.7376
8:09:08	-20.7897	-34.47
20:31:05	-7.6295	-45.6276

参考图 8-10 电子谱仪器探测结果，卫星发生星务切机的空间位置与空间环境干扰密集区基本吻合，这些区域为高能粒子聚集区，可认为该异常由空间环境干扰所致。

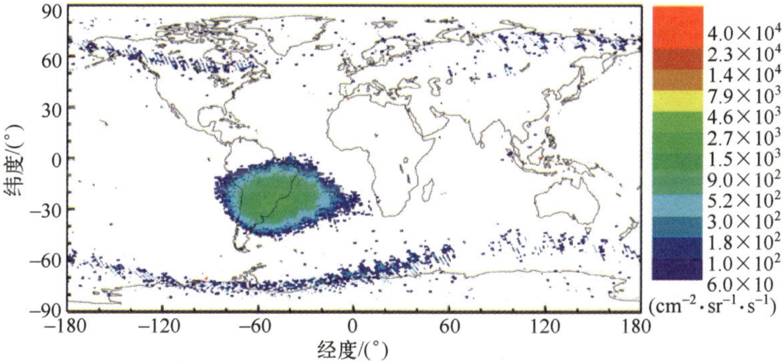

图 8-10　电子谱仪器探测结果

卫星发生单粒子翻转，既不损害器件也不会干扰器件以后的工作，只会改变器件的当前状态，即一个或几个双稳态单元的输出端发生瞬态翻转。星务中心计算机中专门设计了错误检测与校正纠错电路，在软件空闲时对内存中的数据进行刷新，一旦出现单错则及时进行纠正。对于重要的数据缓冲区或变量采取了三取二措施，增加了数据的可靠性。根据管理规定，确定星务切机等级见表 8-3。

表 8-3 星务切机故障等级划分

卫星分系统	影响情况分析	评定等级
星务分系统	星务主机切机，星上时间归零	2
姿控系统	姿控切除星务 UTC 校时	2
载荷系统	载荷一区断电，用户载荷工作数据被清除，影响业务运行	2

对这种等级的故障，如果确定故障发生是空间环境导致的，则可以根据预案进行维修。

某卫星发生星务计算机切机故障，其现象如下：

(1) 星务当班机由 B 切为 A，星务相关参数设置变为默认状态；

(2) 程控指令区指令清零；

(3) 载荷一区断电，有效载荷不能正常工作；

(4) 星上时间跳变到 UTC 零时，星地时差超下限；

(5) 姿控切除星务 UTC 校时。

卫星星务切机以后，为保证星上能源安全，星务下位机自主发出关闭载荷指令并将程控区清除（图 8-11、图 8-12）。

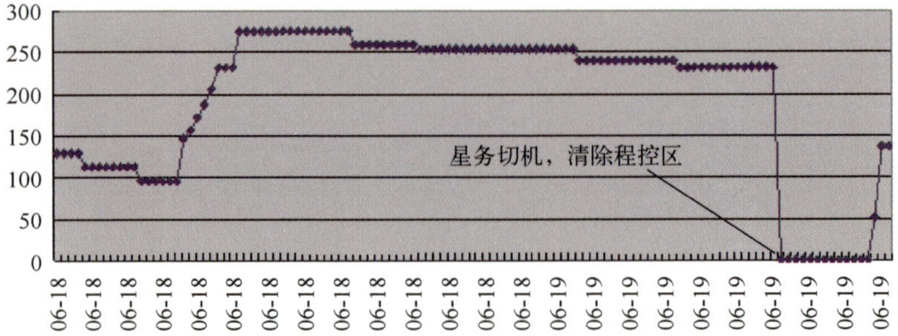

图 8-11 程控指令条数

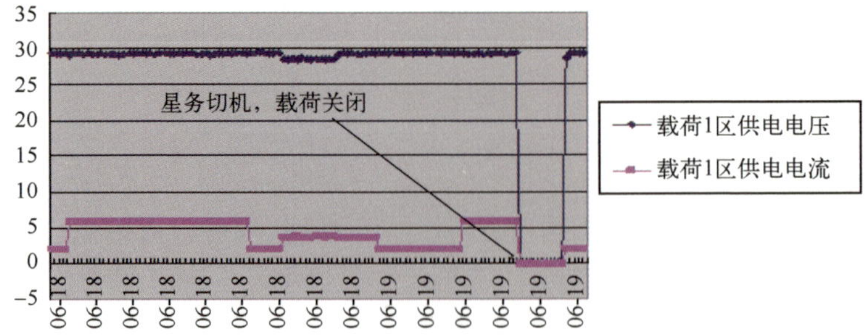

图 8-12 载荷一区电压及电流

图 8-13 为卫星单比特错计数，可以看出，第 13～18 天空间环境变化较大，卫星单错计数增加较快。星务中心计算机中专门设计了错误检测与纠正（EDAC）电路，在软件空闲时对内存中的数据进行刷新，一旦出现单错则会及时进行纠正。对于重要的数据缓冲区或变量采取了三取二措施，也增加了数据的可靠性。所以仅单错计数增加时，并未造成星务切机。

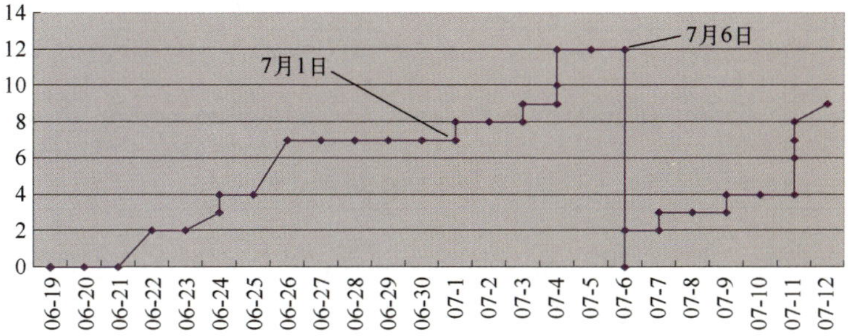

图 8-13　卫星单比特错计数

当卫星飞入纬度为-16.463°、经度为-84.54°的位置时，可以看出，当时星务切机的空间位置与空间环境干扰密集区基本吻合，这个区域为高能粒子聚集区。卫星飞到这些区域，带电高能单粒子在卫星上累积过多，造成星务当班机 B 机的 SRAM 出现死锁，外部定时电路超时，看门狗超时溢出，触发狗咬，则会发出指令将星务主机复位。

由此可以得出结论，本次星务切机是空间环境造成的。在故障出现后，按照维修预案，为将星务主机切为 B 机，对星务进行时间校正，并上注数据块开启有效载荷，注入用户业务数据，卫星恢复正常工作。

2. 帆板应转角计算异常恢复

某卫星遥测显示，卫星帆板实际转角输出与计算获得的应转角之间出现大的偏差，超出正常时 5°范围，其差值达到 190°，卫星姿态稳定，能源供应正常，整星未出现其他不良影响。在随后测控圈遥测显示该异常现象消失，卫星帆板实际转角输出与计算获得的应转角之差已处于正常范围内。该现象表明，卫星控制计算机计算太阳帆板应转角出现异常。

卫星帆板控制模式设置为在阳照区由 BAPTA 应转角控制转动，在阴影区则按轨道的平均角速度进行转动。卫星进入阴影区后，卫星帆板转角在错误的角度基础上开始按轨道的平均角速度进行转动，而之后 AOCC 计算获得的 BAPTA 应转角的输出又恢复输出正常数据，因此二者之间出现较大偏差。在卫星出影后，卫星帆板重新由 BAPTA 应转角进行控制转动，两者差值重新保持在正常的 5°以内，该异常现象消失。

根据延时遥测数据的分析情况，在卫星在处于阳照区时，由 AOCC 计算获得的 BAPTA 应转角输出了一拍异常数据，如表 8-4 所列，导致对卫星帆板进行了错误的控制。

表 8-4　计算错误数据

$-Y$ 轴帆板 2 指令角速度	$+Y$ 轴帆板 1 指令角速度	$+Y$ 轴帆板 1 转角输出	$-Y$ 轴帆板 2 转角输出	计算获得的 BAPTA 应转角	$-Y$ 轴帆板 2 转角误差	$+Y$ 轴帆板 1 转角误差	备注
0.06371200456	-0.0638212875	-98.477121015	98.3652151962	100.939049041	-2.5563485604	-2.5458573898	
-0.6023680431	**0.60149377893**	**-51.029053617**	**50.9731007075**	**-47.280208669**	**100.939049041**	**100.939049041**	异常数据
0.06349343850	-0.0636027215	15.0233562458	-15.051332700	154.206219044	0	0	

对上述故障，通过控制系统内存修改方式（注入内存修改程序）进行修复，修改后，星上自主进行帆板跟踪，采用主、备份模拟太阳输出和帆板转角误差三者中三判二表决的结果对帆板转动进行控制。

8.4　案例分析

某星发生$\pm X$、$\pm Y$、$\pm Z$ 轴姿控推力器自主喷气、催化床温度增高现象，经分析故障原因为星敏 C 输出异常导致。经分析，后续姿控推力器仍可能会喷气，但由于喷气主要用于动量轮卸载，不会影响姿态、能源安全。后续再次发现该星$\pm X$、$\pm Y$、$\pm Z$ 轴姿控推力器自主喷气、催化床温度保持高位等现象，未发现其他异常。在故障处置中，通过星敏硬件复位解决了该问题。本节介绍该故障现象发生后，故障定位、故障机理分析、维修方案制定和维修效果确认过程。

8.4.1　故障机理及定位

卫星在轨采用偏置动量控制模式，测量部件为星敏感器，执行部件采用动量轮。正常情况下使用磁力矩器对动量轮进行卸载，若动量轮转速超过标称转速某一范围，引入姿控发动机对动量轮进行喷气卸载。

卫星工作模式字一直处于星敏定姿模式，如图 8-14 所示。在此模式下，卫星姿控发动机喷气，触发条件为动量轮转速超限或姿态超差。

若姿态角超差，姿控将给出动量轮控制电压，会导致动量轮转速偏离标称值。图 8-15~图 8-18 为卫星姿态角变化情况。

由图 8-15~图 8-18 可以看出，卫星在某时刻出现姿态超差，滚动方向和俯仰方向都超过规定值；偏航方向引入偏流角控制，但是理论偏流角与实际偏航姿态角误差也远超设计值。由此数据可以看出,卫星在境外出现姿态角超差。

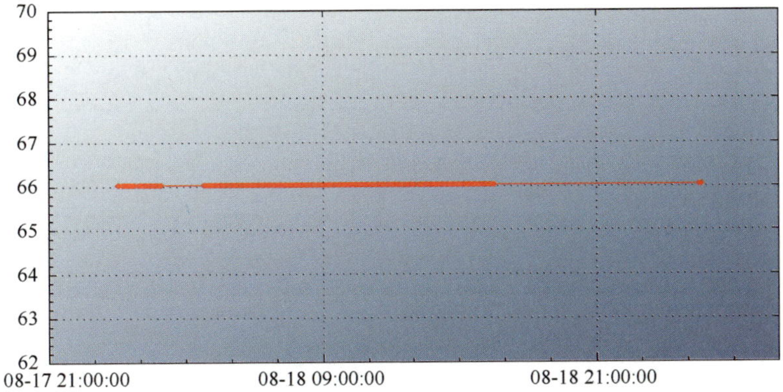

图 8-14　卫星工作模式字

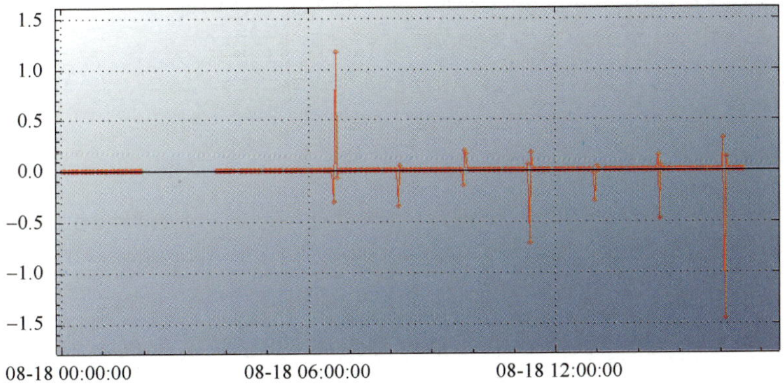

图 8-15　卫星滚动姿态角

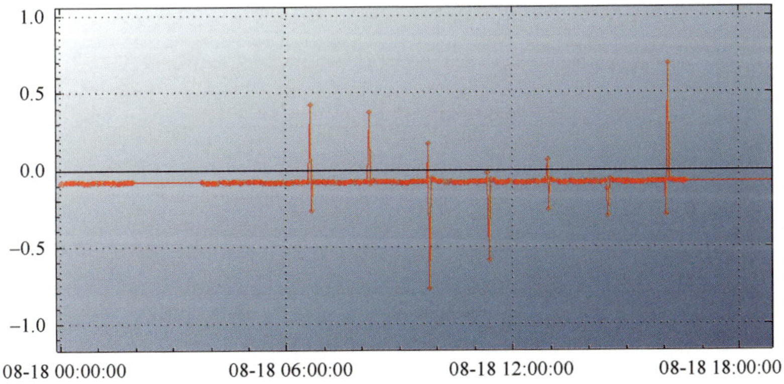

图 8-16　卫星俯仰姿态角

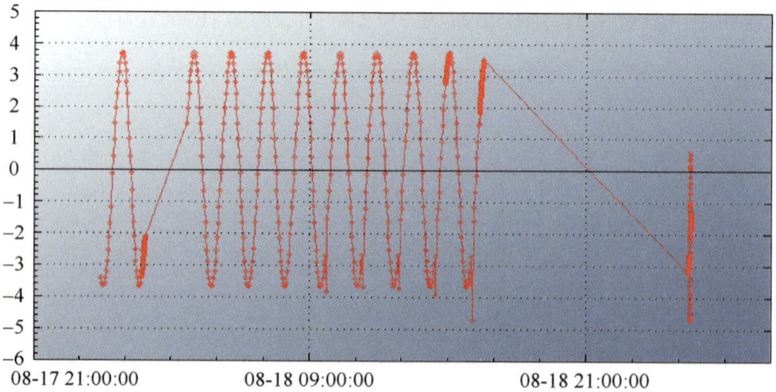

图 8-17　卫星偏航姿态角

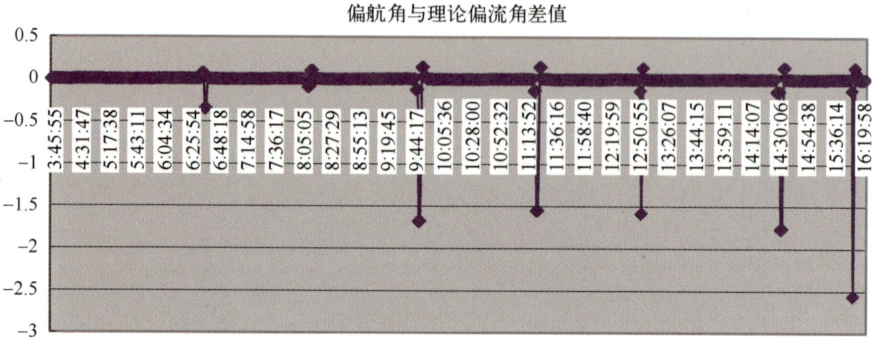

图 8-18　卫星偏航姿态角与理论偏流角差值

卫星姿态超差后，姿控给出动量控制电压，动量轮改变转速对姿态进行控制。图 8-19～图 8-22 为动量轮控制电压。

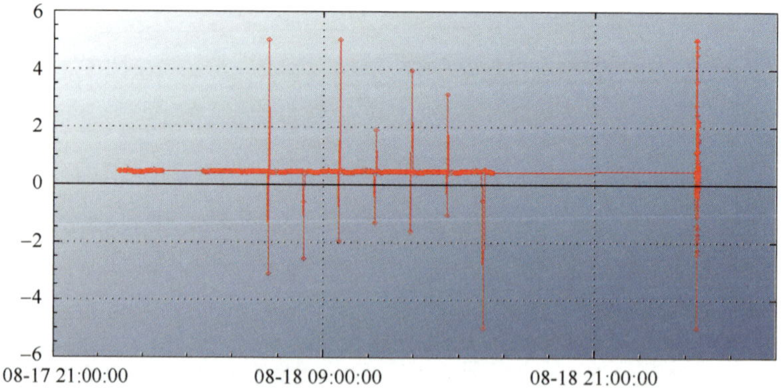

图 8-19　动量轮 X 控制电压

由于动量轮 S 在控制过程中一直维持在标称转速附近，其控制电压变化不大。但是姿控在该时刻给出很高的控制电压，说明此时动量轮在对卫星进行姿态控制。若动量轮转速达到标称值一定范围，则会引起喷气卸载。

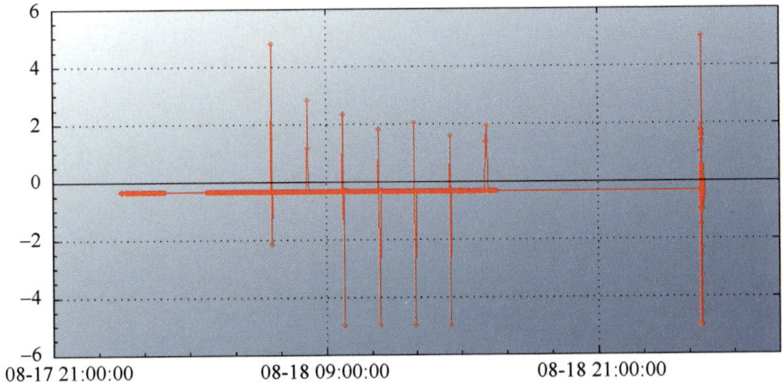

图 8–20　动量轮 *Y* 控制电压

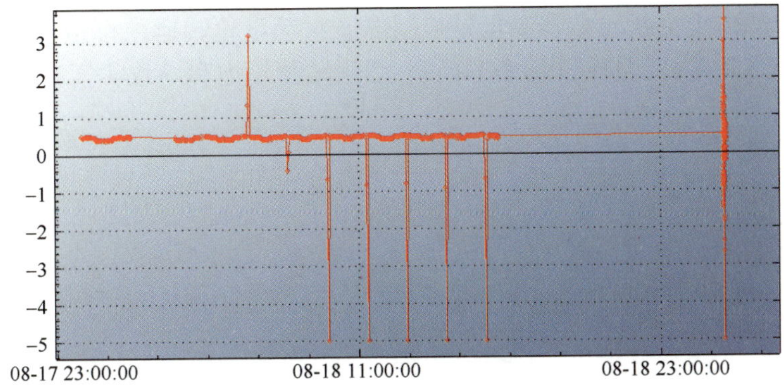

图 8–21　动量轮 *Z* 控制电压

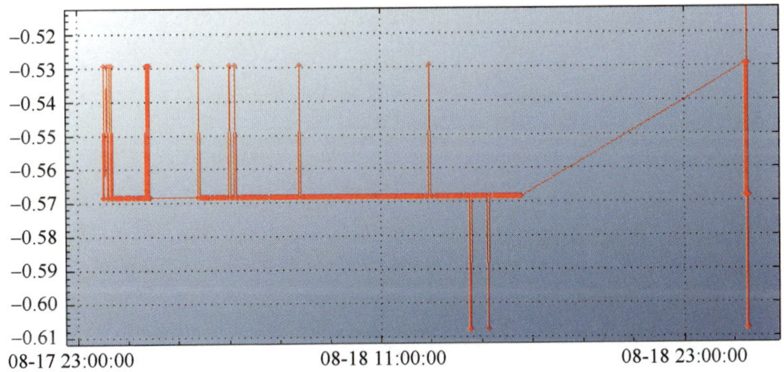

图 8–22　动量轮 *S* 控制电压

由图 8–23 看出，该时刻并未出现动量轮喷气卸载标志。此现象有两种可能：一是确实未对动量轮进行喷气卸载；二是对动量轮进行过喷气卸载。对动量轮转速进行分析，检查动量轮转速是否达到卸载转速。

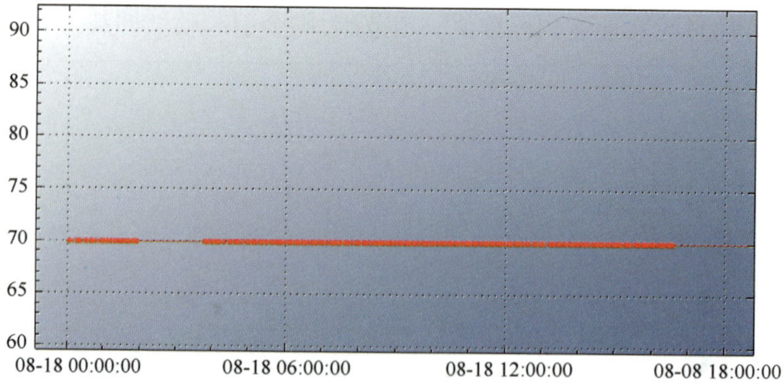

图 8-23　星控制状态

由图 8-24~图 8-27 可以看出，在该时刻附近，除 S 动量轮外，其余三个动量轮转速均出现突跳。结合动量轮控制电压对动量轮转速进行预估，可以下定结论为姿态超差，动量轮进行姿态控制，引起动量轮饱和导致喷气卸载。

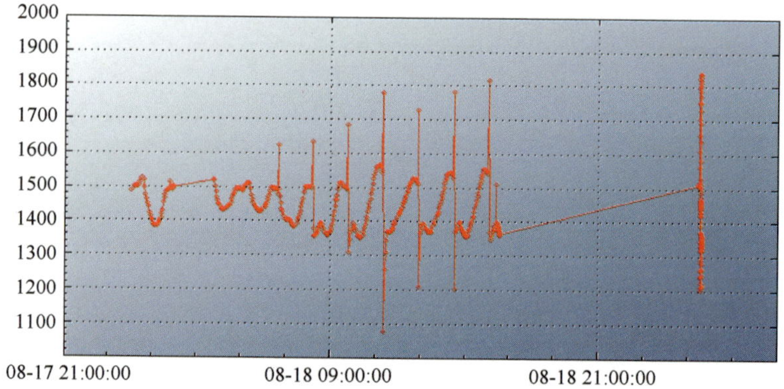

图 8-24　动量轮 X 转速

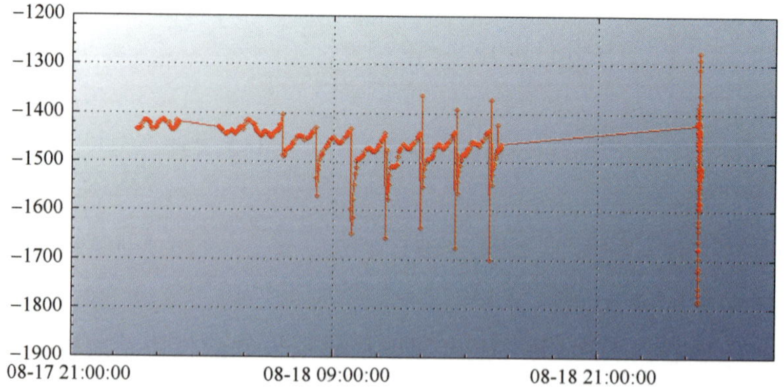

图 8-25　动量轮 Y 转速

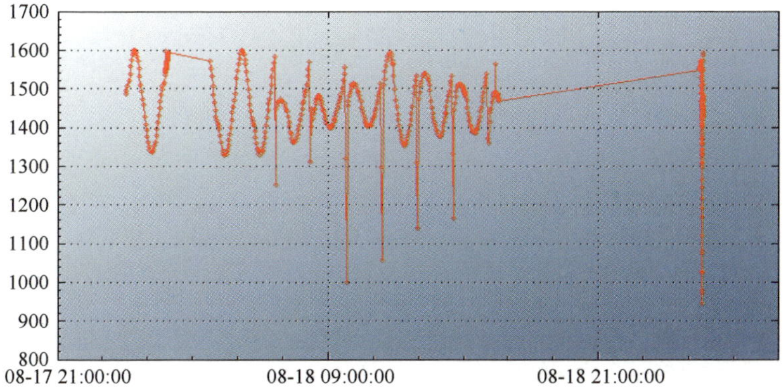

图 8-26　动量轮 *Z* 转速

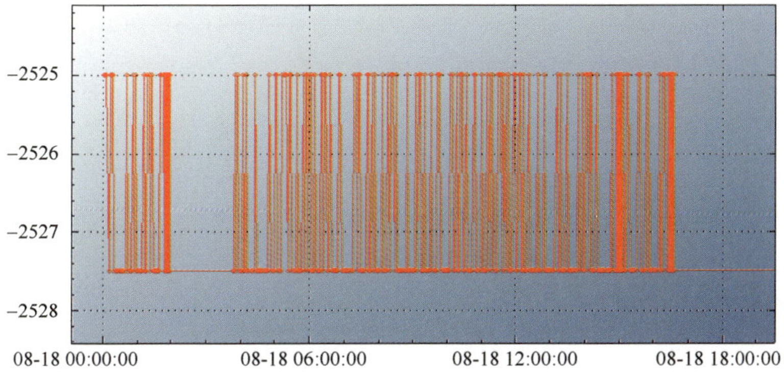

图 8-27　动量轮 *Z* 转速

以下进一步确定卫星姿态超差的原因。导致卫星超差的原因一般可以分为两类：一是有较大干扰；二是测量错误。目前，卫星所用测量元件为星敏感器，对其数据进行分析如下。

从图 8-28 部件有效性上可以看出，在该时刻左右，卫星星敏使用状态从 A、B 转为星敏 A、C。由于测量部件使用状态的改变导致卫星测量姿态角发生变换。对三个星敏数据进行分析。

由图 8-29～图 8-31 可以看出，星敏 C 在该时刻输出值固定值 0，惯性姿态四元数不变，但其同步脉冲计数器正常累加、工作于 C 模式、数据可用。此刻卫星采用测量部件为星敏 A、C，卫星采用错误测量数据，导致卫星姿态发生偏差。由图 8-28 可以看出，星敏 A、C 使用状态持续时间很短，在重新使用星敏 A、B 后，卫星姿态已发生较大偏差，姿控计算机给出的控制电压导致动量轮饱和，进而导致卫星进行喷气卸载。

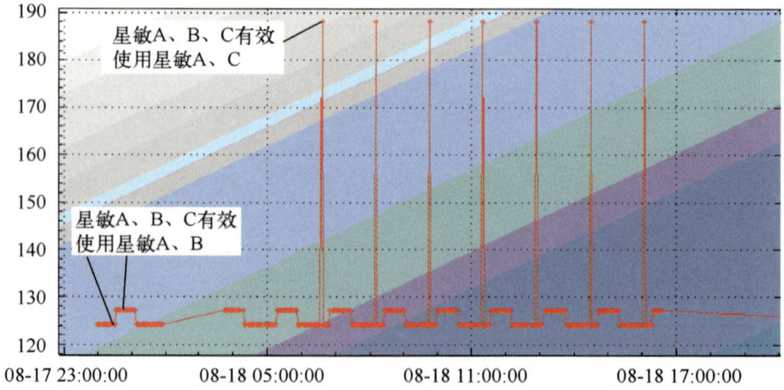

图 8-28　部件数据有效性

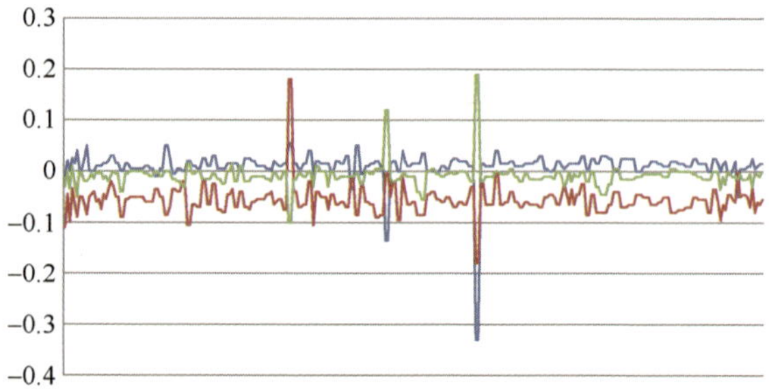

图 8-29　星敏 A 得到的三轴角速度

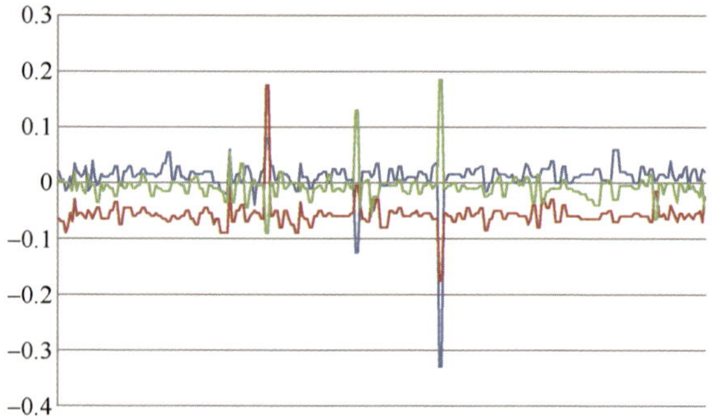

图 8-30　星敏 B 得到的三轴角速度

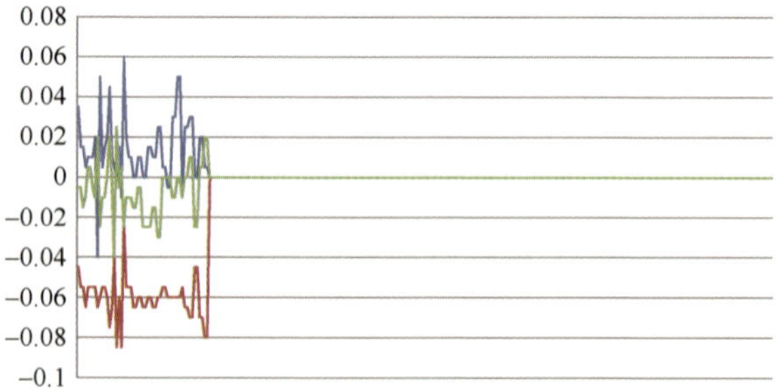

图 8-31　星敏 C 得到的三轴角速度

8.4.2　维修方案制定

经分析定位故障原因为星敏感器 C 输出异常，在轨出现星敏感器由 A、B 切换为 A、C 的原因：在每个控制周期，星上软件会自主对数据可用的星敏感器进行判断，根据三个星敏感器的测量误差进行"三取二"判断，如果星敏 1 和星敏 2 的定姿误差大于星敏 1 和星敏 3，将自主切至星敏 1 和星敏 3 定姿，在卫星飞行至某一个弧段，星敏 3 的输出姿态与卫星姿态一致，虽然星敏 3 异常，但满足星敏 1 和星敏 2 的定姿误差大于星敏 1 和星敏 3 的定姿误差条件，因此将自主转至星敏 1 和星敏 3 定姿，过了该弧段，星敏 3 的输出姿态与卫星姿态不一致，又恢复星敏 1 和星敏 2 定姿。因此在轨只是局部区域为星敏 1 和星敏 3 定姿，大部分时间为星敏 1 和星敏 2 定姿。按照故障定位，对星敏感器 C 行进重新启动。

8.4.3　维修效果确认

在对星敏感器 C 进行硬件复位以后，卫星未出现过自主喷气现象。卫星三轴姿态角、动量轮控制电压及星敏感器计算的三轴角速度如图 8-32 和图 8-33 所示。

图 8-32　卫星三轴姿态角

在星敏感器异常检测中，除既有工作模式检测外，增加对星敏输出进行差分比较，其输出在设定范围；同时，对单个星敏输出进行差分，以此来确定星敏输出正常与否。

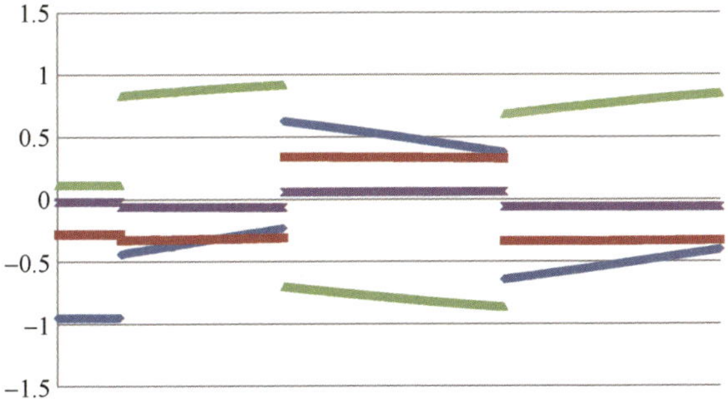

图 8-33　星敏 C 四元素

参 考 文 献

[1] Iverson Da L. Data mining applications for space mission operations system health monitoring[C]. International conference on Space Operations, AIAA 2008-3212.

[2] Iverson Da L. Inductive system health monitoring[C]. Proceeding of the international conference on artificial intelligence, 2004.

[3] Pontoppidan Ni H, Larsen J. Unsupervised condition change detection in large diesel engines[C]. In Proceedings of the 13th IEEE Workshop on Neural Networks for Signal Processing, 2003.

[4] Schwabacher M, Oza N. Unsupervised Anomaly Detection for Liquid-Fueled Rocket Propulsion Health Monitoring[C]. AIAA infotech@ Aerocpace 2007 Conference and Exhibit, AIAA, 2007-2828.

[5] Fujimaki R, Yairi T, Machida K. An Anomaly Detection Method for Spacecraft Using Relevance Vector: Learning[C]. Advances in Knowledge Discovery and Data Mining, 9th Pacific - Asia Conference, PAKDD 2005.

[6] Fujimaki R, Yairi T, Machida K. Adaptive limit-checking for spacecraft using relevance vector autoregressive model[C]. Proc. of the 8th International Symposium on Artifical Intelligence, Robotics and Automation in Space-iSAIRAS', 2005.

[7] Yairi T, Kawahara Y, Fujimaki R, etal. Telemetry-mining: A Machine Learning Approach to Anomaly Detection and Fault Diagnosis for Space Systems[C]. 2nd IEEE International Conference on Space Mission Challenges for Information Technology, 2006.

[8] Fujimaki R, Yairi T, Machida K. An Approach to Spacecraft Anomaly Detection Problem Using Kernel Feature Space[C]. Proceedings of the eleventh ACM SIGKDD international conference on Knowledge discovery in data mining, 2005.

[9] Meshkat L. Probabilistic risk assessment for decision making during spacecraft operations[C]. Annual Reliability and Maintainability Symposium, 2009.

[10] Lindsay S, Diane Myung-kyung. Woodbridge Spacecraft state-of health (SOH) analysis via data mining [C]. International conference on Space Operations, 2014.

[11] Nazarov A V, Kozyrev G I, Shklyar S V. Prognostication of technical conditions for low-orbit spacecraft with the use of neural networks [J]. Cosmic Research, 2002, 40(6): 594-604.

[12] Geitgey J W. The determination of remaining satellite propellant using measured moments of inertia[D]. Air University, 2006.

[13] Foslien W, Guralnik V, Haigh K Z. Data mining for space applications[C]. International conference on Space Operations, 2004.

[14] Khan S, Yairi T. A review on the application of deep learning in system health management[J]. Mechanical Systems and Signal Processing, 2018, 107: 241-265.

[15] Elattar H M, Elminir Hamdy K, Riad A M. Prognostics: a literature review[J]. Complex Intelligence System, 2016, 2: 125-154.

[16] Javed K, Gouriveau R, Zerhouni No. State of the art and taxonomy of prognostics approaches, trends of prognostics applications and open issues towards maturity at difference technology readiness levels[J]. Mechanical Systems and Signal Processing, 2017, 94:214-236.

[17] Lei Yaguo, Li Naipeng, Guo Liang, etal. Machinary health prognostics: A systematic review from data acquisition to RUL prediction[J]. Mechanical Systems and Signal Processing, 2018, 104:799-834.

[18] Kunche S, Chen CC, Pecht Michael. A review of PHM system's architectural frameworks[C]. MFPT 2012: The prognostics and health management solutions conference, 2012.

[19] Castet J F, Saleh J. On the concept of survivability, with application to spacecraft and space-based networks[J]. Reliability Engineering and System Safety, 2012, 99:123-138.

[20] Binkley J F, Cheng P G, Smith P L, etal. Tosney. From data collection to lessons learned space failure information exploitation at the aerospace corporation[C]. First International Forum on Integrated System Health Engineering and Management in Aerospace, ISHEM 2005.

[21] Cheng P, Chism D, Giblin M, etal. Space systems engineering lessons learned system[C]. Proceedings of the SatMax 2002 Conference: Satellite Performance Workshop, AIAA-2002-1804.

[22] Newman J. Failure - space, a systems engineering look at 50 space system failures [J]. Acta Astronautica, 2001, 48:517-527.

[23] Johnson S B, Gormley Thomas J, Kessler S S, etal. System health management with aerospace applications [M]. Wiley. 2011.

[24] Salch J H, Castet J F. Spacecraft Reliability and Multi-State Failures, A Statistical Approach[M]. Wiley, 2011.

[25] Petersen E. Single Event Effects in Aerospace[M]. Wiley, 2011.

[26] Eickhoff J. Simulating Spacecraft Systems[M]. Springer, 2009.

[27] Bothmer V, Daglis I A. Space weather-physics and effects[M]. Springer and Praxis Publishing, 2007.

[28] Habrich T, Wagner C, Hellingrath B. Qualitative assessment of machine learning techniques in the context of fault diagnostics//Abramowicz W, Paschke A. Business Information Systems[M]. BIS 2018. Lecture Notes in Business Information Processing, Springer.

[29] Uhlig T, Sellmaier F, Schmidhuber M. Spacecraft Operations[M]. Springer, 2015.

[30] Musgrave G E, Larsen A M, Sgobba T. Safety Design for Space Systems. Sponsored by The International Association for the Advancement of Space Safety. Elsevier, 2009.

[31] Shapiro W, Murray F, Howarth R, etal. Space mechanisms lessons learned study, volume I-summary[R]. NASA TM-107046, 1995.

[32] Shapiro W, Murray F, Howarth R, etal. Space mechanisms lessons learned, volume II-literature review [R]. NASA TM-107047, 1995.

[33] Bedingfield K L, Leach R D, Alexander M B. Spacecraft system failures and anomalies attributed to the natural space environment[R]. NASA RP-1390, 1996.

[34] Leath R D, Alexander M B. Failures and anomalies attributed to spacecraft charging[R]. NASA RP-1375, 1995.

[35] Koskinen H, Eliasson L, Holback B, etal. Space Weather and Interactions with Spacecraft[R]. Final Report of Study of plasma and energetic electron environment and effects, ESTEC/Contract No. 11974/96/NL/JG(SC), 1999.

[36] Procedure for the Spacecraft Orbital Anomaly Report (SOAR) System[R]. GSFC Report No. 303-

PROC-013(Rev C).

[37] Pecht M G, Kang M. Prognostics and health management of electronics, fundamentals, machine learning, and the Internet of Things[M]. Wiley, 2018.

[38] Gang H. Data-driven technology for engineering systems health management, design approach, feature construction, fault diagnosis, prognosis, fusion and decision [M]. Science Press, Beijing, and Springer, 2017.

[39] Jin G, Matthews David. Physics of Failure-based Degradation Modeling and Lifetime Prediction of the Momentum Wheel in a Dynamic Covariate Environment[J]. Engineering Failure Analysis, 2013, 28: 222-240.

[40] Jin G, Matthews D E, Zhou Zhongbao. A Bayesian framework for on-line degradation assessment and residual life prediction of secondary batteries in spacecraft[J]. Reliability Engineering and System Safety. 2013, 113:7-20.

[41] 温岚,屠兰君. 中巴地球资源卫星首发星在轨寿命分析[J]. 航天器工程,2002:131-140.

[42] 张华. 遥感卫星在轨故障统计与分析[J]. 航天器环境工程,2015,32(3):324-329.

[43] 欧阳高翔,李鑫,董鑫,等. 全数字仿真及其在卫星在轨维护中的应用[J]. 系统仿真学报,2016, 28(4):979-990.

[44] 赵海涛,遇今,胡太彬,熊笑. 卫星维修性、测试性、保障性的概念解析[J]. 航天器工程. 2016,25(5):119-124.

[45] 曾声奎,Pecht M G,吴际. 故障预测与健康管理(PHM)技术的现状与发展[5]. 航空学报,2005, 26(5):626-632.

[46] 张华,李强,宗益燕. 卫星在轨健康风险因素与危害度分析[J]. 质量与可靠性,2015,4:1-7.

[47] 黎明,王朝社. 他们在呵护天上的“寿星”——记西安卫星测控中心在轨卫星长期管理室[J]. 中国国情国力,2004,8:7-8.

[48] 赵雪,蔡震波. 空间环境与卫星在轨异常分析[C]. 中国空间科学学会空间探测专业委员会第十七次学术会议. 2004.

[49] 赵现纲,魏彩英,韩琦,等. FY-2(02 批)气象卫星异常事件与空间天气关系研究[J]. 地球物理学进展. 2011,26(5):1522-1527.

[50] 谭春林,胡太彬,王大鹏,等. 国外航天器在轨故障统计与分析[J]. 航天器工程,2011,20(4): 130-136.

[51] 黄文虎,朱平,姜兴谓. 航天器健康保障技术发展综述[J]. 世界科技研究与发展,1998,20(6): 83-87.

[52] 甘茂治,康建设,高崎. 军用装备维修工程学[M]. 北京:国防工业出版社,1999.

[53] 陈华友. 组合预测方法有效性理论及其应用[M]. 北京:科学出版社,2008.

[54] 张宗美. 航天故障手册. 北京:中国宇航出版社,1994.

[55] 哈兰,罗伦茨. 航天系统故障与对策[M]. 阎列,邓宁丰,舒承东,译. 北京:中国宇航出版社. 2007

[56] 李鑫,刘莹莹,李赣华,等. 基于模糊变权原理的卫星健康评估方法[J]. 系统工程与电子技术, 2014,36(3):476-480.

[57] 祁海铭,程月华,姜斌. 基于多状态故障的卫星姿态控制系统剩余寿命预测方法[J]. 南京航空航天大学学报,2015,47(1):29-36.

[58] 李建成,杨永安,安锦文. 基于剩余推进剂估算的卫星寿命预测方法[J]. 空间科学学报,2006,26

(3):193-196.

[59] 刘帆,李明,李怡,等. 航天器故障征兆识别机制研究[J]. 飞行器测控学报,2009,28(6):3-5.

[60] Yang Tianshe, Bao Junpeng, Wu Qinge. Research of a Resource to Influence on the Software Aging and Rejuvenation Cycle[C]. 7th IEEE Conference on Industrial Electronics and Applications, 2012.

[61] Gao Yu, Yang Tianshe, Xing Nan. Fault detection and diagnosis for spacecraft using principal component analysis and support vector machines[C]. 7th IEEE Conference on Industrial Electronics and Applications, 2012.

[62] Gao Yu, Yang Tianshe, Xu Minqiang, etal. An unsupervised anomaly detection approach for spacecraft based on normal behavior clustering[C]. Intelligent Computation Technology and Automation (ICTA), 2012.

[63] Gao Yu, Yang Tianshe, Feng Huajun, etal. A neural network approach for satellite telemetry data prediction[C]. 2nd International Conference on Electronics, Computations and Control (ICECC), 2012.

[64] Yang Tianshe, Chen Bin, Gao Yu, etal. Data mining-based fault detection and prediction methods for in-orbit satellite[C]. 2nd International Conference on Measurement, Information and Control, 2013.

[65] Yang Tianshe, Chen Bin, Zhang Hailong, etal. State trend prediction of spacecraft based on BP neural network[C]. 2nd International Conference on Measurement, Information and Control, 2013.

[66] Yang Tianshe, Chen Bin, Wang Xiaole, etal. Research on fault modeling and simulation method of satellite system [C]. 8th International Conference on Modeling in Industrial Maintenance and Reliability, 2014.

[67] Yang Tianshe, Zhang Hailong, Wang Xiaole, etal. Research on spacecraft state trend prediction based on time series model[C]. 8th International Conference on Modeling in Industrial Maintenance and Reliability. 2014.

[68] Gao Yu, Yang Tianshe, Li Weiping, etal. State trend prediction of spacecraft using PSO-SVR[C]. The 27th Conference of Spacecraft TT&C Technology, 2014.

[69] Wang Xuhua, Yang Tianshe, Li Mingyang, etal. A combination predicting method based on innovation GM(1,1) and RBF[C]. 2015 International Conference on Electrical, Electronics and Mechatronics, 2015.

[70] Wang Xuhua, Yang Tianshe, Li Mingyang, etal. Research on multiple parameter association knowledge mining of satellite based on measured data[C]. 2015 International Conference on Software Engineering and Information System, 2015.

[71] Kong Xiangwei, Liang Lin, Yang Tianshe. Source separation based on nonnegative matrix factorization and independent component algorithm[C]. 8th International Congress on Image and Signal Processing, 2015.

[72] Wang Xuhua, Yang Tianshe, Li Yangming. A precise synchronization method with large acquisition error tolerance[C]. The 3rd International Conference on Information Science and Control Engineering, 2016.

[73] Zhao Jing, Yang Tianshe, Zhang Ke, etal. Cluster analysis, principal component model test method for state change[C]. 2016 International Conference on Mechanical Engineering and Control, 2016.

[74] Zhao Jing, Yang Tianshe, Zhang Ke, etal. A method for knowledge mining of satellite state association [C]. 2016 International Conference on Artificial Intelligence: Technologies and Applications, 2016.

[75] Li Yuqing, Yang Tianshe, Liu Jian, etal. A fault diagnosis method by multi sensor fusion for spacecraft control system sensors[C]. 2016 IEEE Conference on Mechatronics & Automation. 2016.

[76] Li Yuqing, Yang Tianshe, Wang Rixin, etal. An anomaly detection algorithm of satellite power system

based on CUSUM control chart[C]. 2016 3rd International Conference on Information Science and Control Engineering. 2016.

[77] Wang Xiaole, Yang Tianshe, Huan Henghai, etal. Energy-Efficient Sensor Selection Strategies Based on Sensing Model Clustering[C]. International Journal of Sensor Networks by the 6th International Conference on Electronics, Communications and Networks, 2016.

[78] Bao Junpeng, Wang Wenqing, Yang Tianshe, etal. An incremental clustering method based on the boundary profile[J]. PLOS ONE. https://doi. org/. 10. 1371/journal. pone. 0196108, 2018.

[79] 陆峥,金光,杨天社. 基于可重构度的在轨卫星健康状态评估方法[J]. 系统工程与电子技术,2017.

[80] 厉海涛. 基于贝叶斯网络的动量轮可靠性建模与分析[D]. 长沙:国防科技大学,2007.

[81] 肖磊. 劣化系统维修决策建模与仿真方法研究[D]. 长沙:国防科技大学,2008.

[82] 郝旭东. 基于 RVM-PF 的卫星关键部件寿命预测[D]. 长沙:国防科技大学,2011.

[83] 彭坚. 基于 MSET 的卫星关键部件异常监测方法[D]. 长沙:国防科技大学,2011.

[84] 周军. 基于贝叶斯网络的卫星电源系统安全风险监控研究[D]. 长沙:国防科技大学,2012.

[85] 赵琰. 基于投影寻踪模型的卫星遥测数据特征提取方法及其应用研究[D]. 长沙:国防科技大学,2012.

[86] 刘振中. 基于 QMU 的卫星电源系统抗辐射性能评估[D]. 长沙:国防科技大学,2013.

[87] 段翠英. 基于模式演化的遥测数据建模方法及应用[D]. 长沙:国防科技大学,2015.

[88] 汤诗菡. 基于 CoM 不等式的卫星电源系统抗辐射性能评估方法[D]. 长沙:国防科技大学,2016.

[89] 陆峥. 卫星在轨健康状态评估方法研究[D]. 长沙:国防科技大学,2017.

[90] 金光. 数据分析与建模方法[M]. 北京:国防工业出版社,2013.

[91] 金光. 基于退化的可靠性技术——模型、方法及应用[M]. 北京:国防工业出版社,2014.

[92] 金光. 复杂系统可靠性建模与分析[M]. 北京:国防工业出版社,2015.